人民城市 美好生活

——城市更新方法与实践

中国建设科技集团 编著

People-Centered Cities, Better Life

人民出版社

《人民城市　美好生活——城市更新方法与实践》编委会

序　一

自 2022 年 6 月，我和院里几个团队的建筑师们一起先后在重庆规划馆（既有建筑改造）、西安易俗社（历史街区更新）、北京城市规划馆（既有建筑改造）举办了城市更新巡展，还会在杭州、厦门、深圳、广州等地陆续举办。每次展览都伴随着学术交流活动，引起了不同城市的相关领导和专业同行以及有兴趣的市民关注和参与，反响热烈。我为这个巡展写了一段简短的序，摘录如下，作为我和同事们对城市更新存量发展的一点认识。

城市更新是一个城市进化的过程。

城市更新应该是有机的、持续的、长期的——而不是三年大变样。

城市有机更新是对既有城市肌理的织补，新旧建筑和城市空间的混搭、融合、提升、再利用——而不是一味地拆旧建新。

城市有机更新下手要轻。要用绣花功夫，要统筹规划、城市设计、景观和市政设计，形成跨界合作，画好一张蓝图——而不宜用传统规划管理和专业分活的模式。

城市更新面对的问题复杂多变，应该一地一策、各具特色——而不应盲目照搬，避免模式化、套路化。

城市更新永远在路上，没有完成时。但设计中的探索、阶段性的总结和分享仍然很有意义。可以说，它不仅是城市建筑环境的持续更新，也是建筑师与相关合作者们社会认知和专业水平的更新，是建筑师成长的过程——而不仅是一个工程。

城市更新就是要建筑师与城市为友，长久陪伴。

本书收集整理了从理论到实践的许多重要信息和优秀案例，部分案例也在我们的巡展中有展示。目的是希望设计师们对城市更新设计工作提高认识、积累经验、相互交流，以应对未来工作的挑战，将人民的城市建设得更美好。

此事做得好，意义重要。

崔　愷

中国工程院院士、中国建科首席科学家、中国建筑设计研究院有限公司总建筑师

序　二

2020年3月，习近平总书记在武汉考察时指出："城市是生命体、有机体，要敬畏城市、善待城市，树立'全周期管理'意识，努力探索超大城市现代化治理新路子。"这一讲话，提出了"城市生命体"理念，指明了解决城市问题的科学路径。

"城市生命体"理念既是对城市发展规律的科学洞见，又是拟人化的巧妙比喻。城市作为文明的载体，是人类经济、政治、社会、文化、生态功能发生、发展的容器，它的各种功能互相影响又彼此支撑，形成了一个完整、复杂且生机勃勃的巨系统。这一巨系统从孕育、发展再到自我更新，呈现出生命体的六大典型特征：系统性、生长性、适应性、应激性、新陈代谢性和遗传变异性。这一生命体的顺利运转依赖其外在功能和内在机能的协调运行，城市良好的外在功能需要其健康的内在机能来保障，城市内在机能又由众多的城市机能子系统来支撑，这些子系统既独立运行、自成体系，又高度关联、相互作用，维持城市肌体平稳运行，保障城市发展健康有序。

既然是生命体，难免有恙。伴随着中国城市化进程高速推进，许多城市患上环境污染、交通拥堵、风貌缺失的"城市病"，其根源在于城市发展与城市化进程不同步，导致城市功能失衡或机能失调。如何科学破解这一难题？习近平总书记关于"城市生命体"的理念指明了研究方向：把城市看作有机的生命体，从根本上把握城市的本质与规律。

认识"城市生命体"的丰富内涵，有助于我们更好地推动城市高质量建设与发展。作为中国城市建设领域设计咨询行业的领军企业，中国建设科技集团（以下简称"中国建科"）要牢记"六个者"的战略定位（落实国家战略的重要践行者、满足人民美好生活需要的重要承载者、中华文化的重要传承者、行业标准的主要制定者、行业科技创新的重要引领者、行业高质量发展的重要推动者），深入领会、践行城市生命体理念，进一步把握城市发展规律，充分认识中国建科业务在诊疗"城市病"工作中的重要作用，在当前各子企业做强、做优、做大"城市病专科医院"的同时，要致力于积聚中国建科的整体力量，打造“城市病综甲医院”，培养“城市病全科大夫”，切实担负起中国建科在城乡建设领域的央企使命！

文　兵

中国建科原党委书记、董事长

序　三

全国住房和城乡建设工作会议要求，下力气建设好房子，在住房领域创造一个新赛道。当前，我国住房建设的主要矛盾是“高环境负荷下的低质量供给”，面对“不断增强人民群众获得感、幸福感、安全感”的总要求，建设好房子是满足人民美好生活需要的必然选择。

建设好房子是一个系统工程，涉及绿色低碳、智能、安全、健康、舒适等多维指标，强化科技支撑，建立一套技术标准体系，是大力建设好房子的基础。建设好房子的核心理念可以表述为“四化”，即：“建筑长寿化”“建设产业化”“品质优良化”“绿色低碳化”。

“建筑长寿化”是降低资源环境负荷的有效途径。其中比较关键的技术包括：一是大空间功能灵活可变技术。给未来的变化留有空间，为延长建筑寿命创造基础条件。二是 SI 体系，即支撑体 S 与填充体 I 完全分离的体系。支撑体是指主体结构，要求坚固耐久；填充体是指设备管线与内装等，要求便于维修更换和改造，二者必须完全分离。三是基于数字化的全生命期定期维护维修。四是建筑隔震技术。

“建设产业化”核心是发展装配式建筑。必须坚持“全面装配”理念，统筹考虑主体结构、围护墙和内隔墙、装修和设备管线的装配，特别是不能片面追求主体结构装配率。中国建科在国内最早提出、大力倡导并积极实践装配式装修，总结提炼出“管线分离、工业化部品、干法施工、可逆化装配、功能齐备”五大装配式装修基本特征，掌握了装配式装修系列关键核心技术。

“品质优良化”体现了好房子作为高品质生活载体的本质属性，包括安全、健康、舒适、智慧等方面。安全方面，要通过新技术新产品应用，不断提高住宅防水、防火、防灾等性能。健康方面，可采用数字模拟控醛技术，通过装修前污染水平数字预判及方案调整、过程中实时监测、交付前实测验证等全流程管控，保证室内空气质量。舒适方面，包括充足的适应性收纳空间、良好的适老适幼性、精细化的设备设施等。智慧方面，重点打造“1+N”智能家居系统，1 是指包括智慧监控、水电气报警、智能门锁等全场景覆盖的基础安防系统；N 是指可选智能系统，包括照明、遮阳、冷暖新风、家电、健康等。

“绿色低碳化”包括采用“四节一环保”相关技术、使用可循环可再生建材等。重点是更加注重通过建筑设计创造建筑的先天绿色基因；更加强调多天然少人工；更加关注“以人为本”，寻求节约资源能源与满足美好生活需要之间的平衡。比如：应用可再生能源技术，结合建筑屋顶、墙面、采光天窗、遮阳板、栏板、雨棚等多种方式实现建筑光伏一体化，降低化石能源消耗。

以“不断增强人民群众的获得感、幸福感、安全感”为目标，建设绿色宜居的好房子，满足人民对美好生活的需要，支撑我国迈向可持续发展的美好未来，是我们每一个建设工作者的责任和使命，让我们共同努力奋斗，为人民建设好房子！

孙　英

中国建科党委书记、董事长

前　言

党的十八大以来，以习近平同志为核心的党中央高度重视城市工作，围绕城市工作作出一系列重要论述，为城市发展指明方向，引领我国城市发展取得历史性成就。2015 年 12 月，习近平总书记在中央城市工作会议上指出，要坚持以人民为中心的发展思想，坚持人民城市为人民，这是我们做好城市工作的出发点和落脚点。2022 年 10 月，习近平总书记在党的二十大报告中指出，坚持人民城市人民建、人民城市为人民，提高城市规划、建设、治理水平，实施城市更新行动，打造宜居、韧性、智慧城市。

2025 年 7 月，中央城市工作会议再度在北京召开，会议明确了进一步做好新时代城市工作的总体要求、重要原则、重点任务。习近平总书记强调，要以建设创新、宜居、美丽、韧性、文明、智慧的现代化人民城市为目标，以推动城市高质量发展为主题，以坚持城市内涵式发展为主线，以推进城市更新为重要抓手，走出一条中国特色城市现代化新路子。这次会议还提出了“五个转变、五个更加注重”的重要原则，并部署了“一个优化、六个建设”的重点任务。

近年来，在国家政策的大力支持下，我国城市更新工作推进力度不断加大，城市更新工作取得显著成效。国家相关部委持续发布政策支持城市更新工作，全国各地积极响应并开展一系列城市更新实践和探索，有力促进了城镇化高质量发展。

中国建设科技集团（简称“中国建科”）作为能够覆盖城乡建设领域全部专业门类、整体实力雄厚的科技型中央企业，始终胸怀“国之大者”，持续践行“人民城市”理念，坚持以技术创新为驱动，以高质量发展为目标，在体检诊断、更新专项规划、片区策划、项目实施方案等更新领域，形成了具有代表性的城市更新典型案例并总结成可复制的经验做法。

本书回顾城市更新的发展历程，展望新时代城市更新行动的发展趋势，梳理总结中国建科在城市更新领域的工作探索，以期为我国城市更新工作的深入推进提供相应的先进理念与方法论。期待这些探索能引发更多思考与创新，推动城市更新工作朝着更精准、更人文、更可持续的方向迈进，共同绘就人民城市美好生活的新画卷！

目　录

People-Centered Cities, Better Life

上篇　城市更新历程与展望概述

我国现代化城市建设与国家发展历程同频，从新中国、新时期走向新时代，踏上实现第二个百年奋斗目标新征程，我国城市发展进入了高质量发展的新阶段，站在新的历史起点上，城市更新工作成为推动国家高质量发展的重要抓手。

习近平总书记近年来对城市建设和更新工作多次作出重要指示，要求建设人与自然和谐共生的美丽家园；发展有历史记忆、地域特色、民族特点的美丽城镇，不能千城一面、万楼一貌；要树立系统思维，从构成城市诸多要素、结构、功能等方面入手，系统推进各方面工作；要通过绣花般的细心、耐心、巧心提高精细化水平，绣出城市的品质品牌；要坚持以人民为中心，聚焦人民群众的需求，努力创造宜业、宜居、宜乐、宜游的良好环境，让人民有更多获得感，为人民创造更加幸福的美好生活。这些重要论述，点明了城市与自然、城市与本土文脉的关系，也在自上而下的系统观和自下而上的精细度上，为城市工作指明了基本方向，更强调了城市更新的根本目的，是为人民创造美好生活。

中央有关部委贯彻习近平总书记的重要指示，并印发系列文件，指出城市更新是城镇化发展的必然过程，城市更新的目的就是要推动城市高质量发展。城市更新工作要坚持问题导向，去解决人民群众身边的急难愁盼问题，要坚持目标导向，去补强影响城市竞争力、承载力和可持续发展的短板弱项。坚持人民城市人民建、人民城市为人民的宗旨，一年接着一年干，一件事接着一件事地做下去，为民生谋福祉。

在此背景下，我们开展城市更新工作时，要重点关注三个“新”。

一、新形势

增量到存量。增量发展主要关注的是城市扩张和新建设，而存量发展则更注重对现有城市资源的优化利用和更新改造。从增量到存量的转变需要城市管理者和规划者转变发展观念，实现城市从外延快速扩张向内涵提质增效的重要转变。存量时代的城市更新工作，要以生态“活力”和经济“动力”为目标入手：一是坚持绿色低碳发展理念，践行“两山”理念，开展生态修复、蓝绿网络织补、海绵城市建设等工作，增强城市的生态韧性和自然活力；二是要促进产业升级，通过科学精准的业态策划，推动城市场景营造，帮助城市在“自我造血”功能上进行发展和创新。

数量到质量。在城市更新工作中，要从上一历史阶段对建设规模的追求，转向对有限存量空间的精细化营造和使用。坚持“留改拆”并举，防止大拆大建。拆除新建类更新项目，要严格控制大规模拆除、增建和搬迁，科学合理论证更新规模。重点加强对现有建筑的保留、利用和提升，保护老城格局尺度，延续本土特色风貌，鼓励小规模、渐进式有机更新和微改造，以绣花功夫般的耐心与细心，以“点”为触媒，带动周边片区良性发展。

建设到运营。从建设到运营的转变是城市更新背景下城市发展的重要趋势，也是城市现代化进程中的必然要求。我们不但要关注城市建设的可持续性和长期效益，注重规划、投资、综合运营、市场化运作、社区参与和人才培养等方面。城市更新一方面要营造“活”的空间，对存量空间精雕细琢，进行精细化空间设计，还要充分理解“动”的时间，以基于生命体理念的全生命周期视角，看待城市的动态发展，明确当下阶段亟须增补什么功能、实现什么目标。

管理到治理。在生态“活力”和经济“动力”之外，城市更新还要充分关注社会“愿力”，从社会治理的维度，推动政府、企业、社会组织、居民等多元主体的共同缔造，鼓励多元化主体参与，强调城市治理的法治化、制度化、规范化、精细化、信息化和智能化，提升城市共建共治共享水平。城市的规划、建设、管理者，应积极顺应这一转变，创新管理方式方法，充分激发公众的主人翁意识，共同营造具有归属感的城市空间，为城市的可持续发展提供有力保障。

二、新任务

人民城市。“人民城市”是城市更新的核心价值。做城市更新工作，要站稳人民立场，坚持“人民至上”的发愿，以人民的实际需要和切身利益为出发点，以更强烈的紧迫感、责任感和使命感，扎实推进各项民生工程，逐步解决发展中的不平衡、不充分的问题，不断满足人民日益增长的美好生活需要，使人民在城市发展中拥有更多获得感、幸福感和安全感。

美好生活。“美好生活”是城市更新的终极目标。要充分实现人们在物质、精神和社会层面上的满足感和幸福感，通过不断完善城市基础设施和公共服务、促进产业升级、加强社区建设、推进场景营造、推进绿色韧性发展等措施，面向全龄群体实行全面的生活品质提升措施，实现幼有所育、学有所教、劳有所得、病有所医、老有所养、住有所居、弱有所扶，构建充满人情味和烟火气的美好生活。

三、新模式

中国建科在开展城市更新系列工作时，以习近平总书记提出的“城市生命体”理念为指引，不断进行模式创新，以探索解决城市问题的更为科学、高效的路径。

多专业协同。城市作为一个复杂巨系统，其构成要素越来越综合和复杂，城市生命体的整体健康状况提升，不能拘泥于功能指标，还要看整体机能水平，这要求城市建设更加从“多头管理”向“协同治理”转变，统筹解决各要素、各专业的协同关系是工作的重点和难点。城市更新工作涉及的各个专业，要加强对城市机能的理解，坚持“规划、业态、运营”一体推进，明确策划、投融资、规划、建筑、景观、市政、运营维护等多专业在城市更新工作中协同解决城市病治理问题的技术流程和工作接口，增强专业间的协同，实现从多专业“拼合”向多专业的“融合”和“综合”转变。

全周期管理。城市更新工作是一项长期的、持续性的工作。作为当前我国唯一能够覆盖城乡建设领域全部专业门类、整体实力雄厚的科技型大型中央企业，中国建科着力建设城市全生命周期管理能力，从前端的策划咨询、市场参与机制、投资建设模式、社会资本引入等方面的探索创新，到后续的 EPC 工程总包、数字赋能智慧运营管理等环节，提供一揽子的解决方案。在建立长效管理机制和创新治理效能方面，通过建立全方位的央地合作机制，推动总师制度，深入理解地方城市建设发展特征，解决痛点难点问题，并不断积极创新，持续性地进行模式推广和方法论演化，以适应城市动态发展和管理全过程的要求。

我们应不断完整、准确、全面贯彻新发展理念，充分发挥大型科技型央企在政策、技术、人才等方面的优势，加快建设世界一流企业，切实担负起中国建科在国家城市更新战略中的央企使命！

吕书正

中国建科党委副书记、职工董事、工会主席

城市更新历程与展望概述

一、城市更新的概念与主要类型

（一）城市更新的概念

城市更新源于二战后西方国家的城市改造运动，广义的城市更新泛指二战后的一切城市建设活动，在不同的城市发展阶段，城市更新被赋予了不同含义，城市更新相关的术语也经历了从“城市重建”向“城市再开发”“城市再生”“城市更新”等概念的转变。狭义的城市更新特指 20 世纪 50 年代之后解决内城衰退问题的城市建设手段（阳建强，2020），由 1958 年在荷兰召开的“城市更新研讨会”最早提出定义，指的是与改善城市有关的建设活动。

“城市更新”一词，在我国不同时期，不同专家学者对其内涵有不同的解读。20 世纪 80 年代开始，我国著名城市规划专家陈占祥将城市更新的概念引入国内，并将其定义为城市“新陈代谢”的过程；20 世纪 90 年代，吴良镛提出“有机更新”的理念，认为城市更新要从保护和发展的视角入手，采用合适的尺度和规模，开展可持续的城市更新；21 世纪之后，以阳建强为代表的学者认为城市更新的主要目的在于防止、阻止、消除城市的衰老，通过结构与功能的调节，使城市能够适应未来发展的需要。

除此以外，国家及地方在推行城市更新相关工作时，在政策文件中也陆续提出了对城市更新的定义。早在 2009 年，深圳市在《深圳市城市更新办法》中将城市更新定义为“对特定城市建成区内符合所规定情形的区域进行综合整治、功能改变或者拆除重建的活动”。后续，北京、上海、广州等地在城市更新相关政策中也对城市更新概念进行了界定，《北京市城市更新条例》将其定义为“对城市建成区（规划基本实现地区）城市空间形态和城市功能的持续完善和优化调整。”《上海市城市更新条例》中将其定义为：“在本市建成区内开展持续改善城市空间形态和功能的活动。”《广州市城市更新条例（征求意见稿）》将其定义为：“对市人民政府按照规定程序和要求确定的地区进行城市空间形态和功能可持续改善的建设和管理活动。”

借鉴国内外不同阶段对城市更新概念与内涵的解读，结合我国现阶段国务院、住房和城乡建设部、自然资源部等对城市更新相关工作的要求，参考地方政策对城市更新概念的界定，对城市更新属性和特征逐渐形成以下共识：城市更新主要是针对城市空间形态和城市功能两方面的改善行动，可将城市更新定义为：为满足人民需求、生态文明建设和经济社会发展需求，推进城市建成区物质空间形态和城市功能全面提质增效、推动城市高质量发展的持续性综合行动。

（二）城市更新的主要类型

目前，我国国务院、住房和城乡建设部对城市更新相关工作范围的界定较为全面，包括既有建筑更新改造、城镇老旧小区改造、完整社区建设、活力街区打造、城市生态修复、城市功能完善、基础设施更新改造、城市生命线安全工程建设、历史街区和历史建筑保护传承、城市数字化基础设施建设等城市更新工作共十个方面内容。各城市在其基础上，结合当地实际发展情况和迫切问题，有侧重地进行了删减、补充与再分类。

例如，北京市和河北省均将城市更新的类型总结为居住类、产业类、设施类、公共空间类、区域综合性城市更新以及其他政府认定的建设活动；上海市认定的城市更新工作包含设施建设、区域功能布局优化、居住品质提升、历史文化保护及其他政府认定的活动；重庆市主要将其划分为老旧小区、工业区、商圈、公共服务设施和公共空间更新以及其他城市更新情形。

国家及地方相关文件中对城市更新类型的界定

级别	文件	城市更新类型
国家	《关于扎实有序推进城市更新工作的通知》	既有建筑更新改造、城镇老旧小区改造、完整社区建设、活力街区打造、城市生态修复、城市功能完善、基础设施更新改造、城市生命线安全工程建设、历史街区和历史建筑保护传承、城市数字化基础设施建设等十个方面
地方	《北京市城市更新条例》《河北省城市更新工作指南》	居住类、产业类、设施类、公共空间类、区域综合性城市更新以及其他政府认定的建设活动
	《上海市城市更新条例》	基础设施和公共设施建设；优化区域功能布局；提升整体居住品质；加强历史文化保护；市人民政府认定的其他城市更新活动
	《重庆市城市更新工作方案》	老旧小区改造提升；老旧工业片区转型升级；传统商圈提档升级；公共服务设施与公共空间优化升级；其他城市更新情形

参考国家以及河北、北京、上海、重庆等地相关法规和规章对城市更新类型的界定，结合多年来的城市更新项目实践经验，将城市更新主要分为以下类型：体检诊断类、策划咨询类、规划类、居住类、产业类、历史文化类、景观

生态类、道路交通类、市政设施类、城市运营类等。

城市更新主要类型

- 体检诊断类
- 策划咨询类
- 规划类
- 居住类
- 产业类
- 历史文化类
- 景观生态类
- 道路交通类
- 市政设施类
- 城市运营类

二、国内外城市更新历程述评

（一）国外城市更新发展历程与主要实践经验

参考阳建强、丁凡、张春英等学者的相关研究，西方的城市更新发展历程大致可以分为四个阶段，根据每个时期的更新特点来看，城市更新分别经历了从城市重建到城市复苏、城市再开发、城市再生的演变过程。总体来说，西方城市更新的侧重点呈现出由“物质形体主义”向“人本主义”思想逐渐转变的趋势。

第一个阶段为二战后到 1960 年初，为“城市重建（urban reconstruction）”阶段，城市受战争破坏严重，因此许多城市开启大规模重建行动，该时期的城市更新以清除贫民窟、改造城市形象为主，大多数采用推倒重建的改造方式。

第二个阶段为 1960—1970 年末，为“城市复苏（urban revitalization）/ 城市更新（urban renewal）”阶段，伴随着经济复苏，人民生活较为富足，社会开始更多关注公平问题，城市更新的重点从改善物质条件转为提升公共服务以及福利性住房等社区建设，城市更新模式由大规模的拆建转变为社区范围的改造。

第三个阶段为 1980—1990 年，为“城市再开发（urban redevelopment）”阶段，整体的时代背景表现为全球经济衰退，经济发展成为城市发展的重要引擎，城市更新逐渐由政府主导向社会参与、多方合作模式过渡，大量社会资本及私人利益参与到城市更新中，因此导致该时期的城市更新暴露出公共利益被损害、城市发展不均衡、空间破碎化等问题。

第四个阶段为 1990 年之后，为“城市再生（urban regeneration）/ 城市复兴（urban renaissance）”阶段，受可持续理念的影响，该时期的城市更新开始关注城市的社会、文化、经济、生态等多方面的综合发展，同时城市更新项目更侧重于小街区或邻里更新等小规模针灸式的有机更新，城市更新的目标变得更加多元化，保护性更新得到广泛关注。

城市更新作为解决城市问题的重要手段，国外许多国家在城市更新方面开展了深入的探索，并在具体实践中积累了丰富的经验，如美国在城市更新的摸索过程中，由一开始以经济发展为单目标的更新模式转变为考虑环境、社会等多目标的综合更新模式，促进了城市可持续发展；英国在城市更新的过程中建立了多方合作伙伴模式，鼓励社会资本、社区邻里和公众等多个群体参与城市更新行动；法国则非常注重旧城的保护性更新，在历史风貌传承、历史建筑活化、旧城保护利用等方面积极开展了探索。这些实践经验促进了城市更新的快速发展，也成为后来城市更新工作可参考借鉴的宝贵经验。

国外城市更新发展历程

发展时期	二战后到1960年初	1960—1970年末	1980—1990年	1990年之后
更新阶段	城市重建（*urban reconstruction*）	城市复苏（*urban revitalization*）	城市再开发（*urban redevelopment*）	城市再生（*urban regeneration*）
更新内容	清除贫民窟、改造城市形象	提升公共服务以及福利性住房等社区建设	地产开发、旧工业区再利用	社会、文化、经济、生态等多方面的综合发展
更新方式	推倒重建	社区范围的改造	市场主导的旧城开发	小规模针灸式的有机更新

根据阳建强、丁凡、张春英等学者的相关研究改绘

（二）我国城市更新发展历程与试点城市经验

新中国成立以来，我国的城镇化高速发展，城市更新实践受政策和国情的影响，也经历了多个不同的发展阶段，总体上呈现出由机械物质化向多元平衡化转变的趋势，参考阳建强、陶瑞峰等国内学者的研究，结合我国在城市更新领域的探索，我国的城市更新发展历程大致可以分为以下四个阶段：

第一个阶段为新中国成立之后，这个时期中国刚经历过战乱，城市受战争破坏严重，人民的生活环境极度恶劣，亟须进行城市改造，该时期更新的重点主要为改善城市的基本卫生和生活条件，由于缺乏经验、资金短缺，该时期的城市更新表现出不彻底、不充分的特点。

第二个阶段为改革开放之初，这一时期国家对城市规划工作的重视程度加强，开始逐渐建立起城市规划体系，该时期城市更新的重点是解决大量剩余劳动力涌入城市的居住问题，整体的更新改造相比于前一个阶段更加科学合理。

第三个阶段为20世纪90年代，这一阶段由于土地的市场化改革，引发了大规模的居住区开发和改造行动，土地有偿使用和住房商品化改革促使城市更新行动步入快速发展通道，大量的旧城更新也为城市带来了历史风貌破坏、环境污染等问题。

第四个阶段为21世纪以来，我国的城镇化率突破50%，开始改变快速增

量发展模式，向存量提质模式转变。国家出台新型城镇化以及生态修复等政策法规，绿色、生态、可持续、高品质的理念开始成为城市发展的共识。这一时期各大城市纷纷推进城市风貌改善、社区微更新等行动，城市更新呈现出多元化、精细化的特点。

2021 年 11 月，住房和城乡建设部公布了北京市、河北省唐山市、内蒙古自治区呼和浩特市等 21 个城市（区）作为城市更新的第一批试点城市。通过数年摸索，目前已形成可复制推广的经验做法，包括城市更新统筹机制的构建方法、多方参与的可持续实施模式、配套的支持政策制定等方面，如辽宁省、重庆市、江苏省均建立了较为系统的城市更新制度机制；上海市、重庆市、长沙市均注重城市体检评估工作并将其与城市更新紧密衔接；成都市、铜陵市、潍坊市均采取设立专项资金、与金融机构合作、减免费用等方式为城市更新工作提供资金保障支持；北京市、唐山市、黄石市均对项目审批流程进行了优化，促进城市更新工作高效化发展。

三、我国城市更新相关政策回顾

随着城市更新发展历程的演变，城市更新相关政策也在不断发展和深化，从政策发展趋势来看，首先，城市更新上升至国家战略层面，重要性逐渐升级；其次，多层级的政策体系构建正在逐渐完善中，工作方式由碎片化更新到有政策引导的有序更新；最后，城市更新政策投入逐年增加，尤其是近年来，国家及地方政策密集出台。

（一）新中国成立之后

新中国成立初期，我国经济发展缓慢，工业基础薄弱，为了改变贫穷落后的面貌，将我国培育成一个工业富强的国家，1953 年，国家开始实施第一个五年计划，加快国家建设工作，尤其是重点发展生产和工业区的建设，对旧城先充分利用再改造；在 1962 年和 1963 年召开的“全国城市工作会议”中，提出了“城市面向乡村”的发展策略。在地方层面，上海分别于 1953 年和 1959 年编制了两版《上海城市总体规划》，前一版规划中提出对旧城彻底改造，后一版规划提出对旧市区逐步改造，控制近郊工业区规模，并计划建造卫星城；1963 年上海市提出“三五”计划，提出开展改善城市风貌、基础设施等城市建设工作。

（二）改革开放之初

该时期在国家层面，1978 年第三届全国城市工作会议提出了《关于加强城市建设工作的意见》，该文件强化了城市建设工作对于国民经济发展的重要性；1984 年我国颁布了《城市规划条例》，1989 年发布了《中华人民共和国城市规划法》，均针对城市旧区改建提出了加强维护、合理利用、调整布局、逐步改善的要求，意味着城市规划工作进入法制化轨道。在地方层面，1982 年广州市编制的《广州市城市总体规划》中提出同步开展新居住区建设与旧城居住区改造；1983 年，《北京城市建设总体规划方案》中计划逐步、成片地改造北京旧城，提高旧城区的基础设施水平，同时强调北京历史文化的传承和发扬；1984 年，全国首次旧城改建经验交流会在合肥召开；1987 年，“旧城改造规划学术讨论会”在沈阳召开，旧城改造逐渐成为关注和讨论的话题。

（三）20 世纪 90 年代以后

到了 20 世纪 90 年代，在国家层面，中央在 1990 年发布了《中华人民共和国城镇国有土地使用权出让和转让暂行条例》；1994 年发布了《国务院关于深化城镇住房制度改革的决定》，由此我国的城市更新进入了市场化时期；因此，为了适应新形势、新土地政策，2008 年，我国发布了《中华人民共和国城乡规划法》，对法律制度进行了更新。在地方层面，1995 年，中国城市规划学会在西安召开了“旧城更新”学术研讨会；1996 年，中国城市规划学会在无锡成立“中国城市规划学会旧城改建与城市更新委员会”；2009 年，深圳市提出首部城市更新办法；城中村、棚户区改造相关文件也陆续出台，如 2009 年，武汉市发布《武汉市人民政府关于进一步加快城中村和旧城改造等工作的通知》。地方城市更新工作向更加标准化、系统化发展。

（四）党的十八大以来

进入新时代以后，城市更新工作相关的政策进一步深化。在中央层面，2013 年中央城镇化工作会议指出，“城市有许多历史记忆，特别是一些历史悠久的老城区是最宝贵的，不能因为浮躁无知而破坏”，强调对老城区的保护；到 2015 年，中央城市工作会议提出了更加具体的要求：“要有序地实施城市的修补和有机更新，解决老城区环境品质下降、空间秩序混乱、历史文化遗产损毁等问题”；2017 年党的十九大召开，指出我国社会主要矛盾已经发生转变，因此共同推进城市更新是新时代的城市发展目标之一；同年，住建部发布了《关于加强生态修复城市修补工作的指导意见》，改善生态环境、提升城市功能、塑造城市特色风貌成为重点任务；2018 年住建部发布《关于进一步做好城市既有建筑保留利用和更新改造工作的通知》，提出针对城市既有建筑，避免简单拆除，强调保留利用和更新改造；2021 年，“城市更新”被写入政府工作报告和“十四五”规划文件中，意味着城市更新的重要性上升至前所未有的高度，此后城市更新相关政策密集出台；同年，住建部提出开展第一批城市更新试点工作，发布了《关于在实施城市更新行动中防止大拆大建问题的通知》，强调城市更新从拆除模式向“留改拆”模式转变；2022 年，党的二十大报告提出，“高质量发展是全面建设社会主义现代化国家的首要任务”，“要实施城市更新行动，加强城市基础设施建设，打造宜居、韧性、智慧城市”；住建部印发实施城市更新行动可复制经验做法清单，将试点城市经验向全国推广。

在地方层面，2016 年，中国城市规划学会在北京恢复成立“城市更新学术委员会”；以试点城市为代表的地方政府均在加快政策制定，积极出台城市更新条例、管理办法及实施细则等文件，例如 2017 年，《上海市城市更新规划土地实施细则》出台；2021 年，重庆、沈阳等地发布城市更新管理办法；深圳、广州等地发布城市更新条例；2022 年，重庆市发布城市更新技术导则，各地更加完善的政策体系正在逐步构建中。

四、新时代高质量建设和城市更新行动的要求

（一）党的十八大相关要求

党的十八大报告指出我国存在发展不平衡、不协调、不可持续等突出问题，面对资源环境约束加剧，我国经济发展受到制约障碍，城乡区域发展差距大，针对这些问题提出大力推进生态文明建设，树立尊重自然、保护自然的开发建设理念，呼吁节约资源、倡导绿色技术、探索绿色发展模式；同时，强调优化国土空间格局，通过控制开发强度以及调整空间结构来促进国土空间的高效利用，营造更加宜居舒适、山清水秀的人居环境，这为新时代城市更新的工作重点指明了方向。

（二）党的十九大相关要求

党的十九大报告为我国开展高质量的城市建设指明了方向。报告指出，我国经济已经从高速增长阶段转为了高质量发展阶段，我国社会主要矛盾已经转化为人民日益增长的美好生活需要和不平衡不充分的发展之间的矛盾，因此新时代高质量发展的内涵就是要满足人民对更好生活的向往和追求。这一时期，针对生活水平的变化、人的需求变化、人口结构的变化等问题，共同推进城市更新是新时代的城市发展目标之一。实施城市更新行动，是解决城市短板问题的有效方式，是实现生活品质提升、高质量发展的关键路径之一，通过改善居住条件、提升城市形象，为人民营造宜居、和谐、美好的生活，从而提升人民群众的满足感、幸福感。

（三）“十四五”规划相关要求

国家“十四五”规划提出，我国将坚持中国特色的新型城镇化建设，通过培育城市群与都市圈带动区域周边城市发展，同时明确指出要提高城镇化发展质量，实施城市更新行动，并将其作为这一阶段我国需要完成的重大任务。“十四五”规划纲要中还提出了改善老旧小区等存量片区功能、推进停车场和充电桩建设等具体的城市更新任务。“十四五”规划进一步明确了高质量发展在我国社会主义建设中的重要指导意义，为城市高质量发展的道路指明了方向，新时代的城市更新以品质化、安全性、舒适性为目标，实施城市更新行动，有助于优化城市功能和城市结构，促进城市品质提升，推动大中小城市和小城镇协调发展，加快城市开发建设方式转型，助力社会经济的健康发展。

（四）党的二十大相关要求

党的二十大报告提出，“高质量发展是全面建设社会主义现代化国家的首要任务”，“实施城市更新行动，加强城市基础设施建设，打造宜居、韧性、智慧城市”。高质量发展是在分析我国国情和城市发展规律基础上的重要决策，通过实施城市更新行动实现高质量发展，能为建设社会主义现代化国家提供最基础的保障和支撑，在这一宏观背景下，实施城市更新行动是党和国家做出的重要决策，是适应新的发展形势、贯彻新的发展理念、推动城市高质量发展的必然途径。

五、新时代城市更新行动的目标和思路

（一）新时代城市更新行动的目标

1. 推进以人为核心的新型城镇化

新时代的城市更新行动强调要推进以人为核心的新型城镇化。2019 年，习近平总书记在考察上海时提出“人民城市人民建、人民城市为人民”的城市建设理念，强调在城市建设中要坚持以人民为中心，因此城市更新的目标是为人民营造更美好的生活、提升人民群众的幸福感。城市更新作为一项改善城市环境、提升人民生活质量的综合性工作，新时代需要通过了解人民的需求、满足人民的需求，从而为人民提供更美好的生活；需要了解人民的困难、解决人民的困难，踏实办好每一件小事，才能提升人民群众的满足感、幸福感；需要鼓励人民自主参与家园建设，强化居民在城市建设中的作用，与人民共建、共治、共享，才能真正做到建设让人民满意的城市。

2. 转变城市开发建设和经济发展方式

新时代的城市更新行动强调要转变城市开发建设和经济发展方式。传统的城市开发模式往往注重经济增长和城市规模扩大，而今我国的城市建设已经进入高质量发展时期，一是要推动城市开发建设模式由粗放型外延式发展向集约型内涵式发展转变，由过去的增量扩张模式向存量提质模式转变，因此新时代需要对有利用价值的建筑设施多采取保留改造的更新方式，按照资源环境承载能力，科学预测城市人口、控制城市规模，重点加强城市安全、地下工程等建设，转变城市开发建设方式，可以有效控制资源消耗、环境污染、安全风险等城市问题。二是新时代的城市经济发展以提高发展质量为目标，通过优化经济结构，培育新的经济增长点，推动产业改革、业态创新，从传统的高能耗、高排放产业向绿色、高效的产业结构转变，鼓励创新技术研发与应用，提高资源利用效率，从而实现经济的持续、稳定、高质量发展。

3. 推动城市结构优化和品质提升

新时代的城市更新行动强调要推动城市结构优化和品质提升。我国的城市发展已经进入了存量发展的时期，随着国土空间规划三区三线的划定，开始限制城市的无限扩张，新时代城市发展的目标不再是建设数量的扩张，而是提升城市的空间品质和人民的生活质量，因此要改变增量时代“重数量不重质量”的发展观念，尽量避免大拆大建，城市更新行动的目标包括以下两点：一是要在有限的城市开发边界内，通过调整城市空间结构，以点带面来实现城市的有机更新；二是新时代要更加注重城市空间品质和空间特色的打造，通过自然景观、历史人文与建筑空间的融合，提升城市空间品质，建设宜居、宜人、宜业的现代城市，从而促进城市发展质量的全面提升。

（二）新时代城市更新行动的思路

1. 从实现目标到解决问题

过去增量时代，城市建设以大规模新增的土地开发为主，主要任务是实现城市发展的目标，追求从无到有的愿景，而进入到存量发展时代后，城市建设工作的重点转变为对现存资源暴露出的问题进行更新、改善，主要任务转变为有针对性地解决城市实际问题，不再盲目强调扩张数量的增加，更加注重城市品质的提升。

2. 从聚焦建设到重视运营

城市建设进入存量时代之后，逐渐由聚焦建设向重视运营转变，住房和城乡建设部在《关于在实施城市更新行动中防止大拆大建问题的通知》中提出要推动由“开发方式”向“经营模式”转变。过去快速城镇化背景下的城市更新项目主要依靠土地融资，追求短期效益，而新时代的关注点由建设“形式”转向建设“内容”，更加追求具有长期效益的精细化管理运营，强调城市特色的营造和活力的提升，以此实现城市更新行动的可持续发展。

3. 从执行管理到强调治理

增量发展时代，城市建设的主体较为单一，主要依靠政府自上而下推动。进入存量发展时代之后，城市更新面临更加多元的主体、涉及更加复杂的利益关系，传统的管理模式已经无法彻底解决城市治理问题。因此，治理机制上，新时代自下而上的反馈机制越发重要，鼓励社会多元主体共同参与社会治理，充分发挥企业、社会组织、公众等相关利益主体在城市更新行动中的作用，合作解决城市发展、运行过程中面临的问题。并且，在治理工具上，协同治理和多元互动的新型治理技术的形成与迭代，将有利于实现社会共建共治共享的目标。

4. 从关注布局到崇尚体验

过去的城市建设主要关注形成合理的城市空间布局，强调物质空间的组织与功能的分配。新时代人民生活水平和需求不断提升，对城市空间品质的要求逐渐增强，新时代以人为本的规划理念要求更加关注人的需求和感受，关注人在城市空间中的体验感，并强调人与城市文化等精神要素的互动性，推动更精细化、智能化、品质化的城市空间建设势在必行。

六、既往城市更新工作的主要问题

（一）工作链条脱节，环环相扣难

城市更新行动涉及规划、设计、建设、管理、运营等多个环节，在传统的规划设计模式中，一个单位通常只专注于某一特定领域的规划设计工作，难免出现编管分离或项目从编制到实施落地无法衔接的情况。

另外，城市更新涉及规划、建筑、景观、市政、交通等多个专业的工作，过去每个专业的职责较为单一且不同专业之间缺乏联系和协同，导致不同专业之间的合作和沟通难度大、工作效率低、专业服务与项目需求无法完全匹配。

（二）技术体系缺失，构想落地难

既往城市更新与城市规划体系衔接不足，城市更新相关规划的关键内容未能有效纳入相应层次的法定规划，导致其法律效力缺乏，规划难以落地实施、发挥效益。

城市更新技术体系无法形成、难以落地还受到技术标准规范的制约。城市更新相关的标准规范文件出台相对滞后，整体层面缺乏对城市更新技术的系统设计，在具体的实践工作中制约了城市更新工作的开展。现行相关的标准规范体系的陈旧，在城市更新工作推进时暴露出诸多不适应性：一是理念进步带来的不适应性，城市更新行动推进过程中，伴随着新理念的出现，相应规范标准难以实时同步；二是标准体系、基本术语等的不适应性，现行标准体系的探讨语境仍以“新建”为主；三是城市建设“规建管”实践的不适应性，标准规范与现实需求的不适应，导致编制难、审批难、落地难。

（三）自上而下模式，推进实施难

既往的城市更新多采取自上而下的运作模式，更新计划和项目由地方政府主导，在实施过程中主要有两方面问题：

一是城市更新项目往往需要承担高成本的建设、管理和运维费用，这种模式导致政府面临较大的资金筹措压力。我国许多城市在城市更新方面均面临资金匮乏的窘境，政府财政紧缺以及外部融资限制，导致城市更新项目的质量和效率低下，实施进程推进困难。

二是自上而下的模式导致民众以被动接受为主，普遍积极性不高，项目的实施效果可能无法达到居民的期望，民众缺乏对身边环境改造的参与感，将会影响其归属感和幸福指数，甚至导致社会不公平问题加剧。

七、城市更新行动的发展趋势与建议

（一）工作链条延伸：注重城市全生命周期管理

国家提出将全生命周期管理理念融入城市更新行动，住建部在城市更新试点城市的工作内容中明确要求探索建立城市更新的全生命周期管理制度，新时代的城市更新需要为客户提供包括投资、咨询、规划、建设、管理等全周期全过程的一体化服务，全生命周期管理有助于高效配置城市资源和实行项目管理，提升城市治理效能，未来城市更新的工作链条延伸将成为关注重点。

一是打通“规划、设计、建设、管理、运营”等多个环节。通过新增城市更新专职管理机构部门，或指定主管部门，梳理并明确全周期过程中每个阶段的责任主体、参与主体以及工作内容，避免权责重叠或冲突，确定各专业的工作规程以及对接方式，并积极借助数字信息技术实现智慧化治理，通过构建“一张图”多部门协同信息管理平台，便于部门间数据与信息共通共享，提高工作效率，构建持续、长效的城市更新运行机制，实现策划、规划、建设、运维等全环节的无缝衔接，确保项目的可落地性。

二是强化城市更新工作中多专业的协同效应。城市更新行动开展时，明确策划、投融资、规划、建筑、景观、市政、运营维护等多专业在城市更新工作中协同解决城市病治理问题的技术流程，明确各专业技术接口。

目前，城市更新各试点城市在全生命周期管理理念的应用方面积极开展了探索，如《上海市城市更新条例》中指出要对城市更新项目实行全生命周期管理，将更新项目的公共要素供给、产业绩效、环保节能、物业持有、土地退出等全生命管理要求均纳入土地出让合同，并借助信息共享、协同监管等手段将其纳入城市更新信息共享系统；长沙市借助信息技术来实现全生命周期管理理念的落实，构建城市动态监测平台，对城市体检、老旧小区改造等城市更新工作进行动态监测和智慧管理，将城市问题的“诊断、治疗、复查、监测、预警”等全周期环节智能化。

（二）技术体系完善：规划体系衔接与标准规范完善

为了解决城市更新技术体系跟不上时代要求的问题，自城市更新行动被写入“十四五”规划以来，与之相关的技术体系、标准、规范正在逐步完善中。新时代城市更新行动在技术体系完善方面，应注重以下两方面工作：

一是要注重推进城市更新相关规划与国土空间规划体系的衔接，将各级的城市更新规划内容融入五级三类的国土空间规划体系：在总体规划层次，制定城市更新的总体目标与纲领；在详细规划层次划定城市更新单元，并明确各单元空间结构、用地布局等的优化调整内容；在专项规划层次，对不同的城市支撑系统提出城市更新管控要求。以此实现城市更新目标与计划在空间和支撑体系两个维度的逐级传导，将各级城市更新规划中的关键性结论纳入法定规划，巩固为具有法律效力的条款，促进城市更新意图的落地实施。

二是注重相关标准规范体系的优化。针对现行标准规范体系与城市更新工作的不适应性，对标准规范体系进行梳理、修订和新编。根据《中华人民共和国标准化法》《城市规划管理与法规（2011 年版）》，我国现行标准体系按照专业内容分为基础标准、通用标准、专用标准，按照编制部门可分为国家标准、行业标准、团体标准、地方标准等。对现行相关规范标准摸底盘点，梳理相关标准在实践中的问题，提出有序开展标准修订的建议，为更新行动规程和指南做储备。探索适用于存量更新的技术标准，推进城市更新工作，释放因旧规范标准约束的存量资源，促进新理念、新技术、新设备等在更新行动中的应用。

各试点城市开展城市更新工作时，北京市将城市更新行动纳入街区控制性详细规划，通过指标进行管控和引导，为后续规划综合实施方案提供指引；广州市将城市更新专项规划向上与国土空间总体规划衔接，向下与详细规划呼应，还在各层级的国土空间规划中增加城市更新相关的要求和内容，如在单元详细规划中增加更新目标、实施计划、资金来源等内容；深圳市也将城市更新专项规划与国土空间规划分级衔接，以市区级城市更新专项规划落实国土空间总体规划，以城市更新单元规划落实国土空间详细规划层面的意图，实现了将城市更新纳入法定规划体系。

各城市在城市更新相关标准规范的完善问题上也进行了探索，加速构建更为完备的城市更新技术、标准、规范体系。如重庆市发布了我国首部城市更新技术导则，在工作定位方面，明确了城市更新相关概念及分类；工作路径方面，规范了城市更新工作流程，明确了工作主体、工作内容及更新要素等要求，并针对片区策划方案和项目实施方案的编制内容提出了技术模板；主体行为方面，规定了更新方式、范围、实施时序等；技术方面，对重点工作内容进行了指引，技术导则的出台为城市更新工作提供了更有力的技术支撑；江西省发布了《江西省城市更新规划编制指南（试行）》，确定了城市更新规划的总体目标、规划定位、编制原则、规划层次及编制方法，分别针对城市更新规划、城市更新行动计划、城市更新项目实施方案三个规划层次的主要编制内容和技术要点进行了规定，对规划成果要求加以明确，为当地有序开展城市更新行动规划编制工作提供了指南。

（三）政策制度构建：制度创新与多元主体共治共享

传统的自上而下治理模式存在许多弊端，新时代政府的角色将由决策者和执行者向引导者、协调者、监管者转变，通过发布公共政策和挖掘激励机制来激发市场活力，引导更多社会组织参与到城市更新行动中。

一是制度创新方面，新时代城市更新行动必须以制度创新作为有力基础。以城市更新工作中的重要空间要素“土地”的供应为例，研究适用于城市更新的土地制度，适度增加例如用地功能混合、容积率奖励等规划弹性，创新土地供应方式，探索获取土地的多种渠道，完善权属登记及抵押程序，健全如过渡期政策、奖励政策等更新工作政策机制。

二是资金支持方面，要依据具体城市更新项目的特点，合理选取开发建设模式。要做实经济测算和资金平衡，政府主导类项目，要避免过度发债融资带来的地方政府债务风险；市场主导类项目，要用足市场主体在项目融资、投资和运营过程中的灵活性和敏锐度，同时要避免市场的逐利性导致的规划变形走样；政企合作类项目，积极引入社会资本方，由政府出资方代表和社会资本方共同成立项目公司，以项目公司作为投融资、建设及运营管理实施主体，由政府整体把控建设方向和过程，结合市场化融资手段（银行融资、资产证券化等），风险收益合理分摊。

三是公众参与方面，城市更新行动要逐渐转向更加包容和多元的共治共享模式，政府、社会组织和公众等多元主体将共同参与，以实现更加公平、高效和可持续的城市更新。应尊重并保障项目相关权益主体的利益，并鼓励公众积极参与社区的城市更新活动，通过网站、新闻等宣传渠道公开项目信息并收集反馈意见，采取社区调查等方式了解公众的需求和期望，邀请社区公众参与项目公开座谈会的讨论环节，建立长久的公众参与机制，将能够增加项目的透明度和公信力，确保项目更好地满足人民的需求。

各试点城市在政策创新上进行了积极的探索，如南京市在城市更新土地制度方面开展了探索，在实际行动中强调土地集约高效利用，大力支持产城融合和混合开发，如针对存量工业用地更新，提出完善配套、采用分割转让等方式提高土地的利用效率，并产生了较好的社会经济效益。关于资金支持的拓宽方式，北京市发布的《北京市城市更新条例》规定了社会资本的参与政策，包括权利主体、参与方式、项目融资方式等，引导社会资本参与城市更新。在具体的项目实践中，朝阳区望京小街改造提升等项目探索了政府投入与社会资本共建的城市更新路径，成为可供学习的城市更新样本。在公众参与方面，上海市积累了丰富经验，城市更新行动结合政府把控和公众参与，由市政府成立城市更新领导小组，负责统筹和协调全市的城市更新工作；同时为社会主体和公众提供多种参与渠道，鼓励多方协商、共建共治；重庆市发布了《重庆市城市更新公众导则》，介绍城市更新工作内容、展示经典案例，有助于公众了解并参与城市更新工作。

People-Centered Cities, Better Life

中篇 城市更新实践

01 体检诊断类

02 策划咨询类

03 规划类

04 居住类

05 产业类

06 历史文化类

07 景观生态类

08 道路交通类

09 市政设施类

10 城市运营类

城市更新是个永续过程，自有城市以来，就有城市的改造与更新，而每个时代的城市更新与建设都有其遵循的核心价值。党的十八大以来，中国特色社会主义进入新时代。党的十九大做出明确判断：我国社会主要矛盾已经转化为人民日益增长的美好生活需要和不平衡不充分的发展之间的矛盾。“人民城市”应作为我们城市建设工作的重点之一，也是城市更新的价值之一。因此，我们对什么是好的城市更新做出评价，至少有以下维度：

多大程度上促进了“城市人的再生产”？城市更新应以“人”的感知和使用为基本出发点，评判城市空间建设实际促成“人”的身心获益的效果，例如：行动的便利，空间的舒适，视觉的愉悦。

多大程度上促进了“城市经济的再生产”？我国经济发展正经历新旧动能换挡的关键时期，建设行业还将持续作为经济总量中占比可观的支柱产业。如何引导多元要素在城市更新中发挥经济功能，是城市更新成败的关键。

多大程度上促进了“城市空间的再生产”？城市作为一个有机体、生命体，城市空间的每个局部都是整体系统的有机组成部分。城市更新要优结构、提品质，需要找准带动城市空间结构优化的切入点，因此要联系城市整体空间和各支撑系统予以评判。

多大程度上促进了“城市文化的再生产”？城市空间是延续城市记忆，发扬地方文化的重要载体，城市更新本身就是一个保护和传承文化的过程。城市更新中善待文化，既是对历史的责任，也是对当下的赋能和对未来的增值。

多大程度上促进了“城市生态的再生产”？城市更新要回应人与自然和谐共生的关系问题，好的城市空间建设应对强化城市的生态安全与健康做出积极贡献。让城市人工环境的生态循环，因循自然的规律，融入恢弘的生态圈中，是生态文明的应有之义，也是对城市和其人民最好的保护。

杨一帆

中国建科副总规划师、

中国城市发展规划设计咨询有限公司首席规划师

01 体检诊断类

当下的中国，正处在世界百年未有之大变局，城市至少面临着四大变化的深刻影响。首先是社会变化，党的十九大报告指出，我国社会主要矛盾已经转化为人民日益增长的美好生活需要和不平衡不充分的发展之间的矛盾，城市需要高质量发展；第二是建设变化，我国的常住人口城镇化率达到 65%，增量扩张渐趋减速，城市需要提高存量效率；第三是气候变化，各种极端气候考验着发展的韧性，城市需要践行绿色低碳的理念；第四是技术的变化，互联网、人工智能等技术突飞猛进，未来已来，城市需要跟上数字智慧的时代。面对这些变化，贯彻创新、协调、绿色、开放、共享新发展理念的城市更新成为城市建设领域的重要抓手。

在城市更新工作中，城市体检是基础，离开了体检的更新，可能会陷入头痛医头、脚痛医脚的桎梏，城市体检所秉持的系统观、整体观能够最大程度的避免这种局限。城市体检所要检的不仅包括物质空间的硬环境，也包括社会治理的软环境，这样才能全面的了解、探查城市的“病灶”及“病理”。规划师和设计师作为城市体检工作的“操刀者”，就如同面对病人的医生，古人对医者有这样的描述：“上医医未病，中医医欲病，下医医已病”，意思是说高级的医生重视预防疾病，中级的医生医治将要发生的病，一般的医生医治已经发生的病。对于规划师和设计师而言，进行城市体检工作时，需要同时扮演这三种等级的“医生”，首先，对于已经出现的“症状”要找出“病因”，不同的“病因”需要开不同的“药方”；其次，对于即将出现的“病症”要给予预警；最后，对于可能出现的“病症”要提出预防的策略。可以说，城市体检的质量最终决定了城市更新工作的质量，也正因为如此，才有了“无体检，不更新”的说法。

蒋朝晖

新疆维吾尔自治区哈密市城市体检与评估

新疆维吾尔自治区哈密市中心城市发展战略咨询

北京市石景山区 SS00-1611 街区既有控规街区评估

新疆维吾尔自治区哈密市城市体检与评估

背景与理念

2020 年习近平总书记在湖北考察时指出，城市是生命体、有机体，要敬畏城市、善待城市，树立“全周期管理”意识，同年两会，习近平总书记再次强调“把全生命周期管理理念贯穿城市规划、建设、管理全过程各环节”，“全周期管理”理念逐步被引入城市治理领域，成为城市治理理论的重大创新。

城市体检是习近平总书记早在 2017 年提出的工作要求，城市生命体理论是支撑城市体检工作的理论基础。城市是一个复杂的巨系统，像人体一样，不同的发展阶段有不同的城市病。哈密市城市体检与评估是在城市体检工作要求的基础上，依据城市需求，系统延伸城市病各要素的综合诊疗工作。

策略与技术

城市各要素具有系统关联性，各要素系统在各自的额定阈值中运转的同时形成系统间高度相互关联的城市生命体。城市体检工作是城市更新的前提条件，通过诊疗、行动、项目库、更新实施，形成体检更新再评估再更新的工作闭环。

根据党的二十大及习近平总书记对城市建设的相关要求总结，本次体检更新工作聚焦到“六个城市”，即建设宜居城市、宜业城市、韧性城市、绿色城市、智慧城市和人文城市。形成 1618 的技术框架，即：1 个总目标（建设人民幸福、可持续发展的健康城市）、6 个城市维度、18 个专业任务。

通过调查问卷、市区直管部门座谈、街道座谈、社区及居民代表访谈，结合建成区调研踏勘、社会满意度调查及公众提案收集，充分挖掘城市问题和民众需求。细化居民的切实需求，甄别各类城市问题及居民需求，为建议对策提供支持。

以问题导向、目标导向、实施导向三个导向建立城市体检评估的指标体

五个阶段周期闭环的工作路径

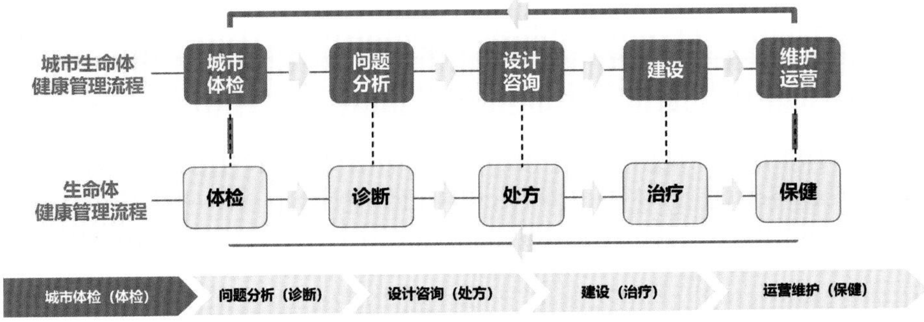

系。其中基础指标包括住建部 + 自资部指标 126 项，其他国家部委及自治区相关要求和专项特色指标 150 项。

参照自治区及国家的相关要求，结合哈密的城市发展阶段，将评价指标标准分为非常健康—健康—亚健康—不健康—非常不健康五级进行评价。18 个专项按照总体评估—取得成效—存在问题—整治策略—建议项目等来进行工作。

各专项涉及的要素要通过空间分析找出问题，得出结论。主要针对各专业的要素、规模、覆盖率、效益等问题进行分析。

通过对各要素存在问题的分析，生成问题清单，并得出与要求的差距，通过问题清单的分析整理出整治清单及所在区域，并分配到相应的责任部门。根据问题清单、整治清单，结合空间分析和满意度分析，提出建设项目建议，为下一步的城市更新专项规划做支撑。

体检结论——问题清单

所属专业	问题要素	具体问题	问题指标	要求标准	与要求标准的差距
公共服务	养老	现有的养老照料中心不满足消防要求	社区养老服务设施社区覆盖率（%）	自治区要求日间照料机构覆盖率不低于90%	差距较大，社区级养老设施基本都不能用
	托育	社区基本无规范的托育设施	社区托育服务设施覆盖率 (%)	国务院要求促进3岁以下婴幼儿照护服务发展	差距较大，根据需求增建托育设施
	体育	缺少球场及社区级体育场地	人均公共体育用地面积（平方米）	社区15分钟健身圈实现全覆盖（人均体育场地面积达2.6平方米，每万人拥有足球场地0.9块）	差距较大，现状为0.61，需加快社区健身圈建设
	完整社区	无完整社区建设试点	完整社区建设设施达标率	鼓励建设完整社区	需尽快进行完整社区试点建设

体检结论——整治清单

所属专业	问题清单项	整治类指标	整改措施及区域	责任单位
公共服务	现有的养老照料中心不满足消防要求	社区养老服务设施社区覆盖率 (%)	尽快进行日间照料中心整改工作，与社区医疗卫生中心结合建设日间照料中心	民政局
	社区基本无规范的托育设施	社区托育服务设施覆盖率（%）	在西河街道、丽园街道、东河街道人口密集区域建设一批示范托育设施	卫健委
	缺少球场及社区级体育场地	人均公共体育用地面积 (平方米)	结合更新空间进行球场及体育场地建设	文体旅局
	无完整社区建设试点	完整社区建设设施达标率	西河街道、丽园街道选取基础较好的社区进行完整社区试点建设	住建局

解决的实际问题

形成了四大行动计划 22 个举措，其中四大行动包括：城市更新行动、生态环境整治行动、智慧城市建设行动、文化遗产价值挖掘行动，并取得了初步进展。

体检意义：城市体检是一项旨在提升城市治理现代化水平，满足人民对美好生活需求的重要实践。这种全面性的检查和科学依据确保了治理理念与人民紧密相连、以城市为有机生命体、以城市更新为引领，形成了一种综合治理理念。

以人民为中心，城市体检更加贴近群众的生活，以全面的视角发现和解决问题，推动城市实现健康发展。城市体检不仅为城市更新提供科学依据，更是城市治理现代化的内在要求。这种综合理念确保了治理工作更具针对性、可操作性。

设计单位：中国建设科技集团股份有限公司

设计人员：杨一帆、王明田、倪莉莉、孙晓彤、宋立志等

完成时间：2023 年

项目规模：规划范围 120 平方公里

新疆维吾尔自治区哈密市中心城市发展战略咨询

背景与理念

为了履行哈密在新时代的使命担当，实现城市高质量发展、高品质生活、高水平治理，需要站在更高的角度为哈密未来谋篇布局，把握近期城市发展重点，描绘哈密未来发展蓝图。本次战略咨询坚持问题导向、目标导向、实施导向，以“城市生命体健康管理咨询”为基础，全方位诊断城市问题，制定中心城市发展战略，重点在哈密绿洲城镇组群空间范围，为哈密中长期发展提供战略目标、空间布局、实施行动、创新机制等方面的支撑和引导，与城市更新紧密衔接，以“哈密城市更新行动”为抓手，全面推进城市建设。

策略与技术

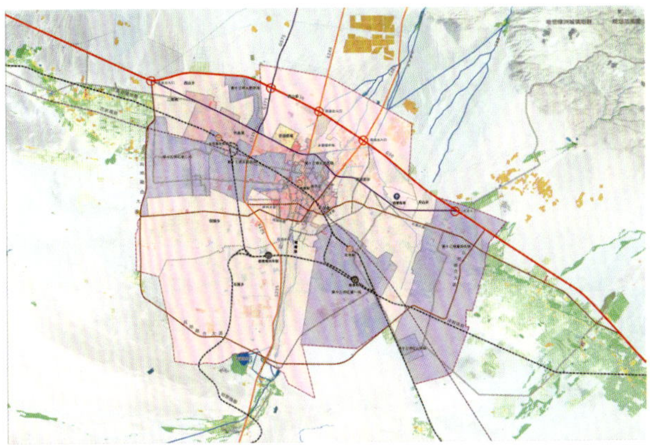

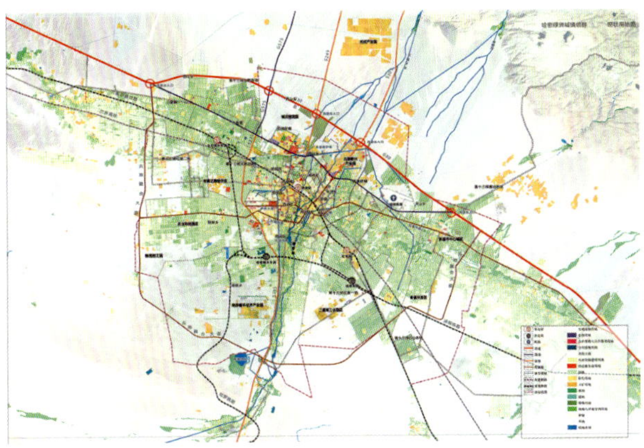

通过规划梳理、优势分析、问题诊断，全方位认知哈密，对城市能级、产业、功能、治理等方面的趋势进行研判，将目标与问题转化成为中心城市的三个层次的战略需求，提出目标、战略、行动和举措，引导哈密绿洲城镇组群和中心城区的空间布局，多领域、多维度、多平台推动哈密中心城市建设，支撑未来承载百万人口的区域性中心城市建设需求。

解决的实际问题

以“城市生命体健康管理咨询”为基础，从哈密绿洲城镇组群和中心城区两个空间维度厘清城市发展、城市机能、城市治理等方面存在的问题；补足了国土空间总体规划在哈密绿洲城镇组群层面的内容缺失，以三生空间融合、兵地融合为切入点，提出“三大策略、六大行动、十八大举措”的行动举措，支撑“一都、六城”的战略目标；向下衔接城市更新专项规划，明确城市更新行动，为城市建设提供规划引导和战略支撑，塑造“高品质”城市空间；以哈密绿洲城镇组群为规划范围，涵盖“兵铁油企地”多元管理主体空间，为区域协调、兵地协调提供战略引领；以承载百万人口的区域性中心城市为目标，提出在产业发展、水资源、土地资源、生态环境、道路交通、能源利用等方面存在的问题，为下阶段开展专项规划或研究做基础；针对哈密实际及战略部署，提出争取政策试点、加强央地合作、加强国际交流、破解资源短板、优化管理机制、创新融资模式等六项创新机制，为行动实施提供政策保障、资金保障。

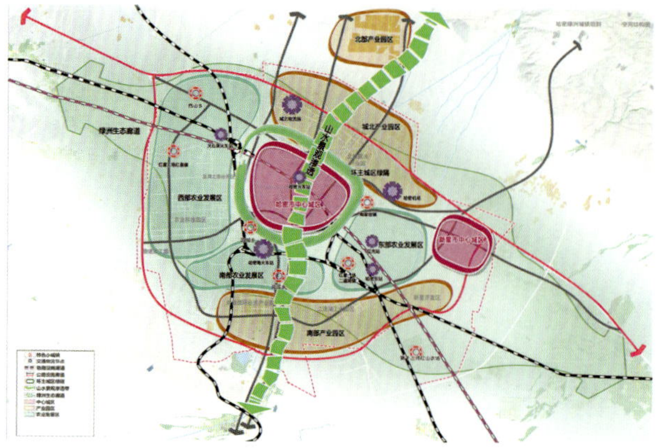

设计单位：中国城市发展规划设计咨询有限公司
设计人员：王明田、刘建新、徐也、余雷、孙晓彤、马晨光、阿拉太、李晓英、刘磊进、曹家平、荆艺璇、于子丽
完成时间：2023 年
项目规模：规划范围 1408 平方公里

北京市石景山区 SS00-1611 街区既有控规街区评估

项目概况

按照北京市规划和自然资源委员会《北京市控制性详细规划实施管理办法（试行）》的相关要求，石景山区开展街区层面的统筹谋划，结合既有控规街区的实际情况，推动全区街区评估工作。

本次街区评估工作主要针对石景山区 SS00-1611 街区进行评估。该街区位于石景山区中部，北临阜石路，南至石景山路，西起杨庄大街，东至杨庄东街、古城东街、古城小街。

背景与理念

以“编什么、评什么”为原则，统筹上位规划和上版规划要求、控规编制技术标准等，建立控规评估要素库。评估工作统筹第三次全国土地调查、地理国情普查等，形成详细规划完整数据库层，算好街区人地房的历史账和规划账，实现既有控规的系统维护与动态监测预警；统筹街区指引、专项规划、已批待建项目等，更新既有控规规划底图，建立以“精准度”和“完成率”为核心的街区控规分析和评价基础。优化完善街区既有控规，形成街区既有控规优化备案成果。

策略与技术

统筹增量与存量，依资源落任务。评估工作包括街区层面既有控规优化和街区层面规划实施情况评估两方面内容。街区层面既有控规优化主要针对街区现状实施情况，落实街区指引规划要求，优化完善街区既有控规，形成街区既有控规优化备案成果。街区层面规划实施情况评估包括对街区规划变化情况的梳理和对街区规划实施情况的评估。通过评估街区规划实施情况，明确街区范围内剩余资源，梳理街区资源清单，提出街区规划实施任务清单、需求清单和

独立占地设施	层级	名称	校核缺口（应配置）			补充配置方案及说明
			建筑规模（平方米）	用地（平方米）	数量	
社区综合管理服务	B	小型全民健身中心	——	1000	1	调整1609-035中体育用地为公共绿地，设置小型全民健身中心，独立占地。
	B	社区综合文化室	600	——	6	建议在南路西社区1609-145、古城路社区1609-101、八千平社区1609-100、北小区社区1609-095、古城家园社区1609-037、天翔社区1609-620地块中结合社区管理用房余量、现状空置建筑或更新项目补充。
	B	小型体育公园	——	10000	1	建议在1609-001地块中补充1处独立占地。
	C	室内体育设施	3060		3	建议在1609-100、1609-620、1609-099地块各补充1处。
市政设施	C	密闭式垃圾分类收集站	250	1000-2000	1	建议在1609-001地块中补充1处独立占地。
	C	开闭所		600	2	建议在1609-620、1609-100各补充1处，每处占地300㎡，不给独立用地性质。
	B	公共厕所	70		1	建议在1609-101补充1处，建筑规模70㎡。
	C	邮政所	200		1	1609-119补充1处。
商业设施	B	再生资源回收站	150	——	7	1609-025、1609-619、1609-037、1609-620、1609-145各1处，1609-100两处。
物流设施	B	末端营业网点	90		3	1609-025、1609-100、1609-139各1处，每处30㎡。

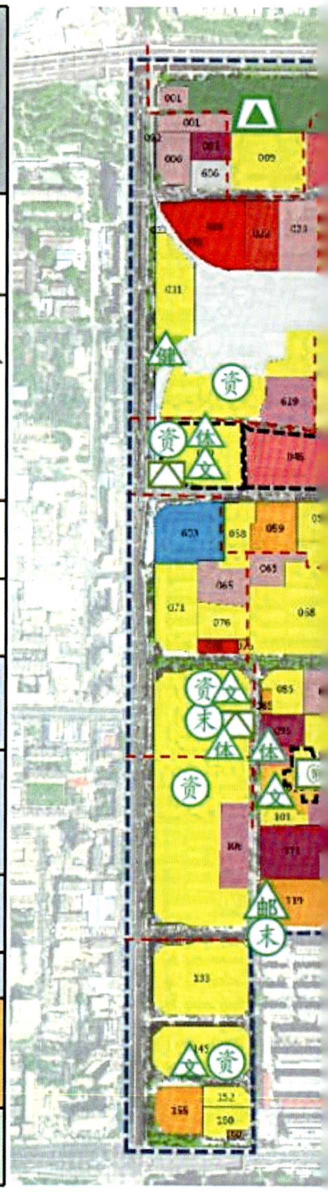

街区任务清单

设计要求清单，强化存量资源与街区任务捆绑，实现建筑规模按需精准匹配。

实践探索了管理的新路径，形成可全市推广的工作样板。既有街区评估坚持自下而上找问题、街区统筹理资源、清算设施补短板、多元协商明需求、落实要求列清单、搭建平台统实施，总结形成了以“1+4+N”为评估框架的工作规程，实践探索了管理的新路径，形成可全市推广的工作样板。

解决的实际问题

通过梳理更新基础清单开展的项目控规评估工作，一方面，形成的规划实施条件，帮助实现街区资源、任务总量的底线控制；另一方面，结合街区“四个清单”成果，石景山区以资源为机遇，以任务为目标，协商确定待实施项目

的资源、任务捆绑方案，对项目实施作出切实可行的具体安排，在“规则约束”与“灵活协商”之间实现平衡。清单式的资源、任务梳理为街区内的规划实施提供更为清晰的决策依据。

设计单位：中国城市发展规划设计咨询有限公司
设计人员：刘超、刘晔、赵炜玮、李海梅
完成时间：2022 年
项目规模：街区面积 122 公顷

02 策划咨询类

新时代城乡规划已经发生了重大转变，以生态优先、绿色发展为导向，运用底线管控思维的国土空间规划体系成为主流，城乡规划业务的底层逻辑和服务方式都引发一系列的重大转变，不断冲击着传统规划业务市场，也给规划工作提出了挑战。规划业务类型从服务扩张型经济发展和建设转向存量型保护与利用监管；工作内容从精英式物质蓝图规划转向定制化全要素协同规划；服务方式从引领阶段性单个编制转向过程跟踪服务、维护与实施；另外在业务来源、工作组织和技术手段等方面无不潜移默化地发生着转变。因此，在规划业务的生态链中策划咨询的重要性逐渐凸显出来。

策划咨询是指在城乡规划过程中，由专业团队或专家提供的策略性建议和意见，旨在提高规划的科学性、合理性和可行性。策划咨询的价值主要体现在以下几个方面：战略指导：策划咨询通常需要具备丰富的经验和专业知识，能够为规划提供战略层面的指导，确保规划与国家政策、地方需求和行业发展趋势相符合。问题诊断：策划咨询能够深入挖掘规划中存在的问题，并提供针对性的解决方案，有助于减少规划实施过程中的风险和不确定性。资源整合：策划咨询能够整合各方面的资源，包括资金、技术、人才等，为规划的实施提供有力支持。沟通协调：策划咨询作为沟通协调的桥梁，能够促进各方之间的交流与合作，减少利益冲突，促进规划的顺利实施。

策划咨询在城乡规划中已经得到广泛应用并获得多方认可。土地利用与保护：策划咨询在土地利用和保护方面发挥着重要作用，能够为土地资源的合理配置提供科学依据，确保土地资源的可持续利用。环境保护与治理：策划咨询能够提供有效的策略和建议，促进环境保护与经济发展的协调发展。城市更新与改造：在城市更新与改造过程中，策划咨询可协助政府和企业制定科学的规划和实施方案，确保改造工程的顺利进行。产业发展策略：产业发展是城乡经济发展的关键。策划咨询可根据地方特色和优势，制定适合的产业发展策略，促进产业的集聚和升级。乡村振兴：针对乡村地区的资源优势和发展潜力，策划咨询可提出切实可行的规划方案，促进乡村经济可持续发展。在城乡规划的众多领域中，策划咨询充分发挥非法定规划全链条介入的丰富性、灵活性和针对性的特点，将目标导向、问题导向、特色导向、实施导向等手段完美融合，成为城乡规划复杂而系统的工程中的重要环节。

蔡　震

北京市海淀区京张铁路遗址公园一期工程总责任规划师专业技术咨询

云南省西双版纳州磨憨国际口岸城市发展总体策划

上海市金山区廊下镇镇区城市设计、镇区更新发展策划及廊下镇投资运营策划咨询服务项目

云南省昆明市滇池环湖区域发展总体策划及重点地段概念性城市设计

黑龙江省煤炭资源枯竭型城市转型发展促进项目——鸡西项目

黑龙江省煤炭资源枯竭型城市转型发展促进项目——七台河项目

北京市海淀区京张铁路遗址公园一期工程总责任规划师专业技术咨询

背景与理念

适逢京张铁路通车110周年、詹天佑逝世100周年，京张高铁于2019年全线通车。京张高铁大部分采用“入地”方案，为建设京张铁路遗址公园奠定基础。利用释放出的地面土地，建设京张铁路遗址公园，项目设立“责任规划师＋责任工程师”双总师团队提供规划设计专业技术咨询服务，落实国际征集优胜方案设计理念，深化形成一张蓝图。责任规划师对设计及建成效果负责，对景观、交通、建筑、公共艺术等多专业进行技术把关，统筹协调项目建设过程，孵化城市更新项目库，并提出实施策略和时序。为贯彻全线以“历史线、生活线、创新线”为统领的设计理念，制定规划策略，对京张铁路遗迹进行梳理，提出“静态保护、文化演绎、活化体验”的方式传承其精神文化内涵。完善公共服务设施，贯彻“全龄全时全季”的公园设计理念，通过全线慢行系统贯通公园，实现全线共享生活场景。

策略与技术

京张铁路遗址公园一期工程总责任规划师团队深入分析项目特点，延续“三线织锦，绣美京张”总体设计主题，坚持“全价值统筹、全要素把控、全过程管理”的总体工作原则，从“顶层引导、中层导控、底层实施”三个层次，提供规划设计专业技术管理服务。

解决的实际问题

京张铁路遗址公园一期工程由总责任规划师搭建专业责师顾问与技术专班两级工作架构，形成19人的总责任规划师团队，通过组织、参与162次相关工作会议，协调规划、景观、建筑、铁路、市政、交通、轨道等不同专业的相关事宜，统筹协调总计14类48条工作事项。项目实现了：1. 全线方案统筹，形成一张总体规划设计蓝图。2. 落实时任北京市主要领导“尊重历史、保护铁路遗址、保留铁路元素”的建设原则，协同遗产保护与文化传承顾问，组织铁路专家对京张铁路正线历史线位及沿线历史设备设施点位进行调查论证，作为全线铁路文化展示、修复的重要历史资料。3. 完成公共空间需求报告、配合发改立项。4. 梳理全线 17 处潜在更新用地，并对全线机遇用地基本情况、权属进行调查研究，总结各地块更新模式，制定总体管控导则，对全线 400 个地块权属信息进行梳理汇总。5. 协调各专业技术方案，实现公园范围内“京张铁路历史风貌不走样、铁路文化不误读”。6. 疏解城市交通、补全公共设施、应用创新科技。7. 总师团队通过组织设计工作营，对园林景观方案进行 4 版重要的概念方案调整，包括对清华园车站前广场、铁路户外博物馆、火车转盘、环丘、标准足球场等节点的设计把关。8. 全线二期工程策划原则，明确边界、统筹需求、经济适用、动态策划。9. 工程实施现场技术把关，保证公园设计方案效果不走样、工程细节安全无障碍、施工工艺经济高效。10. 梳理全线 6 个街镇，总计 36 项地上物破拆、拆除工作。

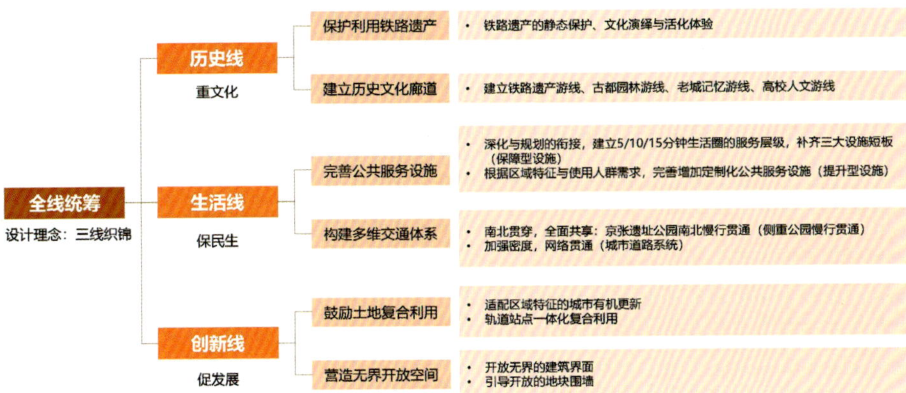

全线梳理思路框架

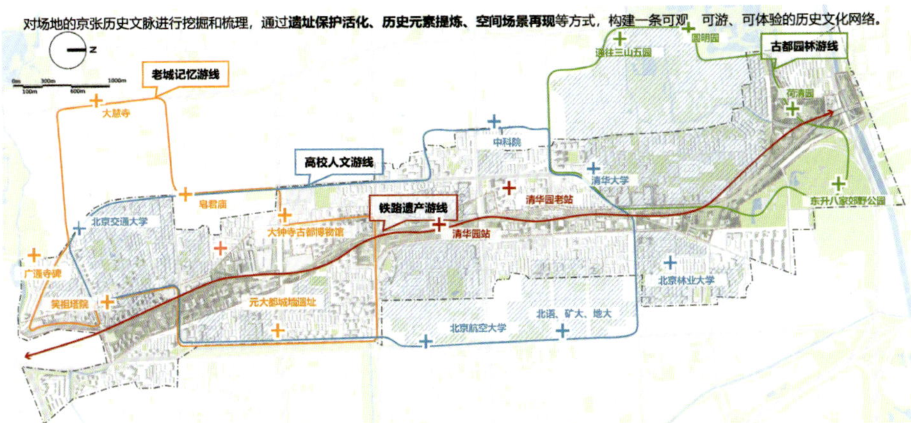

历史线：建立历史文化廊道

规划结合现状条件提供景观步道、自行车道形成贯穿南北的慢行系统。梳理周边院校、单位、社区的既有轴线、慢行系统，在关键节点建议局部打开院校、单位院墙，或增设院门，缝合成为完整慢行系统，建立全面共享的公共空间网络。根据不同区段空间要素的不同，设计多种慢行道路断面，包括：滨河慢行空间、临轨慢行空间、亲轨慢行空间和一般慢行空间等断面类型。

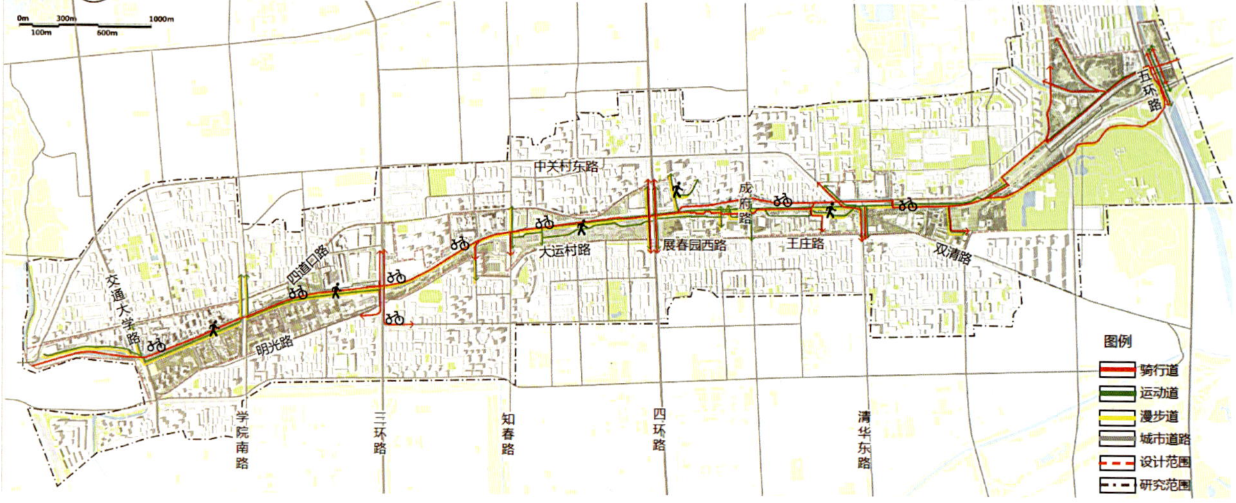

生活线：构建多维交通体系

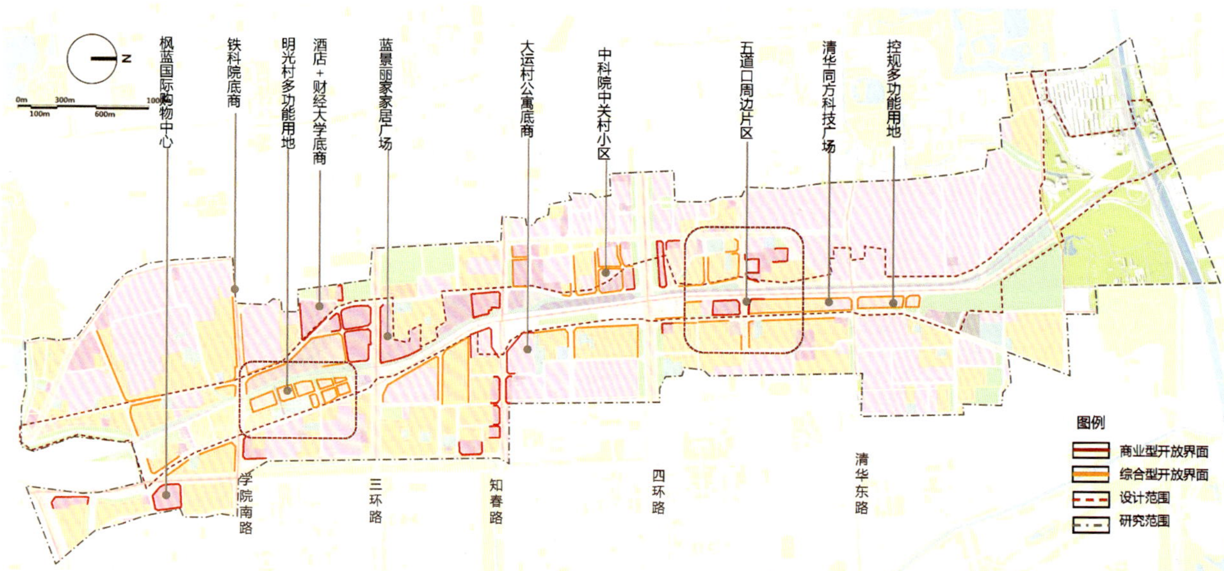

创新线：营造无界开放空间

设计单位：中国城市发展规划设计咨询有限公司

设计人员：杨一帆、丁伟、刘千伦、冯霁飞、梁宇、刘阳、周莹

完成时间：2022 年

项目规模：全线长约为 9 公里，总面积约 3.3 平方公里，一期研究范围约为 23.7 公顷，实施范围 16.8 公顷

项目获奖：竞赛优胜方案

云南省西双版纳州磨憨国际口岸城市发展总体策划

背景与理念

紧跟国家及各级政策指引，以习近平总书记提出的“和平家园、安宁家园、繁荣家园、美丽家园、友好家园”为指导，落实构建中老命运共同体行动计划，以磨憨国际口岸城市建设为契机，提升产业重构空间，以“澜湄家园、黄金磨憨”为发展愿景，提出“南亚东南亚辐射中心示范区”的总体发展定位，打造中老命运共同体的边境前沿窗口、中国—东盟双循环的陆路经贸枢纽、云南开放辐射中心的跨境合作示范、人与自然和谐共生的澜湄雨林城市，打造南亚东南亚辐射中心示范区。构建磨憨与磨丁、昆明、云南、中国、东盟之间的“五个融合”产业链互联组网空间格局。

策略与技术

构建并遵循“13914”逻辑体系，完成磨憨国际口岸城市总体策划和城市建设区概念性总体城市设计以及围网区概念规划。一个目标体系明确项目定位和目标，构建引领产业、特色产业、支撑产业三大产业体系，农品公铁物流中心、跨境产能合作中心、跨境体验服务中心、跨境金融服务中心、跨境电商服务中心等九种功能提供支撑，一个“生态 + 智慧”的营城模式，政策创新、项目建议、投资估算、运营模式四项实施保障。

解决的实际问题

深入分析与评价磨憨发展条件，结合磨憨发展总体定位要求，制定总体定位实施路径，制定区域协调发展战略。明确镇域产业发展方向和产业空间布局，制定镇域产业发展策略，明确镇域建设用地边界与空间布局。明确集中建设区产业发展类别、各类产业发展规模、产业空间布局、产业发展策略、产业发展政策措施，制定集中建设区产业发展“路线图”。对集中建设区进行总体城市设计，对围网区进行概念规划，实现产业发展与空间形态的融合发展。结合口岸地区发展规律和磨憨发展实际情况，制定产业发展、片区开发、道路交通、市政基础设施、公共服务设施建设的分期实施计划，确保磨憨发展建设稳步、可持续推进。

空间结构：一芯五廊四翼

集中建设区鸟瞰图

围网区鸟瞰图

设计单位：中国城市发展规划设计咨询有限公司

设计人员：杨涛、余雷、马晨光、张天华、朱丽羽、靳燕鹏、于子丽、宋佳城、廖嗨烽、刘磊进、任芳、秦祎潇、张钰瞳、林山红

完成时间：2023 年

项目规模：总体策划和城市建设区概念性总体城市设计 21.7 平方公里，围网区概念规划 0.83 平方公里

上海市金山区廊下镇镇区城市设计、镇区更新发展策划及廊下镇投资运营策划咨询服务项目

背景与理念

城市更新与乡村振兴是新发展阶段中国城乡高质量发展主旋律的两件大事，是新时代中国城乡发展的两大热点。小城镇连接城市、服务乡村，具备城乡双重特征，是城乡融合发展的重要空间单元。乡村振兴提出强化县城综合服务能力，把乡镇建设成为服务农民的区域中心，实现县乡村功能衔接互补。加快小城镇发展，完善基础设施和公共服务。推进以县城为载体的就地城镇化建设是城市更新的重要方面，是以高质量发展为导向从数量向质量转变的有机微更新，防止大拆大建，从单维建筑更新到民生产业、文化、基建多维更新，从点状和单业态更新到片区综合统筹更新，从单纯的开发建设到全生命周期的精细化运营。

策略与技术

以城市发展战略、产业、投资、运营等多种策划指导规划设计，形成“五清单、五统表”，即更新任务清单、现状问题清单、优势资源清单、约束条件清单、产业招商清单；更新资源统计表、资源评价表、单元“拆改留新”规模统计表、项目规模统计表、开发工程量统计表。构建了大都市远郊型小城镇更新工作体系，重落地重实施。

解决的实际问题

项目促进上海市金山区廊下镇强化提升综合服务能力、完善基础设施和公共服务、实现产业升级和城镇风貌提升，加速建设乡村振兴示范镇。

金山区廊下镇镇区城市设计：提出“田野新城，交织廊下”发展定位，对生态、产业、人居、文脉发展需求从“蓝绿共生、产城共融、全域共享、古今一脉”的四个层面给出设计策略，结合镇区更新发展策划和投资运营策划相关

结论，明确“一环二心三轴四带五片区”的空间结构，对城市用地功能、空间形态、开发管控提出相关目标。对廊下生态空间、建筑形态、道路结构三个层面给出风貌管控建议。

镇区更新发展策划：定方向——提出廊下更新发展定位“农谷智廊·乐享园下”，锁定土地、产业、环境、投资、运营五大更新维度；摸家底——从产业现状、发展诉求、市场竞合等角度对廊下镇产业进行摸排，明确产业发展方向。对廊下镇土地、建筑使用现状进行分析统计并建立更新资源数据库，明确“留改拆”空间分布；展愿景——形成“一核心一亮点三支撑”的产业体系，即农业科创为核心，主题消费为亮点，商务服务、商业休闲、生活服务为支撑，梳理出 21 个亮点项目，明确其空间规模及选址建议，为空间设计提供指导；引实施——提出聚、营、导、汇、运五大城市更新策略，划定城市更新单元，并以图则形式引导实施落地。

廊下镇投资运营策划：明确镇域生态、市政、道路、公服、拆回迁等六类

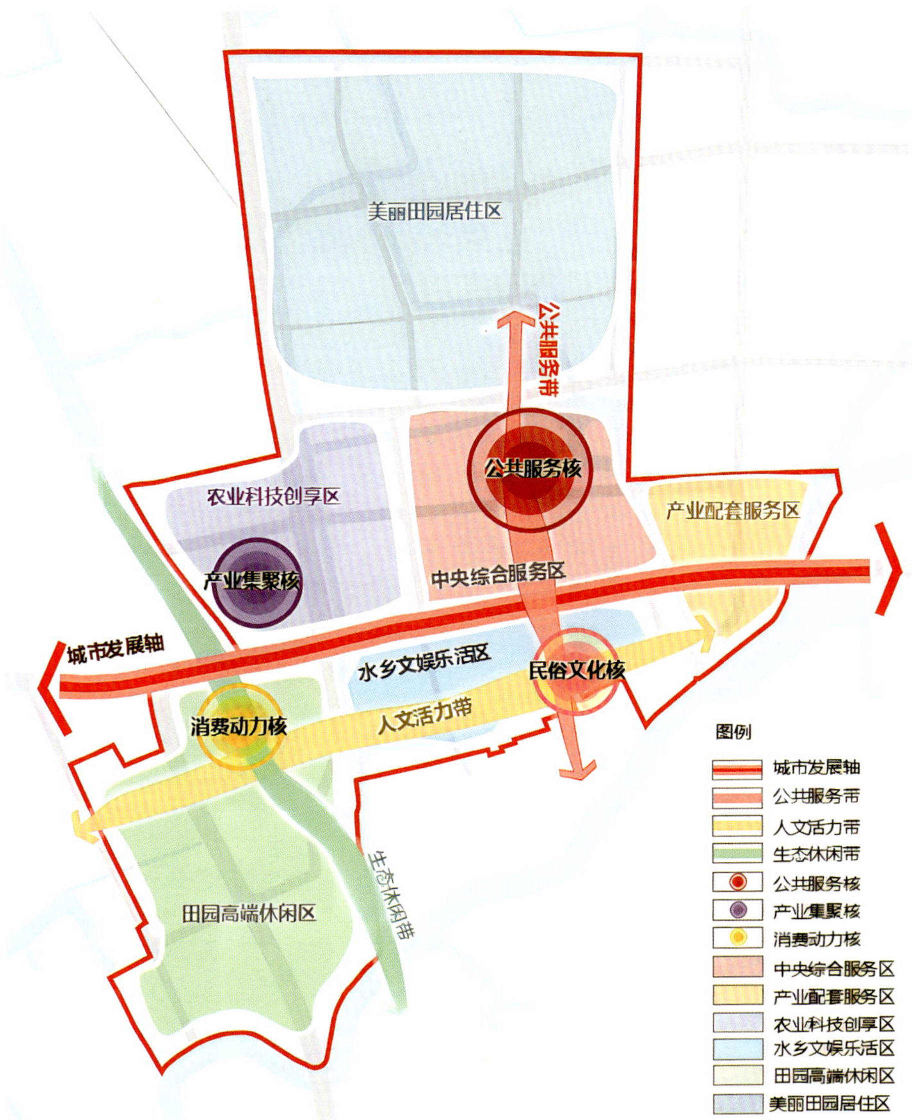

廊下镇镇区更新空间结构图

工程位置与总量，结合城市设计及城市更新方案厘清可用土地 61.06 公顷和可经营项目资源 21 处，估算总投资额。提出“多措并举、多点突破，结合不同渠道资金要求，有的放矢包装项目”的投融资思路，结合上海城市更新相关政策，综合考虑拆迁难度、民生效益、资金平衡、招商引资等因素，选取五大廊下镇城市更新近期抓手项目，筑基石出形象。

廊下镇镇区鸟瞰图

设计单位：中国城市发展规划设计咨询有限公司

设计人员：马晨光、张天华、刘磊进、靳燕鹏、朱丽羽、宋佳城

完成时间：2023 年

项目规模：策划面积为 4687 公顷，规划设计面积约为 173.49 公顷

云南省昆明市滇池环湖区域发展总体策划及重点地段概念性城市设计

背景与理念

以生态文明、乡村振兴、城市更新等政策为指导，以“绿美滇池、金碧春天”为项目整体发展理念。绿美滇池是绿水青山的体现，金碧指代昆明（金马碧鸡），也指金山银山，春天即春城。绿美(绿水青山）底色是金碧(金山银山）成色的基础保障，绿是金的基础，金是绿的延展。重点实现“添绿增金”的资源转化、“守绿换金”的资源保护、“点绿成金”的资源活化、“以绿为金”的绿色资本。

策略与技术

形成“策划前置，更新定制，运营支撑”的环湖区域更新的技术方法。立足既有规划，梳理策划目标，辩证绿金关系，明确发展定位，勾勒规划范围，评估环滇资源，集聚资源组团，形成环滇十二时辰。在环湖生态承载力范围内，提升环湖区域产业引领能力、旅游辐射能力、综合治理能力，进一步指导空间规划设计。梳理项目清单，匡算投资总额，寻找资金途径，分期推进开发，结合企业业务，实现项目落地。

解决的实际问题

项目通过策划规划明确项目整体发展理念和定位目标，激发可更新资源潜力，实现整个区域开发建设可行性。

整体发展理念与定位目标：通过分析研究 58 份省市发展规划和行动方案、市政府各局口提供的政策等文件，确定本次策划的三项重点内容为滇池流域保护治理、经济绿色发展、文旅融合提升与品牌打造。提出“两山理念都市实践、人与自然和谐共生”的发展定位，通过更新将滇池环湖区域打造成公园城市建设标杆示范、世界一流生态旅游目的地、高原农业绿色转型和乡村振兴创新样板。

环湖空间格局与业态布局：在资产思维的引领下，将覆盖滇池生态保护治理和绿色发展直接关联资源的 159.52 平方公里作为规划范围。梳理 323 处有效资源，分为村庄、湖滨湿地、工业遗产等 12 类有形资源，将历代文化景观、文化人物、非物质文化遗产、文物保护单位等 7 类无形资产与有形资产进行匹配重组，形成 12 个更新资源组团，即环滇十二时辰，打造“核心资源 +”的更新资源航母。

初步经济测算与资金来源：根据滇池绿道建设需求、环滇十二时辰项目策划，形成滇池绿道建设工程、环滇环境保护治理工程、乡村振兴工程、绿色产业工程等四大板块项目，34 类资金投入项目。根据项目操作模式，形成五类项目清单，即“基础设施 + 具有经营属性”的省级财政支持 PPP 项目、“生态修复治理 + 产业基础”的 EOD 项目、“经营性强 + 具备自平衡能力”的招商引资项目、“具备文化底蕴 + 产业基础 + 提升潜质”的专项债项目、“基础设施 + 利用政府预算资金”的需要匹配部分建设用地平衡项目。根据甲方（中铁开投）自身特点，梳理政府财政托底的项目，作为未来中铁开投参与滇池环湖区域开发的项目清单。

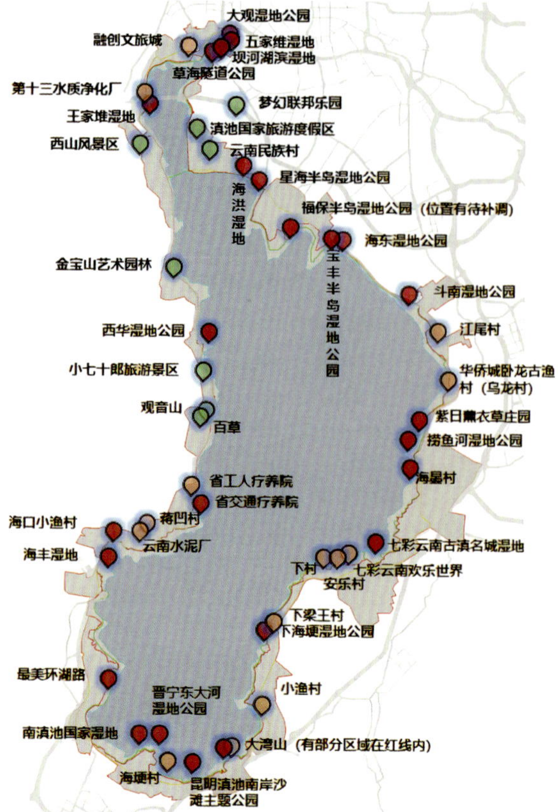

滇池环湖区域重点更新资源分布图

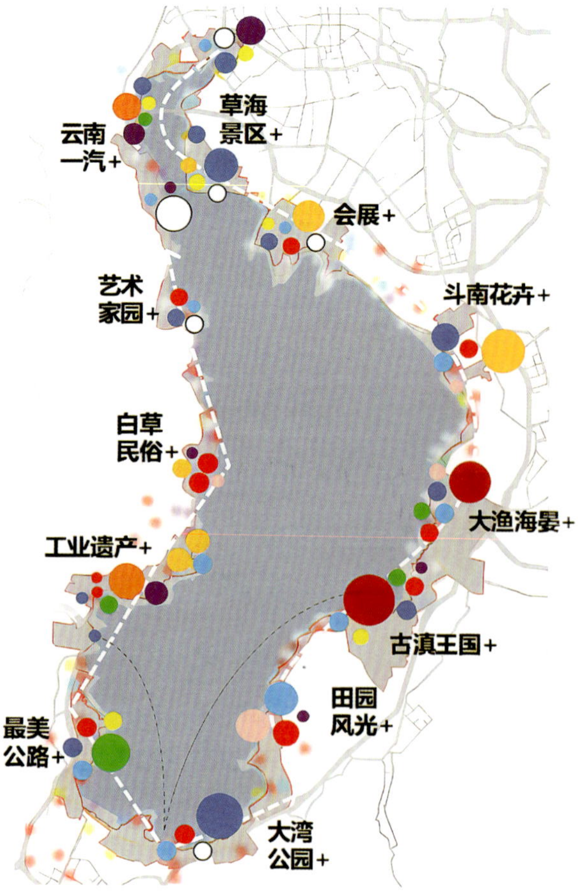

滇池环湖区域重点更新资源价值评估图

设计单位：中国城市发展规划设计咨询有限公司
设计人员：马晨光、余雷、靳燕鹏、刘磊进、张天华、朱丽羽、宋佳城、于子丽
完成时间：2023 年
项目规模：规划范围 159.52 平方公里

生态空间更新——梁王湿地公园鸟瞰图

城市空间更新——云南汽修一厂鸟瞰图

黑龙江省煤炭资源枯竭型城市转型发展促进项目——鸡西项目

背景与理念

煤炭资源枯竭型城市由于多年资源开采而造成了城市基础设施老化问题长期积累，城市承载能力不足，同时面临非常严重的环境污染问题、产业结构不合理等问题，本项目的建设为煤炭资源型城市转型发展提供可操作、可借鉴的成功案例，为城市发展提供土地资源，逐步实现人与自然和谐相处，良性循环发展。结合亚行贷款项目，改善鸡西市城市投资环境，完善基础设施建设，吸引外来企业，以政策为导向发展非煤接续产业和服务业等劳动密集型产业，积极培育鸡西市新的经济增长点，使整个煤炭资源型城市的经济走上良性可持续发展的道路。

策略与技术

城市可持续发展的内涵丰富，经济、社会、环境的可持续发展与基础设施建设关系密切。项目以实现资源型城市产业转型的城市可持续发展目标为出发点，通过对鸡西市恒山区城市基础设施的系统建设，促进经济、社会、环境的协同发展，促进整个煤炭资源地区的可持续发展。

解决的实际问题

鸡西市加强和完善恒山区道路、供排水等基础设施项目建设，提升城市服务功能，引进其他企业到矿区投资，提高了矿区工人再就业能力，防止人口外流，巩固社会稳定。

为了满足人文活动及文化生活的需要，建设文化活动中心，工程的建设对区域的居民活动及城市环境的改善都有重要的意义，为城市的发展提供了基础配套服务。整个文化活动中心区域的建设对提高恒山区居民文化生活水平，提高居民的生活质量，都具有深远的意义。

城市道路与桥梁工程的建设，完善城区的交通网络是城市发展的重要保证。本工程的实施，将改善恒山区的交通现状，为今后经济的飞速发展提供重要的基础支持，同时对扩大城市的发展空间，增强恒山区对外的通行辐射力度，完善城市功能布局，促进区域经济快速发展，都将起到积极的推动作用。

文体活动中心效果图

交通街效果图

设计单位：中国市政工程华北设计研究总院有限公司

设计人员：孟昭辉、齐奕巍、贾中涛、谭昊、苏晓果、宋爽、关彦超

完成时间：2023 年

项目规模：主要分布在鸡西市恒山区，包括产业转型、矿区修复、城市基础设施、工程技术咨询和能力建设、中小企业融资贷款五部分内容，总投资为 110863 万元

黑龙江省煤炭资源枯竭型城市转型发展促进项目——七台河项目

背景与理念

2014年8月，国务院印发《关于近期支持东北振兴若干重大政策举措的意见》（以下简称《意见》），着力激发市场活力、进一步深化国有企业改革、紧紧依靠创新驱动发展、全面提升产业竞争力、增强农业可持续发展能力、推动城市转型发展、加快推进重大基础设施建设、切实保障和改善民生、加强生态环境保护、全方位扩大开放合作、强化政策保障体制等内容。《意见》强调推动城市转型发展要完善城市功能，支持城区老工业区和独立工矿区搬迁改造，促进资源型城市转型，建设宜产宜居的现代城市。

策略与技术

通过管网水力模拟，对各片区管网布置进行了优化；通过对产业园、公交场站、水厂等进行三维模拟，可以预知施工后的建成效果，核查设计方案的瑕疵并优化设计方案；通过管网分区计量及水力模型的建立，实现管网漏损控制，高效管理城市水资源，完善城市智慧建设。

解决的实际问题

解决的实际问题主要分为以下三个方面：

产业转型方面：通过建设绿色产业园区商务服务用房及配套基础设施，提升了产业园区的品质及城市形象，为招商引资创造更便利的条件；同时产业园区可吸收大量社会劳动力，对促进城市就业将提供有力保障。

城市基础设施方面：升级净水厂处理工艺，扩大供水能力，满足七台河市发展所需的水量、水质要求，经济效益和社会效益显著；通过城区供水管网工程的建设，进一步完善基础设施，减少管网漏损，节约能源的同时极大提升了供水企业的经济效益，提升了居民用水的舒适度，降低了对环境的影响，项目综合效益显著。

清洁能源公交系统：通过采购新能源公交车辆，充分发挥公共交通的重要作用来解决城市交通所面临的问题，为广大群众提供快捷、安全、方便、舒适的公共交通服务；通过公交基础设施的建设，为一体化公交客运提供有利的后勤保障性服务，使居民出行更为便捷，为一体化发展做好保障；通过公交智能化管理系统的建立，扫除管理盲点，整合公交资源，对公交车辆进行实时运行管理，实现公交营运管理的数字化、信息化和智能化以及公交出行服务方式的多元化，为居民提供安全、方便、舒适、快捷、经济的出行方式。

七台河绿色食品与生物产业园效果图

七台河供排水公司净水厂效果图

清洁能源公交系统公交场站效果图一

清洁能源公交系统公交场站效果图二

设计单位：中国市政工程华北设计研究总院有限公司

设计人员：孟昭辉、张宝、齐奕巍、宋爽、安吉、郭珈圻、刘玉龙

项目规模：主要建设内容为产业转型工程、矿山修复工程、城市基础设施建设工程、清洁能源公共系统工程，项目总投资为151300万元

03 规划类

城市是一个典型的生命体，“新陈代谢”伴随其全生命周期，有多长的建城史，就有多长的更新史。当前，我国城乡发展特征已经由增量发展为主转向存量提质并存，供需关系由解决“有没有”转向改善“好不好”。城市更新作为城市治理的重要抓手，在优化城市空间布局、改善人居环境、增强安全韧性、激发城市活力，实现高质量发展、高品质生活、高效能治理上意义重大。在这一背景下研究城市更新的路径和方法，需要着重探讨以下六个方面：第一，人民视角。始终坚持以人民为中心，把解决人的需求问题作为第一目标，加强研究当下居民对美好生活的具体需要。从需求出发，坚持实事求是。第二，系统观念。尽管更新工作主要表现为对物质空间环境的改善，但是透过空间找到背后的社会、经济、政治、文化等深层次规律，才是解决“城市病”的关键。第三，有机更新。坚持小规模渐进式推进更新工作，避免大拆大建，是延续城市肌理与城市文脉的重要保障。第四，多元参与。坚持多元一体开展更新工作，既是人民视角的体现，也是形成可持续机制的重要前提。第五，文化传承。更新过程中加强历史文化遗产的挖掘、保护与展示，增加文化空间的梳理营造，加强文化信息的转化利用。第六，规划统筹。城市更新需要加强规划统筹，发挥规划专业“全科大夫”的专业优势，强化更新规划对各类专项设计、土地政策等的整合作用。同时更新规划也要适应更新需求不断充实提升。

杨　涛

北京市东城区王府井商业区更新与治理规划

北京市东城区王府井城市更新整体升级改造设计研究

浙江省湖州市老城片区城市更新工程设计

重庆市渝中区两江四岸核心区——朝天门片区安全隐患整治与维修加固工程

内蒙古自治区兴安盟综合大乌兰浩特地区综合改造提升

北京市丰台区大红门地区博物馆群及配套服务区规划设计

河南省长垣市老城区城市更新设计

新疆维吾尔自治区哈密市中心城区城市更新专项规划

新疆维吾尔自治区哈密市伊吾县城市体检及更新专项规划

北京市延庆区中关村延庆园工业用地更新研究

青海省西宁市朝阳片区城市更新实施方案

四川省成都市青羊区府南清溪片区老旧小区连片改造提升

湖南省湘潭市建设路综合整治

河北省保定市易县迎宾大道、靖远北大街、同兴西路、易水砚文化产业街及燕都古城城市更新设计

北京市东城区王府井商业区更新与治理规划

背景与理念

王府井步行街在北京享有“金街”的美誉，客流量约60万人/日，节假日超过120万人/日。它位于市中心的东长安街北侧，具有悠久的历史。随着时代的变迁，王府井步行街的影响力逐步扩大到全国乃至全世界。步行商业街以长安街至灯市口大街（全长约1172米）为主，设计范围南起长安街，北至五四大街，东临崇雍大街，西至南北池子大街，总面积1.65公顷。

策略与技术

本案设计过程采用陪伴式的设计模式，与政府、地区管理机构、规划部门、商会及当地居民协作推进，梳理王府井历史文脉特征，塑造富于变化的新场所精神，创造丰富的城市外部空间，提升王府井步行街片区的综合品质；尝试更多复合功能的植入，带动周边地块活力，将步行街范围向北延展，吸引更多人聚集于此，提高大片区魅力，并以全三维模型的方式，推演街区未来风貌，提供详细的控制性原则，助力北京市新总规的发布。

解决的实际问题

提出王府井地区城市总体空间格局的发展愿景和目标，包括但不限于地区空间特色定位与公共空间意象、建筑群体和建筑风貌、公共空间特质等。

通过实地调查摸清建筑风貌现状，进行全覆盖的建筑风貌评估，分区、分类提出建筑风貌改善策略方法并提供相应的示例方案。

从城市风貌和空间格局上明确与故宫等历史要素的衔接关系和管控要求，明确空间衔接范围、管控要素和设计要求，协调好与中国美术馆、隆福寺等的景观关系。

针对长安街、东单北大街、东四南大街、东四西大街、五四大街、南北河沿大街（皇城根遗址公园）的重要节点、建筑界面、道路交叉口等提出引导和管控要求。

提出总体城市设计方案，明确城市设计分区和结构。针对不同分区，提出城市设计的侧重内容；划定城市设计重要轴线、节点。

开展专项城市设计研究，包括但不限于建筑高度、色彩、第五立面、天际线、公共空间专项研究。

基于现有公共空间的梳理和挖潜，布局地区整体公共空间系统，明确公园绿地、广场、小微绿地（如口袋公园）等开敞空间的位置、范围和功能。针对各开敞空间，开展城市设计方案。

针对重点地区，提出城市设计导则，明确每个地块的城市设计要求，包括但不限于建筑形态（屋顶形式、建筑材质、重点建筑位置、保留建筑等）、场地控制（建筑控制线、建筑后退距离及贴线率、道路缘石线）、公共空间（公共通道宽度、建筑裙房围合关系、附属公共空间面积与位置、绿化面积与形式）、交通空间（地下车库出入口及其风貌设计要求、公共垂直交通）。针对一般地区，形成设计通则，包括但不限于建筑高度控制要求、建筑界面控制要求、建筑出入口控制要求、独立与附属公共空间的范围及设计要求、街道与建筑前空间衔接设计要求等内容。

建立街区三维规划模型，包括现状模型与规划模型，深度表达到建筑本体（含重要建筑立面）。

形成城市设计导则，紧密衔接控规编制。

王府井片区城市设计效果图

王府井主街鸟瞰效果图

王府井主街景观改造前

王府井主街景观改造后

设计单位：中国建筑设计研究院有限公司

设计人员：崔愷、吴朝辉、张铮、祃冀然、孟星宇

完成时间：2020 年

项目规模：设计研究区域南北 1.8 公里，东西 0.9 公里，总面积 1.65 平方公里

获得奖项：2021 年度北京市优秀城乡规划二等奖、中国城市规划协会 2021 年度优秀城市规划设计奖二等奖

北京市东城区王府井城市更新整体升级改造设计研究

背景与理念

2018年，在北京“疏解整治促提升”的政策指引下，进行王府井片区城市更新及整体提升改造。为贯彻落实北京城市总体规划和核心区控规，落实城市更新总体战略，“建设政务环境优良、文化魅力彰显、人居环境一流的首都功能核心区”。王府井地区肩负老城复兴和城市更新的历史使命，需要精心规划、精细更新、精准治理。

商业街普遍存在着主街万人空巷、繁华整洁，背街无人问津、环境脏乱差的问题，“背街经济”逐渐受到越来越多的关注。本次改造提升肩负着“打造背街经济试点区”的重要使命。

策略与技术

打造“背街经济”试点区，制定严格的管控导则。在业态引入、空间整理、建筑立面改造、景观设计等方面均制定了严格的管控导则。

打造“市民休闲目的地”，营造都市会客区。277片区是王府井主街上唯一一个拥有中央公共院落的区域，具备打造成为“市民休闲目的地”的空间条件。本次改造提升在上位及相关规划的指导下，结合现状分析与评估，升级业态功能，调整业态结构，提出“新时尚中心、新文化中心、新欢聚中心”的发展设想。

挖掘区域文化历史，提升地区文化魅力。王府井片区的每一栋建筑都历经沧桑，充满故事。本次改造提升从区域文化历史中汲取要素，结合红色记忆展室、人民日报社展览馆等文化功能，形成具备区域文化特色的现代语言。重点以传统文化的创新转化为重点，带动文化商业、创意商务发展，提升地区文化魅力。

尊重、保护历史建筑，采用“轻介入”设计理念。王府井片区建筑大多为20世纪50年代建成，具有一定历史感。本次建筑立面改造均采用“轻介入”

的设计理念，在尊重并保护历史建筑的基础上，对建筑形象进行提升，恢复历史建筑原貌。

解决的实际问题

1. 步行街南口西侧沿街商业

针对王府井步行街南段立面老旧、广告牌匾杂乱现状，结合 277 号院整体改造提升：采用“轻介入”设计理念，置入镜面顶棚，形成“天幕”；推敲顶棚尺度，使其不影响视线效果与主街出行；结合立面广告牌匾、LED 灯光等进行一体化设计。

2. 老字号沿街商业

采用“轻介入”设计理念，置入金属网立面，形成“相框”；通过立面洞口重新梳理广告位置，并考虑到对商家特征的尊重；结合 LED 灯光进行一体化设计。

3. 好友大厦沿街立面及前广场

好友大厦前广场作为为数不多的、贴临主街的广场空间，沿街立面老旧、广告牌匾杂乱，结合王府井主街整体改造提升：恢复历史建筑原貌；对立面广告牌匾等进行一体化设计；提高广场利用率，增加历史艺术元素，营造宜人的时尚休闲场所；融入绿色生态理念，增强人性化设计。

4.277 片区整体升级改造

277 片区作为原王府井小吃街，是众外地游客北京之旅的打卡之地。作为王府井区域内唯一成规模的开放街区，违章建筑管理混乱、饮食环境脏乱差等问题一直困扰并束缚着 277 片区的进一步发展。

发展定位：打造集时尚、文化、欢聚为一体的“市民休闲目的地”，使 277 片区成为首都“金街会客厅”。

从历史文化中挖掘设计原型：“报业文化”“水井文化”“胡同文化”。

业态调整：好友三号楼首层、二层为餐饮，三至五层为办公。好友八号楼业态为餐饮。乐语宾馆，取消住宿，一至三层改造为餐饮。人民日报院落改造成人民日报报史展示、相关文创产品售卖、内部接待。紫藤书苑广场结合原人民日报地下战备印刷车间整体改造，地下功能意向为人民日报红色记忆展示。通过业态调整提高消费层次与档次，激活区域活力，强调商、旅、文融合设计。

梳理公共空间：277 片区是王府井主街上唯一一个拥有公共院落的区域。由此我们提出了“十字街中心广场”的规矩形态。

对建筑形式进行重新思考：原 277 片区建筑立面以违建仿古建筑为主，建筑形制比较复杂，与建筑建造时期有较大差别。此次改造提升旨在恢复建筑历史时期原貌——即人民日报时期的建筑形制。拆除建筑表面加建的仿古建筑门头等，建筑整体立面采用灰砖，门窗采用深色钢板，增加原人民日报印刷车间、宿舍楼、车库等建筑的工业感。在广场处翻建车库咖啡，采用轻型结构，表面通透，增加现代工业感。在轴线开口处保留清式牌坊并进行修缮保护，喷涂色彩使其变为接口艺术装置。更新建筑形态的同时，一定程度上保留小吃街的历史印记。

强调人性化设计理念：新改造着眼于对市民生活质量的提升。在功能上引入更多文化休闲及服务类空间，提升王府井商圈消费品质，鼓励夜间消费，响应王府井地区及背街经济提升的需求。规划设计上注重防火安全，增设无障碍及便民设施，提升片区居民住区品质。

5. 中国儿童艺术剧院前广场

儿艺广场作为王府井西街儿童主题的开端，形成一级重要空间节点。在东安门大街上应形成既符合主街形象又兼具儿童特质的主题广场。

其他亮点

1. 打造“背街经济”试点区域，制定严格的导则规定。

2. 在改造升级中，将复杂的产权关系纳入考虑范围。

3. 贯彻绿色生态理念。将结合海绵城市建设理念，研究雨水调蓄型绿色空间的景观设计方案或指引。

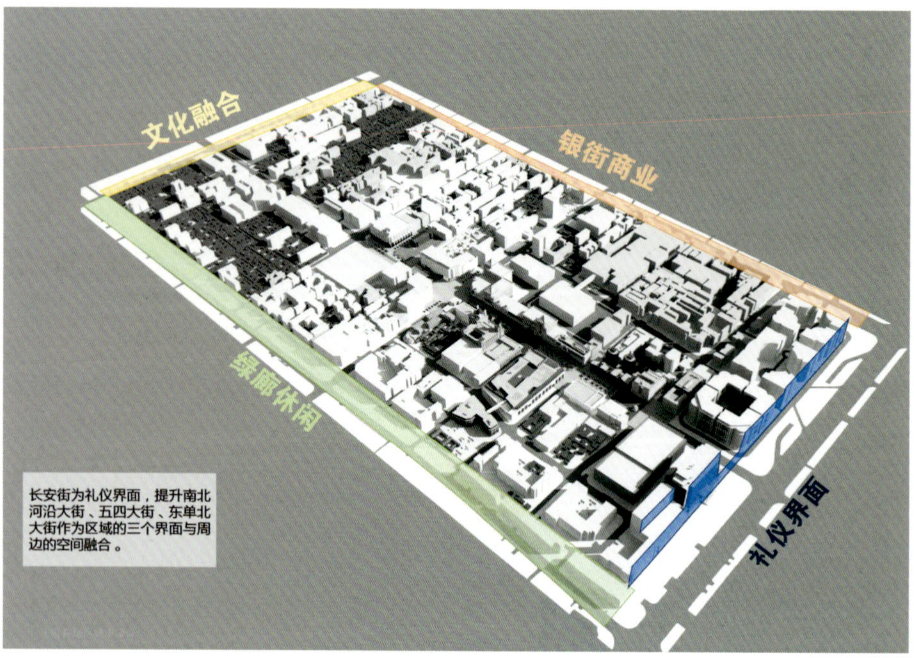

王府井片区城市更新规划范围图

王府井 277 号院改造

乐语宾馆改造

步行街沿街商业（南段）

中国儿童艺术剧院前广场改造

设计单位：中国建筑设计研究院有限公司

设计人员：崔愷、吴朝辉、徐磊、弓蒙、谭寅子、尉东颖

完成时间：2021 年

项目规模：概念方案设计占地规模 3.3 公顷（王府井 277 片区 2.3 公顷，步行街沿街商业（南段）1.0 公顷，中国儿童艺术剧院 1200 平方米）

获得奖项：北京城市更新最佳实践评选“优秀案例奖”

浙江省湖州市老城片区城市更新工程设计

背景与理念

新时代城市更新工作共识包括：加快转变城市发展方式，统筹城市规划建设管理，实施城市更新行动，推动城市空间结构优化和品质提升；坚持应留尽留，全力保持城市记忆；强化产业发展统筹，促进重点产业转型，提升城市创新能级；在“补齐短板、锻造长板”中优化公共服务；倡导“有机更新”，加强微循环改造，让城市实现更低碳的建设。

策略与技术

通过老城片区城市发展脉络的逻辑研判和总体宏观结构的梳理把控，从文化、公共服务、产业、交通、风貌、景观六大系统对各个地块提出规划设计要求，以地块为抓手锚固城市格局，实现城市的持续发展和有机更新。

解决的实际问题

实现湖州老城的文化赋能，构建历史与现代交相辉映的文化之城。规划新建 3 处城门标识构筑物，3 处文化街区，11 处文化节点。

为老城居民定制公共服务，实现全民认同、全龄友好的宜居之城。规划利用更新地块及老旧小区增设 5 处多功能运动场地（健身设施）、3 处社区卫生服务中心（站）、6 处幼儿园、多处居家养老服务照料中心、11 处邻里中心及 6 处社区服务设施、1 处城市书房。

实现老城的产业升级，塑造朝气蓬勃、创新宜业的活力之城。结合具体地块功能，构建 9 个产业地块、7 个居住地块、10 个混合功能地块、7 个公共服务地块，共提供居住建筑面积约 60 万平方米，产业建筑面积约 28 万平方米。

提高出行品质，建设绿色、高效、安全的畅行之城。对 6 处地块实行 TOD 开发方案，计划打通 12 条城市支路、2 条断头路，拓宽道路 4 条，配有停车位 19000 余个。

引导城市风貌，打造印象深刻、气质超群的清丽之城。整体形成 5 大特色风貌区、1 条滨水步道、3 大主街亮化、1 条城郭展示环、11 处历史文化节点、7 处景观休闲节点。

梳理蓝绿空间，织补水绿交织、绿色生态的生态之城。结合具体地块打造 7 条滨河绿道、14 个口袋公园、5 处带状公园。

慈感寺地块效果图

震远同地块效果图

新市陌路地块效果图

设计单位：中国城市发展规划设计咨询有限公司

设计人员：崔愷、杨一帆、陈杰、王振茂、李焱、赵楠、张海涛、翁阳、蒋纯龙、韩映雪、孙宇珊、孔晓萌、常嘉欣、谭香良、张亚丽

完成时间：2022 年

项目规模：总体规划研究范围 25 平方公里，重点规划设计范围 8.6 平方公里，35 个地块概念方案总用地规模 74.3 公顷，7 个地块功能策划总用地规模 6.9 公顷

重庆市渝中区两江四岸核心区——朝天门片区安全隐患整治与维修加固工程

背景与理念

朝天门位于长江、嘉陵江两江交汇处，是重庆城市的发源地，两江发展主轴的高潮，是集中展现重庆山水城市风貌和独特魅力的窗口，也是重庆市民最关注、中外游客最青睐的都市魅力游景区。

朝天门—解放碑片区是重庆母城之所在，朝天门是重庆“九开八闭”十七座古城门之首，先后历经战国、三国、南宋和明初四次大规模筑城。1927 年，为便利城内城外交通，朝天门城门、城墙被拆除；1997 年重庆直辖，兴建了朝天门广场和水路客运交通枢纽，朝天门空间格局发生较大变化，历史记忆逐渐消失。近年来，随着城市建设开发，区域步行交通不畅，市民到达朝天门广场不便，广场空间受到周边建筑压迫，尺度比例失衡的问题突出。精心打造重庆“山水之城·美丽之地”的最美名片，将朝天门片区建设成为山水城市会客厅，凸显国际化、绿色化、智能化、人文化，让历史、文化、艺术交相辉映，成为重庆“望得见山、看得见水、记得住乡愁”的点睛之笔。

策略与技术

朝天门片区重点聚焦朝天门广场，设计遵循“顺应自然、尊重历史、传承文化、写意当代”的原则，坚持在保护中发展、在发展中保护，从生态、文化、人本出发，塑造“山水之门、人文之门、开放之门”，彰显重庆城市人文地标的底蕴和风采。

解决的实际问题

山水之门——展现山川宏伟壮阔连接人与自然的山水之门，建设两江汇流的观赏和展示地。运用中国传统江河护岸智慧，优化现状生硬的混凝土台阶和沿江岸线，种植适合消落区生长的本土植物，通过时间积淀逐步恢复生态自然驳岸。梳理现状码头泊位，将原有 14 处码头泊位调整为 6 处，打造开敞的沿江岸线。在朝天门广场保留补植独木成林的高大乔木，构建立体绿色开敞空间，形成建筑与广场空间的有机过渡和尺度协调。利用两江交汇外现状码头泊位设置功能性游船，通过顺应水位变化的方式拓展公共空间，调整空间尺度比例关系。

人文之门——开启重庆悠久历史、承载商埠记忆的人文之门，留住重庆市民对古城、古埠的乡愁记忆。依据现存遗址和历史考证，恢复朝天码头、嘉陵码头、磨兜码头等老码头以及大梯道等历史场景，保护“重庆朝天门广场”题字、“零公里”地标、朝天门缆车等历史遗存。改造利用朝天门广场下部现状建筑空间建设“重庆历史人文陈列厅”。优化朝天门门洞比例关系，设置文化雕塑、雕像以及文化墙、文化标志牌，讲述重庆故事。

开放之门——引领重庆通江达海融入“一带一路”发展的开放之门，打造“行千里·致广大”的原点和目的地。改造广场下部建筑空间，提升公共功能，负一、负二层局部恢复巴渝河街意象，打造开放展示空间，建设公共休闲文化中心；负三、负四层设置游客集散中心，加强两江游、三峡游等旅游集散服务功能。以民生公司轮船为原型，利用功能性系船建设重庆航运博物馆，展示重庆两江航运发展史和“内陆开放高地、山清水秀美丽之地”的建设成就。

总体鸟瞰图

朝天门广场及建筑空间改造节点人视图

长江侧岸线治理提升人视图

设计单位：中国建筑设计研究院有限公司
设计人员：崔愷、景泉、李静威、黎靓、关午军、贾瀛、及晨、杨婉迪、郑旭航、徐松月、赵祥宇、徐华宇、叶·布仁、张墨晶
预计完成时间：2024 年
项目规模：规划总长度 2.7 公里，概念方案设计规模 27.4 公顷，建筑设计规模 6.7 万平方米

内蒙古自治区兴安盟综合大乌兰浩特地区综合改造提升

背景与理念

本项目是一个多专业联合的系统性城市更新工作，在充分调研的基础上以问题和实施导向为目标，从总体城市设计的宏观框架，到微观近人尺度的感官体验，将综合整治提升的设计工作和施工工作系统推进，包含总体城市设计、片区控规及城市设计、历史街区保护规划、街道改造、景观提升等，使宏观规划意图有效传导至微观实施。项目历时四年多，取得较好的效果，城市整体面貌和人居环境取得较大改善。

策略与技术

2017 年是内蒙古自治区成立 70 周年，作为自治区政府诞生地，乌兰浩特承担周年大庆分会场的工作。市政府将其作为提升城市对外形象的重要契机，提出建设红色、生态、活力、健康、幸福“五个兴安”，强调坚定不移落实“十项工程”，其中包括抓好城市改造提升和生态环境保护，完成重点区域绿化工程等。

解决的实际问题

1. 总体城市设计重构宏观城市格局

项目组系统梳理城市资源与城市建设问题，归纳为：优质的山水人文资源未被充分尊重和利用，城市建设缺乏秩序，城市风貌缺少核心和亮点。结合城市设计编制要求及政府需求，总体城市设计提出“提升城市整体形象、塑造城市特色、改善城市空间品质”三大目标。

基于现状与目标，规划从城市整体层面明确了大乌兰浩特的整体风貌定位为“山水嵌入、慢城宜居、红色传承的山水生态园林城市”，并重塑整体空间格局“一核两心、三轴多点；一城十片、众星捧月；绿廊连通、山水相依”的组团式空间结构。

针对城市建设三大问题，提出“城园一体、依山傍水”“营造通廊，见山望水”“优化界面，显山露水”“旧城更新与街区保护相结合”“聚点塑线，感知文脉”等多项策略，编制重点片区城市设计指引和23项近期行动计划。

城园一体，依山傍水

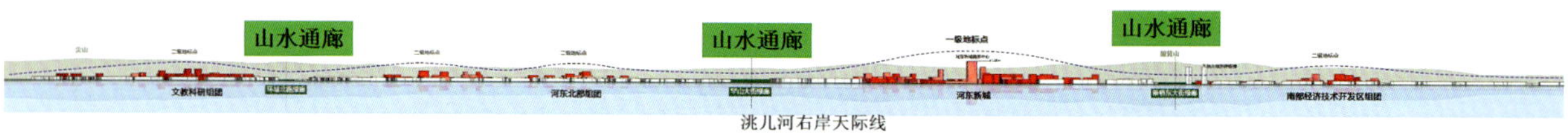

优化界面秩序，显山露水

2. 片区控规及城市设计的中观传导落实

在中观层面，党政新区控规及城市设计、历史街区保护规划等延续宏观城市框架，将重要片区城市设计指引和重要视廊、山水通廊等要素深入研究落实，并纳入控规管理图则。

例如，从罕山看向盟委大楼及周边博物馆、归流河公园是宏观层面明确的一条重要景观视廊，片区详细城市设计在构建片区内景观视廊时，重点把罕山视廊落实进设计导则，并对视廊内建筑高度进行GIS分析，提出严格建筑限高等要求。

3. 改造实施型设计的微观实现

微观近人尺度的实施型设计是在宏观、中观设计的基础上，对各个节点各个专业进行协同的深化工作。

在“三纵四横”沿街建筑风貌综合整治实施方案中，项目组提出“突出蒙元文化城市特色”的整治目标，延续和落实宏观及中观层面对街道所在区域的风貌定位要求，分别明确七条大街具体的风貌特色。针对街道空间、街道家具、建筑界面、建筑风貌色彩等几个方面进行现状问题的详细梳理和调查访谈。最后，对街道提出整体改造方案，绘制“长卷”进行指导，并对火车站站前商业商务建筑等重点建筑进行具体改造实施方案设计，整理形成材料更新类、粉刷类及整治类沿街建筑改造导则及细则，系统地指导街道改造，保障后续管理的可持续性。

4. 实施效果

目前，在规划设计的指导下，归流河生态公园生态治理工程、三横四纵街道、老旧居住小区、节点景观等更新改造工程在持续进行中，城市整体面貌得到较大改善，人居环境整体提升。其中，五一历史街区按设计实施后已于2018 年底成功申报为第五批自治区级历史文化街区。

沿街建筑风貌改造

改造提升后（2019年9月）

改造提升后（2018年8月）

改造提升前（2017年8月）

改造提升前（2017年5月）

街道两侧建筑风貌得到改善

设计单位：中国城市发展规划设计咨询有限公司

设计人员：杨一帆、曹晓昕、倪莉莉、袁迪、邓龙、李真、梁爽静

完成时间：2020 年

项目规模：规划范围 144 平方公里

获得奖项：全国优秀工程咨询成果奖 2022 年度二等奖、北京工程勘察设计协会 2021 年城市更新设计单项奖一等奖

北京市丰台区大红门地区博物馆群及配套服务区规划设计

背景与理念

大红门地区是南中轴重要的城市节点，是带动北京南部地区发展的增长极。按照完善首都功能布局、展现中轴线历史文化价值、增强城市活力的规划建设目标，大红门地区将建设一流的博物馆群，推动区域功能重塑、产业升级和品质提升，打造城市更新样板。

规划贯彻礼乐自然、无界共享的设计理念。礼是天之经、地之仪，代表了庄严的秩序和仪则。乐是天地间的盛世和声，是文明与道德的彰显。礼乐自然代表了礼序乐和、城市与自然共融共生的设计理念。无界共享是博物馆群空间营造的核心策略与设计主张，设计实现博物馆群之间、博物馆群与城市、博物馆群与自然的无界联通与渗透，最大化地将博物馆场所向城市开放、向市民共享，并融入公众的城市生活中。

策略与技术

基于对大红门地区上位规划、现状资源、历史文脉等要素的梳理，同时对国际先进博物馆群、中轴线案例进行深入研究，着眼未来首都功能布局、展示中轴线历史文化价值与引领带动南部地区发展，对大红门地区提出规划建议，为博物馆空间的营造制定专属策略，为博物馆群规划设计提供一定的借鉴和指导意义。

解决的实际问题

推进大红门地区规划实施是落实总规、完善城市空间结构、实现中轴城市功能的重要任务。该项目从设计愿景、产业体系、功能分区、功能结构等方面为推动区域功能重塑、产业升级和品质提升，打造城市更新样板提供了设计支撑。

1. 设计愿景

本规划以“礼乐自然、无界共享”为设计理念，打造代表新时代国家文博发展水平，向世界展示中华文明，融文物馆藏、展示交流、研学教育、艺术演艺、水岸休闲等多功能于一体，集室内户外、地上地下、沉浸式、全互动的文博综合区。

2. 产业体系

设计对标世界著名博物馆群，结合新时期国家文化产业发展战略，以博物馆群为核心，以文化展示体验、文化交流交易、文化生产创新三大产业集群为延展，以商业、餐饮、休闲、酒店、居住等一系列全配套为支撑，打造“一核心 + 三簇群 + 全配套”的博物馆创新生态体系。

3. 功能分区与功能结构

规划形成“两园四坊”六大功能片区，两园为凉水河生态公园和大红门艺术公园，四坊分别为文媒坊、文博坊、文商坊和文创坊。同时，规划形成活力空间和绿化空间两级功能系统结构，共同打造空间特色场所。其中，活力空间系统包括 6 大特色组团、6 个活力中心、6 条活力街巷和 7 个魅力节点，绿化空间系统包括 2 大生态节点和 4 条生态景观带。

功能分区图

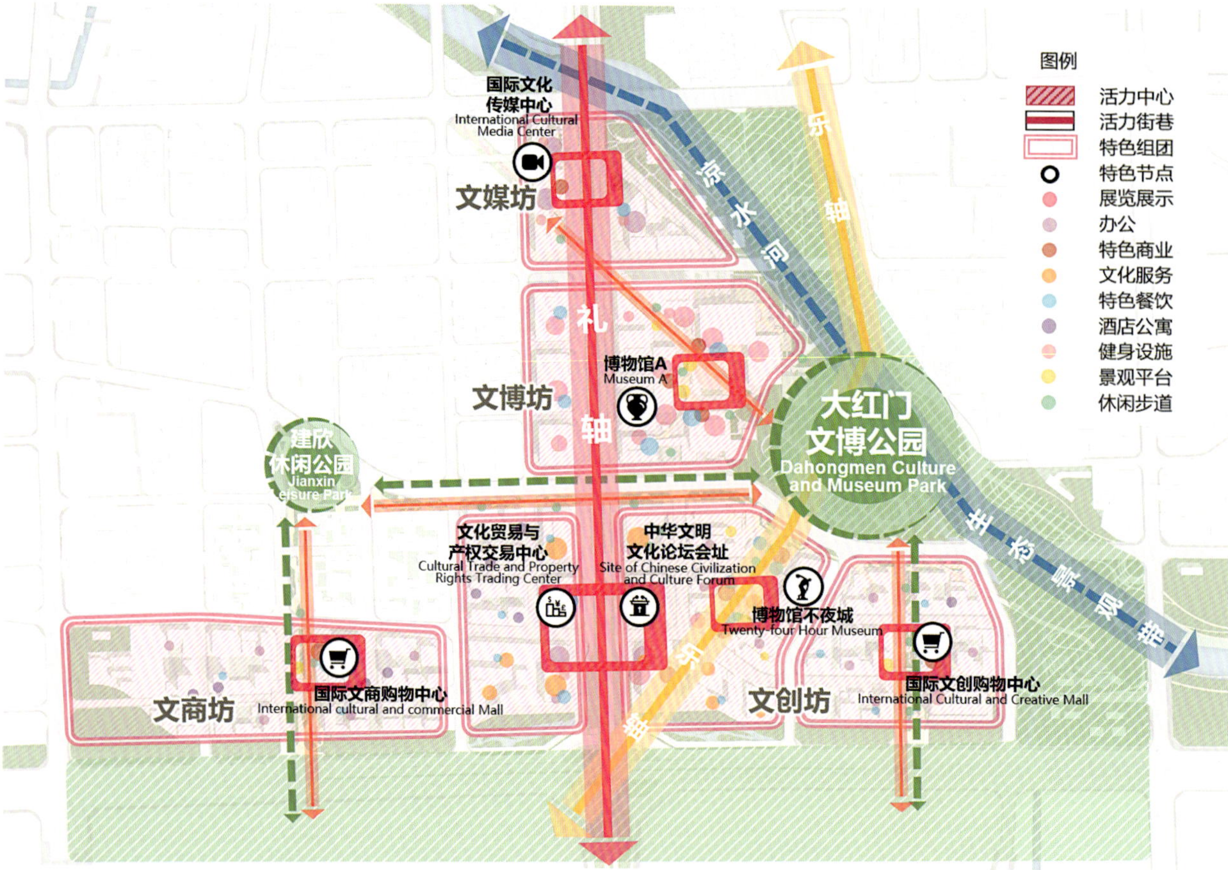
图例
活力中心
活力街巷
特色组团
特色节点
展览展示
办公
特色商业
文化服务
特色餐饮
酒店公寓
健身设施
景观平台
休闲步道
国际文化
传媒中心
International Cultural
Media Center
文媒坊
礼
轴
博物馆A
Museum A
文博坊
大红门
文博公园
Dahongmen Culture
and Museum Park
建欣
休闲公园
Jianxin
Leisure Park
凉水河
乐
轴
生态景观带
文化贸易与
产权交易中心
Cultural Trade and Property
Rights Trading Center
中华文明
文化论坛会址
Site of Chinese Civilization
and Culture Forum
博物馆不夜城
Twenty-four Hour Museum
国际文商购物中心
International cultural and commercial Mall
文商坊
国际文创购物中心
International Cultural and Creative Mall
文创坊

功能结构图

总体鸟瞰图

节点效果图

设计单位：中国城市发展规划设计咨询有限公司、中国建筑设计研究院有限公司

设计人员：杨一帆、李兴钢、宝音图、蒋朝晖、张音玄、杨金鹏、梁旭、陈海朋、武洋、李音、李力、孙文浩、刘超、赵光华、杜倩雨

完成时间：2021—2022 年

项目规模：规划设计范围 77.6 公顷，研究拓展范围 113.7 公顷

河南省长垣市老城区城市更新设计

背景与理念

长垣秦皇设县，在与“水患”不断斗争中艰难前行，为避水患城址几经变迁，积累了悠久的历史文化和丰富的治水智慧，也形成了独特的“龟背”老城格局。在改革开放之后，随着城市化进程的不断推进，长垣老城老化的问题日益突出。老城人居环境差、基础与配套设施缺乏、产业活力低下、交通拥堵等问题已逐渐成为长垣城市发展的阻力。2017 年 7 月，长垣入选了全国“城市双修”试点城市，借此机遇，长垣市开展老城更新改造工作。

策略与技术

结合甲方意愿和改造难度，最终选取西大街、书院坑和护城河即“一街一园一带”进行先期改造，作为示范项目烘热老城；老城更新须由土地经济模式转向空间经济模式，由以往的大拆大建改为精细化微更新，并通过“三步走”提升老城空间价值。

解决的实际问题

项目从自然生态、历史文化、产业交通与城市人本这四方面为切入点，深入分析老城问题，并制定发展策略。在总体控制的基础上确定重点改造区域进行老城更新改造，力求以设计塑造高品质人居环境。

自然生态：老城的水系格局体现了黄泛平原周边城市千百年的治水智慧。但近年来坑塘水系被侵占，水环境污染、滨水界面凋敝、文化特色消失等问题严重。

历史文化：老城的历史底蕴深厚，但历史遗存较少且体验感差，传统民俗文化逐渐消亡。

产业业态：通过大数据分析，发现老城内居住密度高但人均收入较低，现有商业无法满足人群的消费需求。

道路交通：建立交通模型，分析发现老城道路资源严重短缺，公共交通有待完善，停车问题突出。

城市人本：老城风貌杂乱，公共空间品质较低，服务配套设施覆盖率低。房屋产权的复杂性也增加了更新改造的难度。

以建设县级城市老城更新样板为目标，规划确定了老城三大定位：长垣城市复兴的历史文化传承区、旧城内外联动一体更新的动力引擎、“水—绿—城”交相辉映的双修示范区。

长垣老城鸟瞰图

平面图

长垣西大街改造效果

设计单位：中国建筑设计研究院有限公司

设计人员：景泉、马靖宇、李静威、尹安刚、任腾飞、贾濛、刘琴博、赵光华、李如婷、周晔、张玉婧、杜书明、王紫麟、吴哲凌、刘赫

完成时间：2019 年

项目规模：3.23 平方公里

获得奖项：北京市优秀城乡规划奖三等奖

新疆维吾尔自治区哈密市中心城区城市更新专项规划

背景与理念

哈密市是国家级城市体检与城市更新双试点城市，按照“城市生命体”理念，开展了多项城市更新实践。城市更新专项规划是指导哈密市城市更新工作的基本依据，是开展各片区城市更新规划和实施方案的指导性文件，是城市高质量发展建设的重要支撑。

规划贯彻“城市生命体”理念，按照“综合甲级医院全科大夫”健康管理的模式对哈密市进行全方位体检、全系统诊断和全过程治疗服务。从“宜居城市、宜业城市、绿色城市、韧性城市、智慧城市、人文城市”六个维度开展城市更新的体检诊断、规划方案制定和项目策划实施工作，不断完善城市服务功能、塑造城市特色风貌、提升城市治理水平。

策略与技术

规划以问题、目标、实施为导向，从更新现状、规划、实施几个方面层层推进。

坚持问题导向。衔接“哈密城市生命体健康管理”研究课题和“哈密市年度城市体检”，系统诊断更新“城市病”问题，调研梳理更新资源与需求。构建具有哈密特色的“7+1”更新资源体系，明确老旧小区、老旧平房区、老旧工厂、老旧商业与办公、历史文化资源、老旧公共空间、老旧公共设施以及闲置土地的总量及空间分布情况。

坚持目标导向。围绕宜居城市、宜业城市、绿色城市、韧性城市、智慧城市、人文城市六大目标，明确城市更新六大任务，提出更新规划策略。一是织补蓝绿空间，完善公服设施网络，改善老旧住区环境，建设幸福宜居城市；二是推进产城融合，提升服务业能级，焕发老城活力，建设活力宜业城市；三是推广绿色建筑，倡导绿色生活，发展绿色市政，打造绿色低碳城市；四是补齐交通短板，强化市政支撑，保障民生安全，构建安全韧性城市；五是搭建数字平台，拓展智慧场景，提升服务效能，创建数字智慧城市；六是保护文化遗产，塑造特色风貌，提升老城魅力，营造特色人文城市。优化城市空间结构，在主城区构建“一环三廊四轴，一主两副八片”的空间结构，强化城市系统引导。

坚持实施导向。从实际出发，围绕“7+1”更新资源体系，分类型提出更新资源指引，分片区确定城市更新重点方向，划定 8 个更新片区，从重点方向、更新方式、更新单元等方面开展片区指引；因地制宜谋划重点项目，统筹安排更新行动计划。以突出城市结构、彰显城市特色、提升城市活力、强化城市功能、完善城市机能为重点，以民生改善、结构优化、成效明显、典型示范为原则谋划实施十四类城市更新行动，并建立城市更新项目库，创新城市更新实施机制。

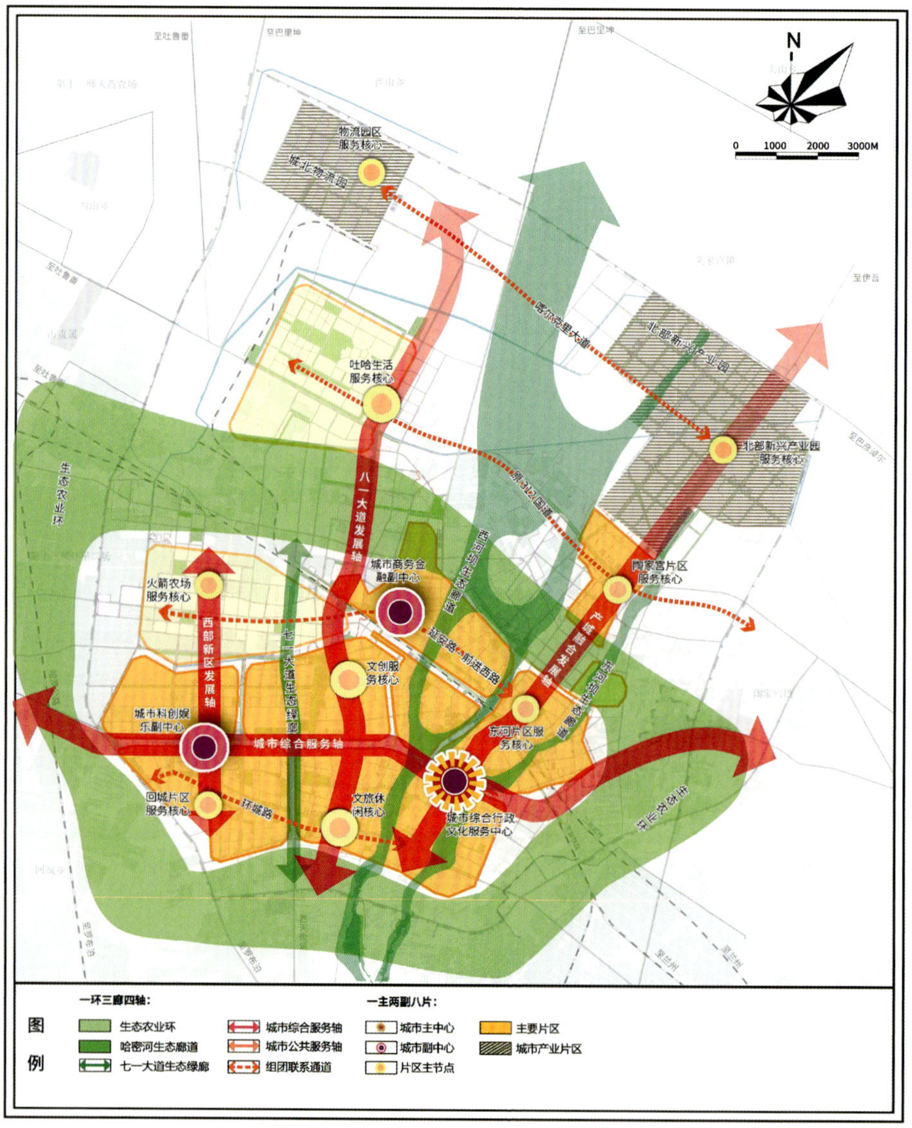

城市更新资源分布图

解决的实际问题

1. 从工作机制方面，联动了政府工作，构建了哈密城市更新工作组织体系，理顺了城市更新工作关系

城市更新项目团队建立了“五个体系、一个平台”，即工作组织体系、全生命周期服务体系、更新工作流程体系、质量管控体系、成果标准体系、城市生命体健康管理指标体系以及数字化协同工作平台。与地方政府形成战略共谋、决策共商、经验共享、组织共建、示范共创的工作合力。

2. 从规划体系方面，强化统筹协同，完善了哈密城市更新规划体系

基于三个导向，梳理已有规划，以国土空间规划为基础，形成城市更新“1+N”规划体系。“1”是哈密市中心城区城市更新专项规划，“N”包含了西河、丽园两个重点片区更新规划以及其他相关专项规划。建立了衔接详细规划的技

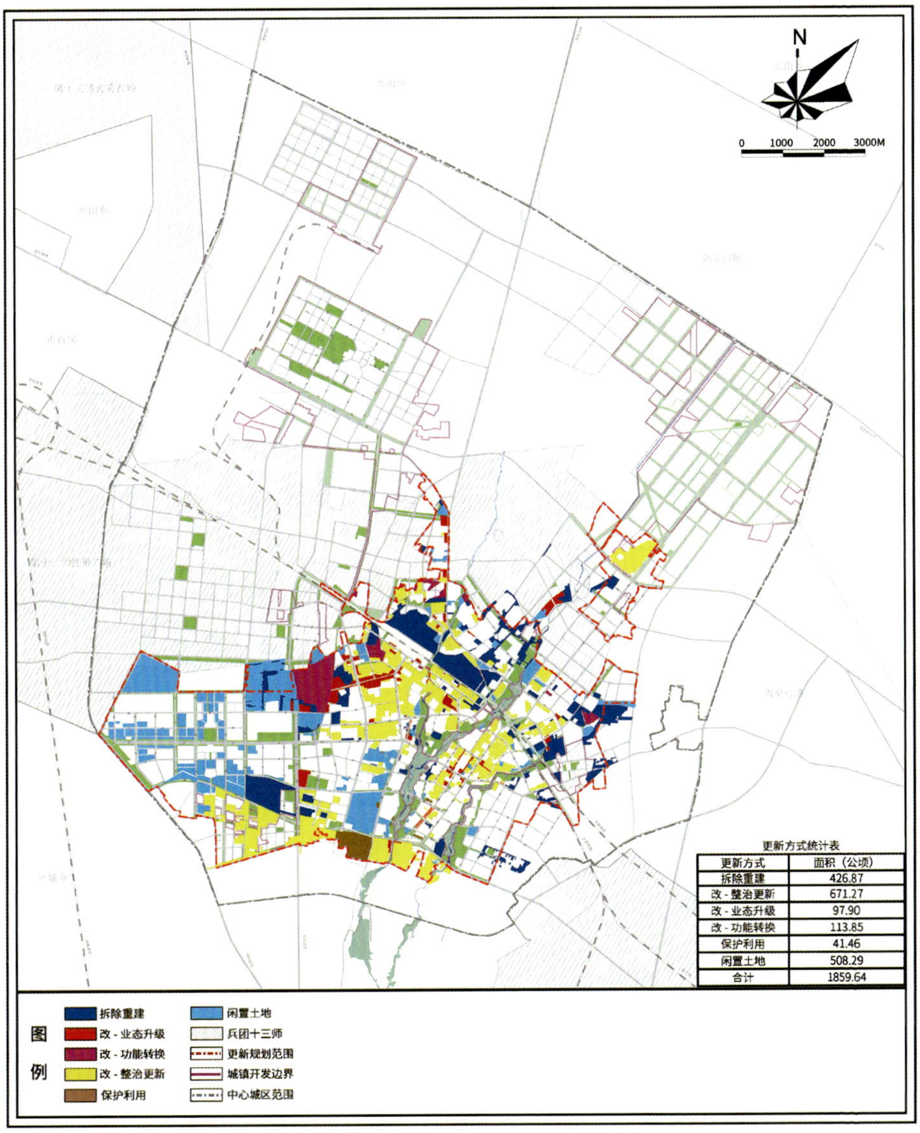

更新方式统计表

更新方式	面积（公顷）
拆除重建	426.87
改 - 整治更新	671.27
改 - 业态升级	97.90
改 - 功能转换	113.85
保护利用	41.46
闲置土地	508.29
合计	1859.64

城市更新方式指引图

术机制，对高质量城市建设起到了良好的引导和支撑作用。

3. 从项目实施方面，细化形成城市更新项目建设推进技术流程，系统推进城市更新项目实施

由规划形成整体方向，通过片区更新规划进行落地。规划引导哈密市集中开展了西河片区、丽园片区两大片区级更新项目的启动，有序推进城市功能核心打造、哈密 EOD 项目、完整社区、15 分钟生活圈公共服务设施配套、城市道路交通堵点整治、城区 29 处口袋公园建设、滨河街区特色文化商街等重点城市更新项目，有效提升了哈密市城市面貌和城市功能。

设计单位：中国城市发展规划设计咨询有限公司

设计人员：王明田、王磊、孙晓彤、石卿、高军杰、杨欣、刘磊

完成时间：2023 年

项目规模：规划范围为哈密市主城区，总面积约 50.74 平方公里

新疆维吾尔自治区哈密市伊吾县城市体检及更新专项规划

背景与理念

项目紧密契合国家推进以县城为重要载体的城镇化建设战略部署，深刻认识县城作为连接城乡的纽带，其更新与发展对于促进城乡融合发展、提升居民生活质量的重要性。面对县城粗放发展、碎片建设、特色不足、品质不高等现实问题，创新性地将城市生命体理念引入县域更新，视伊吾为一个复杂而充满活力的有机系统，通过全维度体检找问题，系统性更新明任务，为伊吾县的高质量发展奠定坚实基础。

策略与技术

通过 16 个专业城市体检全方位系统性找问题，并进一步深刻认知问题根源，提出创建产业强劲、中青友好、活力宜居县的整体更新目标。针对县城发展建设基础较差、更新管理实施效率偏低的特征，将城市设计作为城市更新的重要手段，统筹推进更新工作，协同控制性详细规划编制。通过寻找城市基因，明确更新目标，以“搭骨架、织园网、畅通行、补功能、定风貌”五大系统更新指引回应城市体检问题，恢复城市健康机能，形成“城市更新单元图则 + 更新项目任务书”，用一张蓝图指导更新项目建设。

解决的实际问题

形成 167 项城市更新项目库，指导伊吾县 2024—2028 年城市更新与发展。

1. 明确了县城空间骨架结构，识别出 3 条轴带、4 处核心、6 处门户空间，近期以综合发展轴振兴路为抓手开展城市更新工作。

2. 修复生态基底，优化蓝绿格局，对公园进行主题策划和差异化配置，引入智慧休闲体验，形成山体生态修复、湿地露营公园建设等 16 个“织园网”项目。

3. 有序引导停车，近期补充 2 个公共停车场。

4. 优化慢行体验，塑造景观特色，织补 2 处人行道，打通 7 处人行道绿化阻隔，抹平人行道高差、棱角等交通“疤痕”31 处。

5. 为县城居民针对性补充公共服务，补充医疗设施 1 处、文化设施 1 处、养老设施 2 处、教育科研设施 2 处、社区服务设施 3 处，提升县城服务能级补充商业服务，新增酒店 1 处、休闲商业 2 处，改造提升 5 处。

6. 开展县域地下管网普查与检测，更新改造县城老旧管网，提升县城基础设施运行能力。

7. 明确了县城风貌分区和控制引导要求，对 6 处风貌较差或与整体环境不协调的建筑进行风貌改造，打造“清秀暖调，绿洲缤城”。

伊吾县城现状航拍图

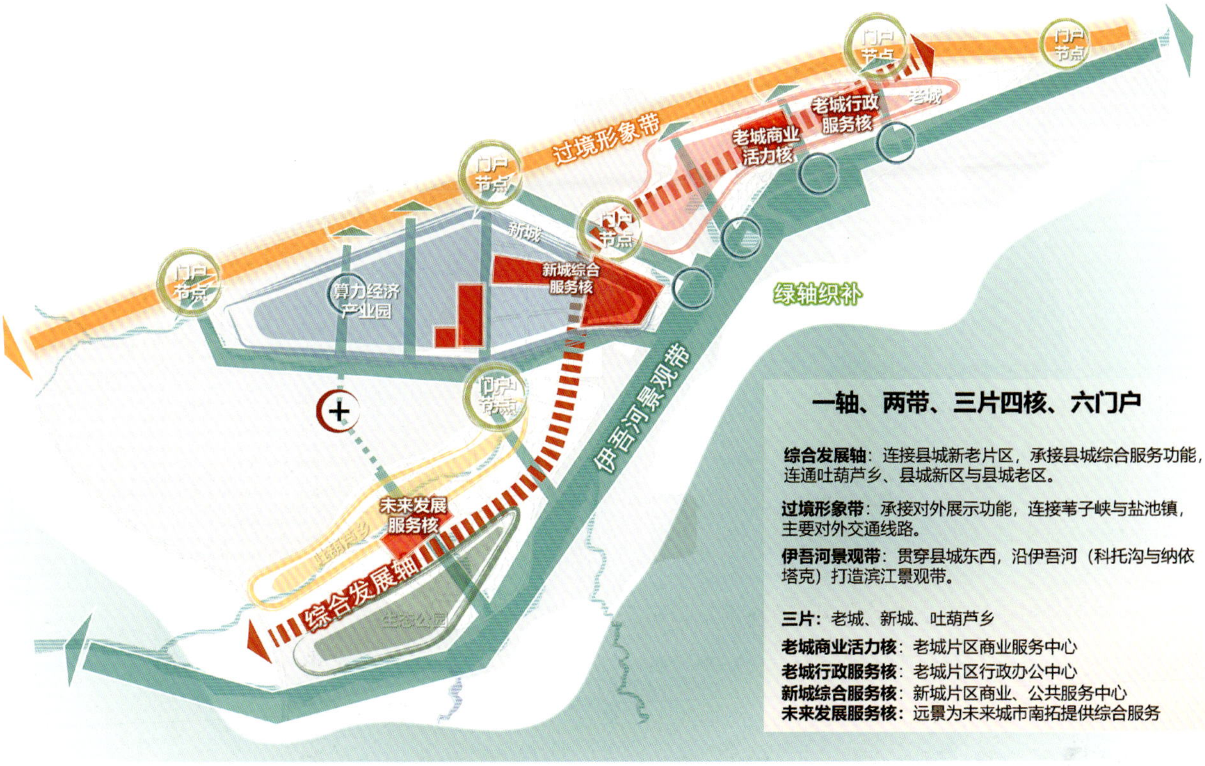

县城更新规划结构图

伊吾县城更新效果图

设计单位：中国城市发展规划设计咨询有限公司、中国建筑设计研究院有限公司、中国城市建设研究院有限公司

设计人员：王明田、陈杰、常嘉欣、赵楠、杨陈、李琛、邓龙、王庆峰、张永红、李峥峥、李占杰、石磊、夏丙辉

完成时间：2024 年

项目规模：研究范围伊吾县域 19519 平方公里，重点聚焦县城、各乡镇城乡集中建设区 10.74 平方公里

北京市延庆区中关村延庆园工业用地更新研究

背景与理念

中关村延庆园属于中关村国家自主创新示范区“一区十六园”中的一园，区位条件优越，是京西北门户、京张文体旅协同发展带上的重要节点。着眼于北京高质量发展新需要，优化分园产业空间布局，加强特色产业园建设，延庆园亟须淘汰落后产能，盘活低效产业空间，用于承载战略性新兴产业，并以此作为新的增长点推动产业转型升级和园区更新发展。

策略与技术

通过数据梳理、实地调研、企业摸底、部门访谈等综合研究方法和路径，对中关村延庆园现状进行系统评估，形成问题清单、资源清单，明确项目发展的核心任务。针对核心任务，从用地、空间、产业、文化、风貌、公服、城乡七大系统对各个地块提出规划设计要求，以城市设计为抓手带动控规编制，最终实现园区有机更新发展。

解决的实际问题

通过扩面协同、低效挖潜、提质升级三大策略，实现中关村延庆园无人驾驶航空创新示范区的建设，打造无人机产业创新发展高地、长城脚下的绿色生态园区、延庆园镇融合共建示范标杆。

扩面协同：将园区东部生态片区和八达岭机场资源纳入总体规划设计范围，优化园区道路交通系统，疏通断头路，强化园区与八达岭机场的空间联系，提升无人机产业试验试飞效率。整合东部农林景观资源，植入户外休闲、生态游憩、低空观光旅游等功能，建设高品质户外休闲空间和无人机试验试飞场所，激发产业创新活力。园区内部优化现有产业布局，规划无人机研发制造、无人机防御产业、无人机实验试飞等五大功能组团，完善产业链条，打造全业态产业集群。

低效挖潜：结合现状容积率、亩均产值以及企业发展评估，将产业用地总结为低效盘活、保留提升、已征待征、拟建用地及腾退用地5类待更新改造类型。低效盘活，加强低效土地和闲置厂房利用，提升地块容积率，为远期发展预留建设容量。保留提升，结合现状建设量，保证现状的建筑指标，同时为近远期发展预留建设容量。已征待征和拟建用地，根据已有规划建设方案对局部地块进行调整。腾退用地，通过清退拆迁、转移置换等方式释放土地资源，为重大发展项目或区域功能优化提供空间储备。

提质升级：利用滨水开放空间、沿街绿地，构建两带五轴、四核多节点的多层级景观开放空间系统。两带，依托现状帮水峪河和西拨子河打造的滨水景观带；五轴，依托园区五条主要道路（G6辅路、康张路、风谷四路、东环路、京张铁路），塑造具有园区特色的五条景观廊道；四核，在园区主要交通节点和产业组团中心建设科创公园、人才公园、创新广场、门户广场四大景观核心，配置完善的休闲健身设施服务科研人才以及在地居民。

在各产业组团内部，规划一个综合服务中心和三处企业家园，配建展览展示中心、科技主题酒店、商业服务中心、健康活动中心、人才公寓等设施，从产业服务和生活服务等各个方面做好园区保障，打造覆盖产业园各类需求的一站式配套系统。

中关村延庆园工业用地更新研究方案总体鸟瞰图

设计单位：中国城市发展规划设计咨询有限公司

设计人员：王磊、罗维、徐冬旭、马晨光、靳燕鹏、王昊尘、吴培阳、蒲叶、孟静、王晓燕

完成时间：2023年

项目规模：总体研究范围14平方公里，重点设计范围6平方公里

青海省西宁市朝阳片区城市更新实施方案

背景与理念

青海朝阳物流园区位于西宁市城北区，北川河以东，是青海省“十一五”规划的重点建设项目，总规划用地面积约 8.05 平方公里，是一个立足西宁、服务全省、辐射周边地区的大型综合物流园区。

朝阳片区城市更新单元位于朝阳物流园区最南端，南起祁连路，北达新村路，东至宁大铁路，西以朝阳东路为界，区域面积约 75 公顷。该更新单元地块距市中心 3 公里，毗邻西宁市“大十字”核心区，具有极强的区位优势和较大的发展潜力。现有产业以仓储物流、建材商贸为主导产业，计划将物流园区搬迁至多巴双寨物流城。

该城市更新单元实施方案严格遵守住建部发布的《关于在实施城市更新行动中防止大拆大建问题的通知（征求意见稿）》提出的拆除量不超过 20%，拆建比不宜大于 2 的要求，构建“双核心引擎、三横三纵脉络、多点活力迸发”的更新单元总体结构，通过多管齐下的更新方式，实现资本市场的价值，促进新兴产业聚集，形成以新型文旅经济为核心价值、以长期持续发展为手段、以经济效益反哺城市建管为支撑的可持续更新模式。

策略与技术

通过对片区内建筑种类及质量的实地调研和无人机数据采集比对，明确片区内建筑“拆、改、留”相应措施，结合土地权属单位意愿，根据朝阳物流园区的搬迁计划，分阶段落实产业更新项目。

朝阳物流园区城市更新示范单元通过多管齐下的更新方式，实现资本市场的价值，促进新兴产业聚集，形成以空间经济为核心价值、以长期持续发展为手段、以经济效益反哺城市建管为支撑的可持续更新模式。

解决的实际问题

1. 建设绿带绿廊网络，优化生态景观格局

根据片区规划定位，未来朝阳片区将建设成为“北川活力之心”、“湟水河客厅门户”，环境品质是其城市更新的首要任务，也是片区未来发展的重要吸引力。因此虽然规划中的绿地空间有限，但可以通过各类用地中的蓝绿空间搭建良好的生态空间网络，优化生态景观格局。

2. 构建“三横、三纵”生态网络

“三横”为门源路山水景观绿廊、新村路景观绿廊和祁连路景观绿廊，以林荫路和绿道为切入点，构建连通大西山—北川河—北山的绿色廊道。“三纵”为朝阳东路、宁大铁路、园一路 3 条景观绿带，分别为园城景观绿带、铁路景观绿带和北山景观绿带。成为贯穿整个物流园区的主要纵向绿色空间。

总平面图

朝阳物流园区鸟瞰图

朝阳物流园区鸟瞰图夜景

设计单位：中国城市建设研究院有限公司

设计人员：邹舟、李洪澄、白伟岚、达周才让、牛萌、孔柏涵、王文静

完成时间：2022 年

设计规模：75 公顷

四川省成都市青羊区府南清溪片区老旧小区连片改造提升

背景与理念

规划项目位于成都市青羊区府南街道清溪片区，西侧紧临金沙博物馆，南侧为西南财经大学，东侧靠近峨眉电影制片厂，是成都首批农转非人口和旧城拆迁“新市民”安置社区，生活气息浓厚。然而，经历 25 年时间洗礼，清溪社区正面临着道路交通、公共服务、绿地系统等基础设施薄弱，老成都特色市井烟火气流失以及与周边高能级文化资源缺少呼应等问题。

基于上述问题，规划提出“外联中优、三区一环、多点辐射”的空间结构优化策略。对外联动金沙、峨影、财大智谷等优势潜力资源，延伸摸底河自然生态绿意。对内将优势资源与成都里子烟火生活特色结合，凝聚成老成都精神内核。根据功能策划，形成归园清溪、留顺双茶、乐活锦西三大特色街区。依托剩余外部空间资源、建筑资源，以活力路径“清溪十二时辰生息环”串联三大特色街区。

策略与技术

以“策划规划”一体更新的思路，通过“业态、文态、形态、生态和心态”五态合一，形成一套具有顶层框架的、系统化、可操作的技术指导，保障清溪片区“老旧小区连片改造”的实施，并通过“硬件”“软件”的双重路径推动老旧小区自我造血，实现从“老旧小区连片改造”向“成都里子特色社区营造”的任务升级。

解决的实际问题

交通出行：安全便捷，智慧出行。改善片区路网东西向联系，优化院内交通组织，实现无障碍出行，近期增加停车位约 110 个。

公服设施：全民认同，全龄友好。利用小区内空间、建筑资源补充 6 处共

节点效果图

享活动室；低效楼宇改造 1 处综合为老设施；低品质公共空间新建南街公区。

绿地广场：便利可达，趣味互动。新增 6 处街头公共绿地广场，改造 3 处现有广场；提升绿化空间品质，串联慢行生活路径，打造 3000 米花香林荫道。

街道空间：多样活力，美观舒适。分区、分类引导建筑风貌；有侧重地对 5 条特色街进行重点改造。

老旧小区：内外兼修，智慧生活。技术导则标准 + 小区特色定制改造 11

个老旧小区，引领社区迈入智慧生活阶段。

社会与文化：本项目收集了全部 11 个小区的业主改造意愿，并举行多次居民集体访谈，项目提出的特色社区营造思路得到了多方一致认可，创新的“策划规划”更新指引模式成为青羊区老旧小区改造工作样板。

设计单位：中国城市发展规划设计咨询有限公司

设计人员：杨一帆、万钧、孙晓彤、常嘉欣、曾子又、王天为、周启暄、司立中、孔晓萌、徐可欣、李若铭、陈杰、赵楠、廖丹

完成时间：2022 年

项目规模：52.68 公顷，内容包括清溪片区整体提升、11 个老旧小区改造、5 条特色街改造

湖南省湘潭市建设路综合整治

背景与理念

建设路是一条“连通南北，历史悠久，商业繁华”的城市综合性主干道，是展示湘潭城市面貌的重要窗口，道路红线宽度 60 米，全长 9.2 公里，分为建设南路、建设中路、建设北路三段。道路红线范围、道路两侧和沿线重要节点周边的视觉感官范围均为本次综合整治规划设计的范围，整体设计涵盖规划、建筑、景观、灯光、市政、交通等专业，项目总投资估算约 5.29 亿元。

总体定位是再现“全省最美一条街”，总体设计理念以“生态惠民，提质美观”为目标，综合提升建设路品质，在强调设计具有可操作性的前提下，坚持“四项基本原则”：经济适用原则、观感提升原则、全面得利原则、城市发展原则。

策略与技术

项目开展的总体思路是从道路沿线的城市界面、城市空间、景观环境、市政基础设施等的现状解读和分析入手，结合湘潭市城市总体规划和控制性详细规划，提出项目总体目标、定位和设计理念，从规划、建筑、景观、市政等方面进行详细分析和具体设计，形成一整套完整的设计指引和控制手册，继而在各专项内容进行深化落地。

结合总体规划和控制规划，创造性地提出建设路的规划结构：“两心六段九园十二节点”，在综合调研分析建设路沿线建筑的质量现状，结合建筑功能，确定总体建筑四种类型改造方法：保留清洗型、综合整治型、立面重塑型、完全拆除型。

依托三维扫描、数字影像等先进策略与技术，将建设路两侧现状建筑和空间节点全部建立三维模型，通过大量实地踏勘和细部测量，准确还原道路现状建筑状况并对这些建筑进行具体分析，辅以具体的改造方法和措施，逐栋进行方案设计和推敲，并在城市街道不同视点进行整体街景效果分析，最终确定各栋建筑改造效果。

整治前现场图和整治后效果图

整治前现场图和整治后效果图

设计单位：深圳华森建筑与工程设计顾问有限公司

设计人员：祁涛、陈刘钢、沈攀、章晓宇、冯炎光、何颖赋

完成时间：2017 年

项目规模：9 万平方米

河北省保定市易县迎宾大道、靖远北大街、同兴西路、易水砚文化产业街及燕都古城城市更新设计

背景与理念

落实中央、河北省经济工作会议部署，坚持稳中求进工作总基调，完善、准确、全面贯彻新发展理念。落实“11258”总体要求，紧紧围绕激情奋进“十四五”、再造一个新保定的工作主线，着眼于“三步走”战略目标和“三聚焦一加强”战略部署。

策略与技术

以保定市县城建设“十个一”工程评价标准为方向，针对指标体系对项目进行研判。从多个方面入手，对重点示范工程，解读指标，分项进行细则指引。

解决的实际问题

景观方面：提升交通安全性，完善慢行体系，保证路旁停车规整有序，营造绿色生态街道，挖掘城市家具与街道设施文化特色，融入海绵和低碳措施。

建筑方面：衔接城市总体规划，从街区风貌研究出发，评估各类型建筑等级，以“微更新、小改造、大提升”的策略，从建筑色彩、材质等方面，整治建筑标识系统，美化附属建筑设施，提升城市整体风貌。

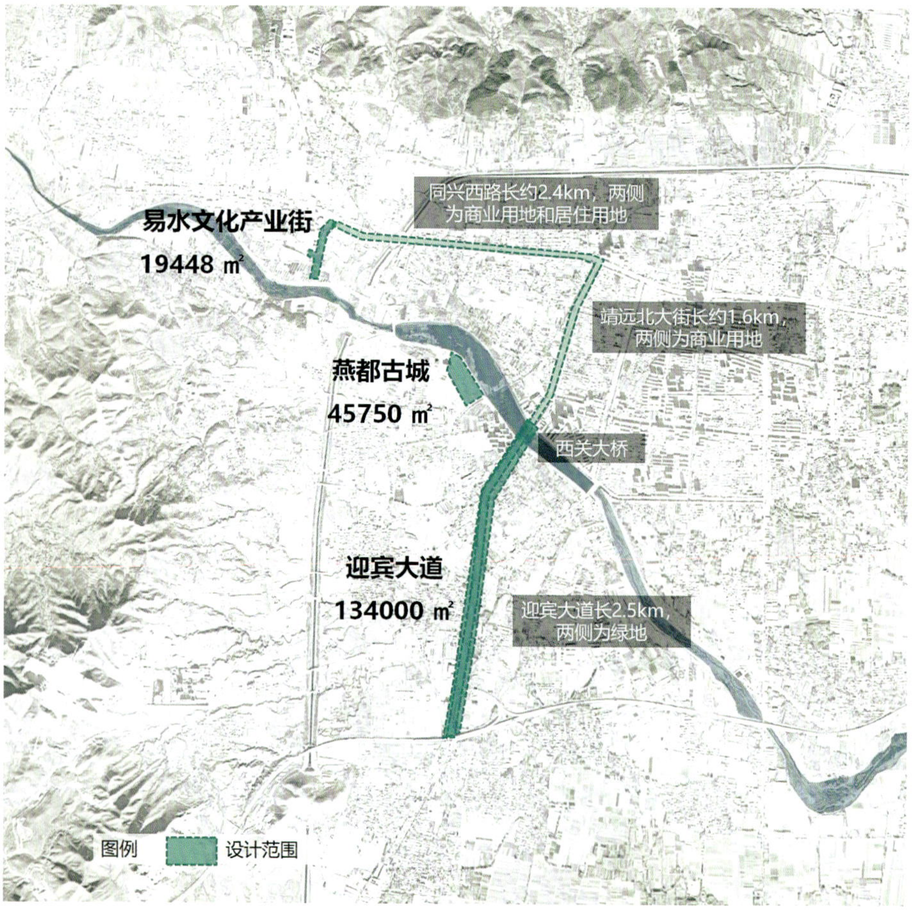

设计范围

商业街入口效果图

燕王大道效果图

设计单位：中国城市发展规划设计咨询有限公司

设计人员：陈杰、翟长青、张海涛、王维、蒋纯龙、翁阳、张亚丽、易文媛

完成时间：2022 年

项目规模：迎宾大道全长约 2.5 公里；靖远北大街全长约 1.6 公里；同兴西路全长约 2.4 公里；易水文化产业街设计面积约 19448 平方米；燕都古城改造总面积约 45750 平方米

04 居住类

居住建筑的城市更新，核心目标就是提升居住品质，追求百姓心中期待的“好房子”。

随着改革开放四十多年的发展，我国新时代主要矛盾已经转化为人民日益增长的美好生活需要和不平衡不充分的发展之间的矛盾。住房和城乡建设部部长倪虹在中国城市规划年会上提出，“我们要以努力让人民群众住上更好的房子为目标，从好房子到好小区，从好小区到好社区，从好社区到好城区，创造高品质生活空间。”崔愷院士在住房城乡建设大讲堂第一期开讲时提出，好房子不仅要功能好、性能好、质量好、适应性好，也要规模适度、技术合理、经济美观、绿色低碳，给出了好房子的判别标准和设计介入的方向指引。

在居住建筑中，核心问题是物质标准品质与人们的需求不匹配，人口总量变迁与环境承载能力不匹配。具体表现在供需失衡，老破小差、先天不足的住房问题，交通拥堵、水电气设备落后的城市基础设施问题，公共设施缺乏的社区配套和服务问题，以及缺少绿化公园广场、存在安全隐患的环境与社会问题。对应问题的解决方式，有基于市场调研的项目目标定位、社区参与、上位规划研究、政策法规和资金保障，以及社会公平的居民安置方案。在居住区城市更新工作中，关注点总结为三个层次：

城市空间。规划布局及居住空间形态塑造充分结合自然生态，尊重文化、民俗延续与城市、建筑、景观特色协调共融，更新完善城市居住和配套功能，注重以人为本、宜居宜业。交通体系在满足人车分流、人行优先、无障碍通行的设计前提下，注重城市设施脉络设计要素，构建成熟舒适的人车行道路系统。设计中充分考虑地块城市更新后交通负荷的提升量，并适当预留未来发展的可能性，增设和优化交通系统。

社区空间。充分结合生活居住场景特有的私密和公共属性共融的场所营造，打造与地域气候相符合的公众休闲景观场所，构建老中青幼全生命周期的开放空间。设置公共开放空间节点、路径和精神堡垒，提供休憩、运动、聚会等功能。设计应充分体现基地特点，形成富有特色的城市空间。

建筑空间。居住建筑功能结合完善的生活配套功能，塑造积极的多元化空间，关心平面功能舒适包容，注重立面风格到细节直至材质、色彩的和谐，提升居住生活品质。设计除了满足建筑自身使用功能外，同时为更新片区和城市风貌提供新的亮点。

相信通过更新迭代，未来的居住建筑可以实现人们心中“好房子”的梦想。

肖　蓝

北京市海淀区首开寸草八里庄恩济花园养老设施更新

背景与理念

基于既有住宅区对高龄老人的照护需求，项目秉承延续老人亲缘、地缘关系纽带为设计理念，在社区内部实现非正式照护（居家）与正式照护（社区及机构）的服务整合，将机构养老的部分功能转移到住区中去，扩大养老设施的服务覆盖范围，并将专业的养老护理服务渗透到居家养老模式中，使之形成集机构、社区、居家为一体的新型社区养老服务供给模式，其优势在于使老年人脱离特殊群体的划分，在混龄社区内实现持续生活，促进多代际的交流与融合。

策略与技术

项目以内装工业化和部品集成化为既有建筑改造方式，针对既有建筑结构可靠性低、功能适应性差等实际改造问题，采用新型建筑工业化改造模式，在基于 SI 建筑体系支撑体和填充体完全分离的基础上构建工业化改造通用体系。项目采用工业化预制的外围护结构、高耐久外墙涂料对围护墙体进行整体改造。在原有建筑结构基础上，项目实施了一系列内装工业化集成技术实践。从而实现延长设施使用寿命、减少建筑资源浪费，构建可持续发展社会的目的。

解决的实际问题

我国城市化建设目前已进入“存量”与“增量”并存的时期，城市既有老旧小区中大量公共建筑长期闲置，特别是在人口高龄化发展与需求面前，实现对其闲置空间的功能置换和再利用是我国当前社区设施适老化建设的现实选择。项目基于社区闲置用房更新，以补齐社区养老设施短板，同时，切实聚焦社区老龄化问题，面向八里庄社区 843 位老年人（65 岁以上），含高龄长者 221 人（80 岁以上），提供生活支援和长期照护，为既有社区高龄老人打造可持续生活的老龄化宜居社区环境和设施。

面向社区内高龄失能失智老人提供日间照料、上门护理及短期、长期入住养护等主要服务，同时满足社区周边老人的助餐、助洁、助医、助行、助浴等生活支援服务需求。项目探索了新型城市社区养老设施这一硬件载体，以寻求满足我国高龄失能老人切实需求的发展模式，对北京既有老旧小区高龄老人长期照护体系构建及其社区服务设施建设进行了初步研究性实践。项目被评为五星级养老机构，为全市同等星级标准下床位数量最少的机构，开创了中小规模养老机构高标准先河，为社区中小规模养老机构探索走出了一条新的发展之路。

首开寸草恩济花园改造前外观

首开寸草恩济花园改造后外观

单人间

活动空间

康复设施

设计单位：中国建筑标准设计研究院有限公司
设计人员：刘东卫、刘赫、张海港、樊京伟
完成时间：2018 年
项目规模：规划范围 2068 平方米，建筑面积 3517 平方米
获得奖项：中日合作养老设计研发项目、住建部城市建设适老化优秀案例、北京市民营养老机构五星级认证项目

北京市朝阳区首开寸草亚运村学知园养老设施更新

背景与理念

北京首开寸草亚运村学知园养老设施作为我国首个城市复合介护型养老设施，基于城市养老的建设方式与服务需求，从“人口高龄化”及“长期照护困局”两个问题出发，满足高龄失能、失智老年人在照护与生活支援方面的服务需求。项目契合当前我国融合养老模式，集社区、居家和机构养老为一体，以新型养老设施建设与服务模式在既有老旧社区中为需要高龄介护的老年人提供日常生活支援及护理照顾，也作为社区居家养老就近使用的综合性活动与服务中心，以此补齐社区适老化短板，增进民生福祉。

策略与技术

首先，在社区更新与养老建筑融合的建筑类型实现创新。将社区更新与养老设施建设融合，通过供给、建造、改善和管理既有社区闲置用房，建设高龄介护型养老设施，有效缓解社区养老问题。其次，设计标准与更新建造联合的体系创新。项目构建了城市复合型养老设施的标准体系，针对既有建筑实际改造问题，在基于 SI 建筑体系支撑体和填充体完全分离的基础上，构建工业化改造的设计建造方法。再次，既有建筑改造与装配式结合的技术创新。项目采用了装配式建筑新技术与新部品，外围护墙体采用了 ALC 板装配式外挂系统的干法施工，首次在养老设施建设中采用装配式内装整体解决方案。最后，内装部品与适老专项部品整合的集成创新。内部设施现代化的重要一环就是全面的部品化实施，考虑到老年人对内部设施的使用特殊性，引进国外专业养老部品，自主研发适老整体卫生间等。

解决的实际问题

开拓了我国城市复合介护型养老设施的前沿领域。在老龄化时代的城市长期照护型养老介护设施与环境构建中，城市复合介护型养老设施作为具体的空间形式，是解决社会养老服务问题的物质基础。从建筑设计源头探讨其设施的介护类型细分、功能配置、空间形式和部品技术，明确相关技术要点，在今后的项目建设中实现标准化、专业化的推广与建设，从而促进我国高龄人口养老设施及居住环境建设的可持续发展。

首开寸草学知园改造前外观

首开寸草学知园改造后外观

首层日间照料中心

单人卧室

设计单位：中国建筑标准设计研究院有限公司

设计人员：刘东卫、邵磊、姜延达、伍止超、秦姗、樊京伟、刘赫、俞羿、程鹏

完成时间：2017 年

项目规模：规划范围 1500 平方米，建筑面积 2232.6 平方米

获得奖项：北京大学首都发展研究院北京市城市更新优秀案例、全联房地产商会城市更新分会北京市城市更新优秀案例、北京市优秀工程勘察设计奖·城市更新单项奖一等奖、中国建筑学会设计奖·住宅建筑专项二等奖、WA 中国建筑奖居住贡献奖佳作奖

北京市西城区阜外南营房老旧小区更新与街区再生

背景与理念

为落实国家新型城镇化战略，全面提升城市发展质量的重要抓手和路径。增进民生福祉，改善民生环境。立足北京特色，统筹推进城市更新行动，进一步完善城市功能、激发城市活力、改善人居环境、推进绿色低碳、传承历史文化，促进经济社会可持续发展，努力建设国际一流的和谐宜居之都。经市政府批准，北京市住房和城乡建设委发布，将南营房社区纳入 2020 年北京市第二批老旧小区综合整治项目。项目目标是创建国际水准、北京标准、西城示范、高点定位的居住类城市更新、社区再生与创新示范。

策略与技术

项目以“美好再生”为主题，探索国际一流和谐宜居之都水准的北京城市更新・街区再生・创新示范建设模式。以提升老居民的获得感、幸福感与安全感为核心，持续推进人居环境水平的改善，实现居住环境的有机更新。以规划为引领，提升街区和社区品质；以风貌为抓手，展现街区再生新风采；以文脉为主线，重构城市和乡愁记忆；以环境为特色，实现人居环境的共生；以关怀促民生，做到百姓满意的方案。作为面向当代和未来的新型建设，项目在装配式、绿色、智慧、无障碍等方面进行专项设计与技术集成。

解决的实际问题

项目是国家 2020 年“实施城市更新行动”新政和北京新总规、核心区控规要求之下的旧改再生创新示范项目，也是西城区原翻原建类型的首个试点项目，对助力城市人居生活环境整体品质升级与文化复兴具有重要意义。在改造设计过程中，解决了安全、居住、生活、环境、性能五大方面问题。安全方面，在结构主体、消防、安防方面进行重新设计；居住方面，对于非成套户型进行改造，针对原本功能缺失问题进行解决，包括加入公共卫生间等；生活方面，增加公共服务配套设施、电梯、停车位等；环境方面，针对卫生条件差、私搭乱建现象、绿化缺失等问题进行改进；性能方面，针对管线失修、居住性能与品质较差等问题提出建设性意见。以提升老街坊、老居民的获得感、幸福感、安全感为核心，推进人居环境改善，让包括平房区和老旧小区在内的居住空间成为环境优美、设施完备、邻里和谐的美丽家园。增进民生福祉，提高人民生活品质，绘就民生新画卷。

南营房社区现状

南营房改造鸟瞰效果图

南营房改造效果图一

南营房改造效果图二

设计单位：中国建筑标准设计研究院有限公司

设计人员：刘东卫、秦姗、卢建伟、程鹏、蔡昆洋

设计时间：2020 年

项目规模：用地面积 15700 平方米，建筑面积 15000 平方米

获得奖项：北京市老旧小区综合整治项目、北京市和西城区旧改示范工程、北京市西城区城市更新推介项目

北京市西城区三里河三区某老旧社区内住宅改造设计

背景与理念

项目位于北京市西城区三里河三区内某栋 3 楼北户。该小区建成于 20 世纪 70 年代，平均层高 6 层，楼间距为 10 米，D/H 值约为 0.5，整个小区相对空间封闭狭窄。

室内空间布局方面，39 平方米的“眼镜房”小户型内常住人口包括三位成人、两位儿童，原有空间出现大量流线交叉、分区凌乱、干湿不分离、动静区不分隔、收纳空间不合理等问题，空间的功能布局混乱。为了改善家庭居住质量，将空间改造成为主动式的成长性智能新家居，主要通过五个妙招：

物归原处、分区收纳，以清晰的空间布局让“小家”变“大家”；

空间复合，营造可生长的空间；

节约能耗，打造“可呼吸的家”；

提高室内微气候自调节能力，打造“主动改变的家”；

自然可循环材质，营造舒适家居环境。

策略与技术

主动式建筑需要通过优化空间布局来降低建筑用能要求，因此首先需要改善以下几个问题：

洁卫区：整合空间、扩大面积、保证干湿分区；

厨杂区：增加储物空间、合理化流线；

生活区：增加独立客厅空间、增加储物空间。

为满足上述需求，首先调整房间从“三段式布局”改为“六宫格字形布局”。六宫格的布局使空间东西向形成一条主交通流线，保证了各空间的相对独立，梳理整合了空间流线，同时保证了各卧室空间的相对私密性。

为了做到对二氧化碳、$PM_{2.5}$、室内温湿度的实时监控和自主调节，在室内智能家居系统中加入了全套的智能空气净化器、智能 $PM_{2.5}$ 检测仪，并且选用智能空调对室内温湿度进行实时调控。

智能控温、控光、家居系统均使用国内某成熟智能家电品牌产品，通过该产品线的终端 APP，室内环境质量在经过产品的实时监控分析后会直接将数据反映到 APP 上告知房主，并允许房主根据不同的需求进行产品参数的调整。

本项目适变性的一个重要体现来自大量的可移动家具的使用。将柜体和书桌、床结合，能适应房主家的儿童从 5 岁到 25 岁的生活变化需要。此外，可以应对儿童不同的生理变化需求做出调节的可移动家具，也体现了本项目空间的高适应性。

为实现对日光照明的自动调节，满足房主不同时间段的室内光照度需求，也为了解决老旧社区顽固的“受光量少、受光时间短”问题，本项目厨房设置了电动格栅、卧室设置了电动遮阳百叶窗以及光感调节窗帘，并通过统一的 APP 系统实现终端可控，自主调节。

解决的实际问题

为增加天然采光量并提高室内采光均匀度，打开了阳台到东侧卧室的硬性隔断，并通过感应电动遮阳百叶自动控制室内采光量。西侧卧室与客厅的隔断采用可移动软性隔断，增加天然采光时间和采光范围。

项目中部空间运用镜面门框、镜面铺地以及入口处的镜面玄关布置，增加空间的日光反射范围，从而大大提高室内天然采光量和受光均匀度，保证主要空间至少 60% 面积比例区域，其天然采光照度值不低于 300lx 的小时数，平均不少于 8h/d。

视景舒适设计：使用浅色系家具、轻质格栅，扩大空间尺度、增加视觉舒适度。

围护结构节能：阳台墙体增加内保温构造，提高室内保温性能。

围护构造节能：使用 Low-E 玻璃实现保温隔热、抵挡紫外线的功效。

智能家居系统节能：引入智能家居系统，除运用智能调节灯光家具，以适应不同生活场景外，还可根据人的位置与生活状态，调节光源位置与瓦数，从而达到节约电能目的。另外，其他灯具采用线性节能灯。

本项目采用装配式内装技术，选用可再生循环建材。

木造采用康纯板、环保生态黏合剂 MDI 胶，将甲醛排放量控制为 0。采用抗污、防尘效果俱佳的新型矿物质涂料。

靠墙柜体及内墙饰面部分采用碳化隔离软木，它是一种可以提高隔热、隔音效能的循环再生材料。

三里河三区厨房区效果图

三里河三区镜面空间效果图

三里河三区男孩卧室效果图

三里河三区线性照明设计效果图

设计单位：中国建筑标准设计研究院有限公司

设计人员：张明杰、陈静雅、姜广博

完成时间：2019 年

项目规模：设计施工面积 39 平方米

获得奖项：2022 年第二届 AHA 主动式建筑中国区空间设计竞赛铂金奖

北京市石景山区永乐小区 36 号楼简易楼改建

背景与理念

永乐小区 36 号楼是建于 1958 年的筒子楼，现属于直管公房，楼内没有接入燃气，户内没有独立厨房和卫生间，厨房没有上下水，属于不成套住宅，生活条件比较简陋。居民迫切希望通过老旧危房改建改善居住条件。2021 年，36 号楼被列为北京市石景山区危旧楼改建试点，计划启动原拆原建。在石景山区委区政府领导下，石景山区住建委、区规自分局等部门的指导下，产权单位石房公司作为实施主体、属地八宝山街道作为责任主体，联合中城规划，积极推进改建试点工作，明确功能策划、完成设计方案和实施方案。

策略与技术

改建方案设计以北京市原拆原建项目基本原则为指导，通过对场地条件的深入挖掘、周边情况的详细分析以及住户需求的摸排调研，通过设计手段解决住户的各项基本诉求。

该楼主体为 5 层，局部 4 层，建筑面积约 4900 平方米，居民共 143 户，外部形态为 L 形，原始内部布局为中间走廊、两侧居住的公寓式布局形式，每户使用面积 15 平方米，采用集中卫生间和厨房，为不成套住宅，同时存在部分无日照户型。

该楼用地条件情况复杂，南侧紧邻小区内车行道路，西侧贴临城市道路鲁谷大街，南侧、东侧以及北侧均为现状住宅，且建筑周边存在部分贴建底商，使新建设方案面临较大限制。

新建设方案根据原拆原建的基本原则，维持原位置，适当调整进行设计，整体建筑形态仍为 L 形。因建筑的基本属性为住宅，为保证 143 户居民每户的日照，将建筑形体尽量沿南向及西向横向拉长，保持与周边建筑合理间距，并增加层数以满足 143 户的排布要求。改建后，新建设方案建筑面积 6773.5 平方米，层数为 6 层，建筑高度为 18.1 米，配备部分商业及配套公共服务用房，以满足生活配套服务功能。

解决的实际问题

当前众多城市更新设计，都面临着多方主体、资金紧张、居民诉求多样化的种种困难，永乐小区 36 号楼简易楼改建项目是此类设计的一个大胆尝试，通过多渠道征求意见，未雨绸缪、提前广而告之，多方协助解困等方法，实现了多方主体共商共议、协同推进的良好局面。建设方案将建设的重点放在解决建筑使用功能提升问题上，形成成套住宅，提升居民使用的舒适度，实现了原有居民生活环境的大幅改善，也为今后此类项目的推进提供了现实路径。

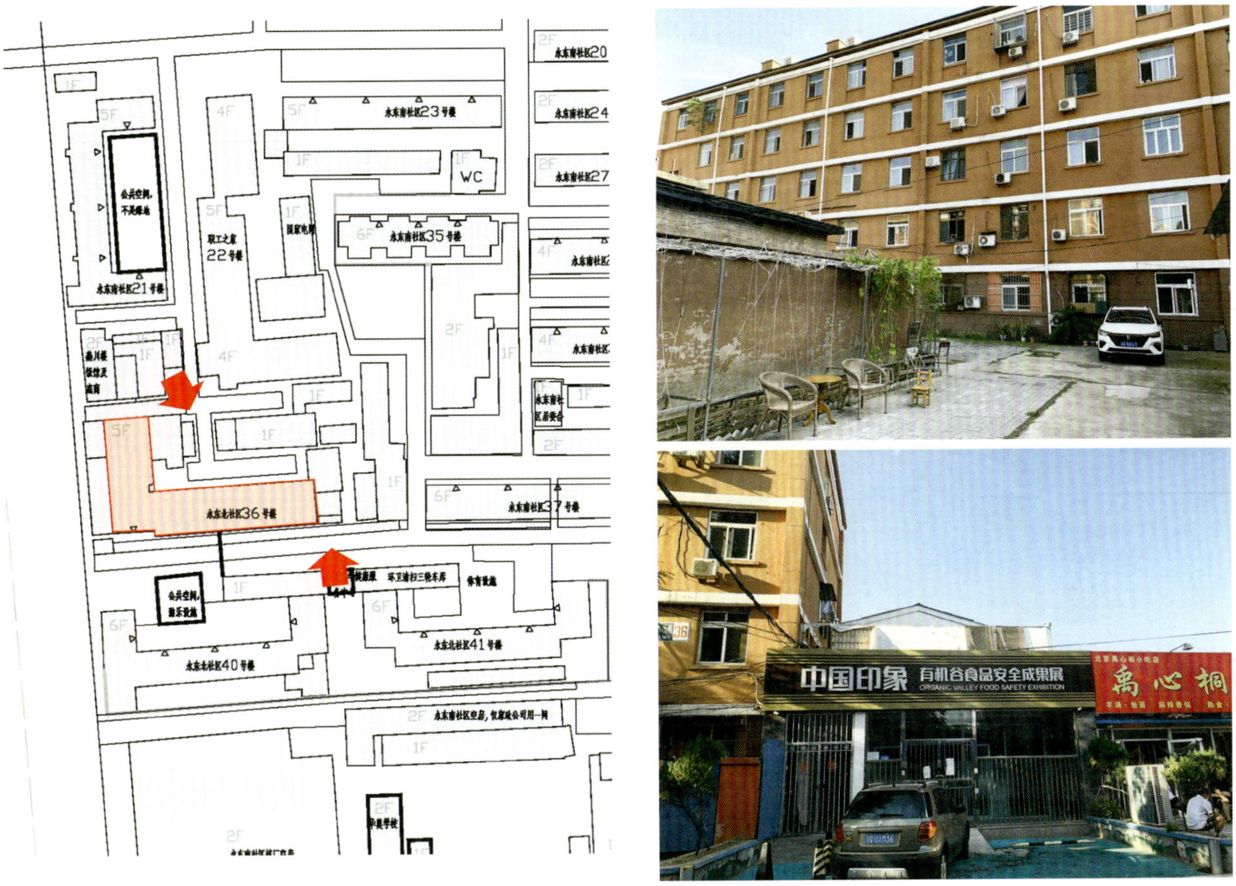

永乐小区 36 号楼现场现状图

永乐小区 36 号楼室外改建方案效果图

永乐小区 36 号楼室内改建方案效果图

设计单位：中国城市发展规划设计咨询有限公司

设计人员：翟长青、何星亮、倪莉莉、刘若瑜、郝鑫佳、杜米力、李敏

完成时间：2023 年

项目规模：改建方案设计规模 6773.5 平方米

新疆维吾尔自治区哈密市中山北路社区完整居住社区更新规划设计

背景与理念

习近平总书记强调，要把更多资源、服务、管理放到社区，为社区居民提供精准化、精细化服务。为此，新疆维吾尔自治区“十四五”规划明确提出完善城市社区综合服务设施，打造“完整社区”，形成“15 分钟生活圈”。

因本项目位于哈密市区中心地带，项目规模较大，涉及居民较多，故具有以下三点示范意义：一、探索哈密乃至自治区旧区改建中的完整社区建设模式的示范意义；二、建设成为自治区嵌入式融合型完整社区的典范项目；三、成为高质量发展下社区治理“最后一公里”的样板。

策略与技术

采用社区体检作为技术手段，作为更新建设清单的拟定依据。因目前全国范围内社区体检仍处于探索阶段，所以本次哈密中山北路社区的社区体检也同样具有示范性。本次社区体检由三部分组成：实地观察、民意征集、大数据分析。

实地观察形成中山北路社区踏勘报告，初步找出社区中各种问题所在；民意征集对居民迫切所需有了理性认识；最后通过大数据词频分析补充了可能存在的各种需求遗漏。

最终建设清单包括七大建设目标，将《完整居住社区指南》中的 20 项建设内容细化为 96 项，其中 70 项建设内容为居民呼声最高的新增项目。

解决的实际问题

拆改腾挪，构筑安全舒适社区：将居住安全、出行便捷、配套有机更新作为重要任务。通过对社区存在安全隐患的建筑及设施进行拆除，对居民就地安置。保证居民在社区内出行安全舒畅。同时对既有服务设施进行改造和腾挪，为社区进一步补齐短板提供更多空间。

补齐短板，构建人文社区：建设中重点关注不同年龄人群的行为习惯和生活需求，对标完整社区建设标准及居民实际需求做好重点公共设施的配置。聚焦一老一小，对无障碍设施、道路、绿地、活动场地等空间提出全龄友好设计的人文要求。

高标准社区建设的标杆，哈密首个融合型完整居住社区：作为哈密首个以老旧小区更新为基底的完整居住社区项目。建设不仅要遵照完整社区建设标准，也要遵循既有老旧小区改造的诸多原则与经验。完整社区的建设不能仅停留在空间物理环境的改造及建设的完整，更应该将社区服务、物业服务等服务的完整作为重要的建设目标。

总平面图

鸟瞰图

新建社区中心

新建社区卫生站

设计单位：中国城市发展规划设计咨询有限公司

设计人员：刘志辉、张海涛、周阳、张运宁、李敏、张博、靳燕鹏、朱丽羽、于子丽、张文婷、王玉敏、方佳楠、张博、周莹、张柳莎

完成时间：2023 年

项目规模：16.4 万平方米

北京市丰台区石榴庄街道石榴园南里社区会客厅规划综合实施方案

背景与理念

1. 城市更新背景下，老旧厂房亟待改造，业态亟须腾笼换鸟

《关于开展老旧厂房更新改造工作的意见》——鼓励利用老旧厂房补齐城市配套短板，更新后业态应符合街区功能定位；

《关于加强规划和用地保障支持养老服务发展的指导意见》——明确养老设施用地范围及土地用途，保障养老设施用地规模，支持存量土地用于建设养老服务设施，符合详细规划的，可依法办理土地用途改变手续。

2. 养老设施、社区服务、文体设施缺口较大，亟须进行补充

北京市户籍老龄化率 27%，位居全国第二，仅次于上海，老龄化程度高；千人养老机构床位数 6.7 张，距“十四五”期末的目标还有较大差距，养老设施需求旺盛。

策略与技术

本项目所在区域缺少社区服务功能设施，建设社区会客厅可以弥补石榴园街道乃至丰台区社区服务设施短板，为该片区的居民提供更加全面、丰富的社区活动空间，为城市居民提供更好、更集中的社会交往空间。

解决的实际问题

打造北京市知名的集养老、文体、社区服务、商业服务等功能复合的社区会客厅，争创石榴园街道社区休闲港湾、高品质养老新地标。

解决三大配套设施不足问题：

交通设施配套：基地通过内部道路与城市次干道光彩路相衔接，场地内部设置停车位不少于 39 个，满足场地内人群使用，同时可结合分时停车，为社会停车缓解交通压力。

公共服务设施配套：与周边医疗、公园绿地、商超菜市场互补互融，场地内部提供社区管理服务用房、室内体育设施、机构养老设施、商业服务设施等功能。

市政基础设施配套：石榴园供热公司提供本项目市政基础设施配套。

鸟瞰图

人视效果图

室内效果图

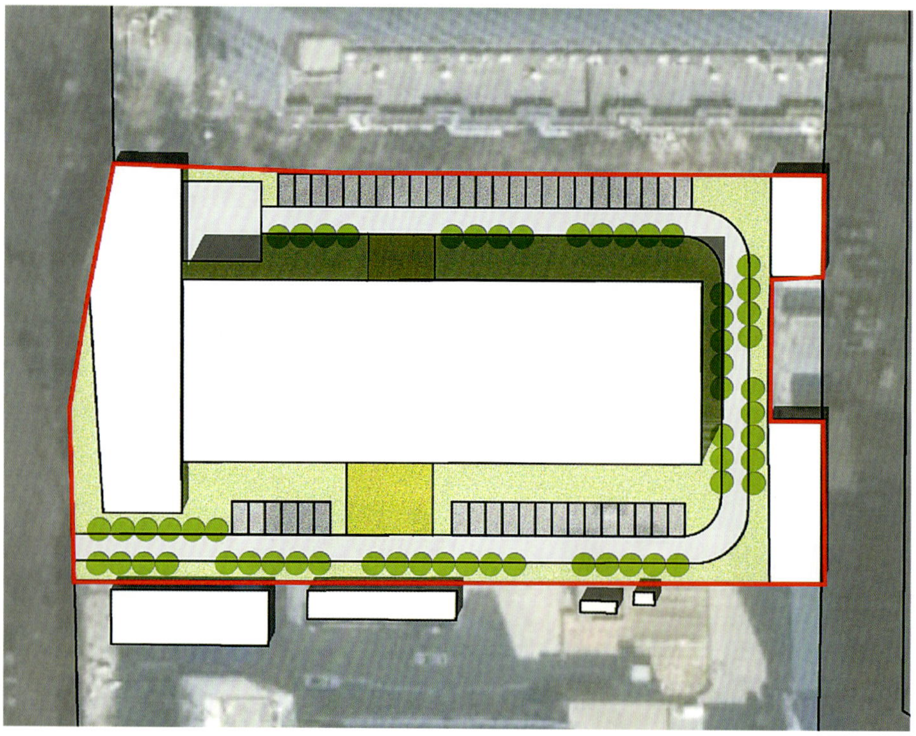

总平面图

设计单位：中国城市发展规划设计咨询有限公司

设计人员：张海涛、刘若瑜、孙宇珊、张博、滑朝权

完成时间：2023 年

项目规模：用地面积 6900 平方米，建筑面积 9267 平方米，容积率 1.36

天津市宝坻区天宝新苑小区提升改造工程

背景与理念

实施城市更新行动是党的十九届五中全会作出的重要决策部署，是国家“十四五”规划纲要明确的重大工程项目。实施城市更新行动，要顺应城市发展规律，尊重人民群众意愿，以内涵集约、绿色低碳发展为路径，转变城市开发建设方式，坚持“留改拆”并举、以保留利用提升为主，加强修缮改造，注重提升功能，让城市更健康、更安全、更宜居。

策略与技术

对现状情况进行走访、调查和研究，充分摸清现状情况的变化，分析主要需求点和敏感点确定设计对策，从源头上解决居民生活难题，改善居民的生活状况，针对小区存在的建筑外立面、楼道内环境、室外交通组织、停车混乱等问题，重新进行功能分区和流线布局的规划。同时室外公共设施的增设上鉴于老旧小区目前居住的人群年龄结构分析，在小品、娱乐设施的布置上考虑不同年龄段的日常使用需求。整体改造遵循创新、协调、绿色、开放、共享的发展理念，构建和谐小区，改善城市面貌。

解决的实际问题

实现了整体的提质增效，面子新、里子实，提升了整体形象，给居民带来了获得感、幸福感、安全感。

提高出行品质，解决了小区居民停车难、交通堵塞的问题。通过小区内部路网的重新组织梳理，结合居住需求合理规划了 900 多个机动车停车位，实现路路通，车辆有序进出，合理停放。

解决居民充电难、入户充电存在安全隐患的问题，增设 39 个非机动车充电棚，规范非机动车充电，合理停放。

提升居民参与感，解决居民日常活动需求，为居民合理规划公共活动场地，增设 3 处多功能集中活动空间及多处小健身设施场地，实现全民认同、全龄友好。

对建筑外立面进行修缮，外墙粉刷，融入现代色彩，给人耳目一新的视觉效果，整理外墙悬挂物，更换门窗，同时解决建筑屋面防水及保温，并根据现行规范重新设计屋顶防雷。

提升小区亮化，对小区内破损、年久失修的路灯进行拆除，重新敷设管线，布置庭院灯。

实现小区内的雨污分流，对建筑外墙以外区域出户管，小区内污水井、污水管道等污水管网设施重新进行改造，解决管道堵塞、排水不畅、污水漏溢等问题，并重新设计小区内雨水管道系统。

智能化配套升级，解决社会闲散人车随意出入的问题，保障小区居民安全，实现服务更便民、管理更全面、治理更高效。

提升整体环境，将海绵理念融入项目的竖向设计中，设置下沉绿地，使道路、广场、停车位区域的地表径流得到有效收集和渗透排放，避免地表径流对车行、人行的安全困扰，同时在满足需求的情况下保证绿量，主路种植开花亚乔木打造花开三季、生态大绿的绚丽多彩的生态居住区。

小区现状图

小区改造入口方案效果图

小区改造多个节点效果图

设计单位：中国市政工程华北设计研究总院有限公司

设计人员：廉学勇、陈秋红、杨光、张光辉、张旭芝、王康、孙朴诚、詹晓磊、朱文旭、丘宁

完成时间：2022 年

项目规模：项目红线总用地面积约 11.4 万平方米，建筑总面积 20 万平方米

上海市松江区小昆山镇老旧小区改造

背景与理念

《国务院办公厅关于全面推进城镇老旧小区改造工作的指导意见》指出，城镇老旧小区改造是重大民生工程和发展工程，对满足人民群众美好生活需要、推动惠民生扩内需、推进城市更新和开发建设方式转型、促进经济高质量发展具有十分重要的意义。为了更好地促进城市化的发展，更好地改善市民的生活需求，在不改变城市原有绿化的条件下，秉着“以人为本、因地制宜、居民自愿、保护优先、建管并重”的原则，推动上海市松江区小昆山镇老旧小区改造。

策略与技术

小昆山镇位于汉晋文化风貌规划区。规划意图传承小镇千年历史，打造汉晋风貌旅游度假区。在建筑的外观造型上，采用新汉晋风格屋顶，屋顶加固，瓦材质替换。细部为汉晋风传统纹样，加入立花拼砖。传承地域文脉，增加立面细节、提升造型品质。三段式的形体比例，以米色、浅灰色为主色调的色彩。符合现代审美，体现汉晋建筑神韵。采用全新大门形象，加强老城区风貌建设。新设计的大门造型简约，与住宅“汉晋风”色调统一，采用干挂米色石材和深灰色铝板，提升小区形象。改造中调整道路定位，为活动场地赢得更大空间。有效利用现有树木展开景观设计。新增户外座椅和健身器械，铺装彩色 PC 砖，构筑梯台花池，形成全新的居民活动场地。优化道路设计，拓宽路面，铺设沥青，增设停车位和非机动车棚，重塑社区活动场地。优化单元入口空间，增设无障碍设施。改造设计引入视觉导视系统，新增小区坐落号牌、楼栋号牌、单元号牌、车行出入导向指示牌。既丰富了视觉设计的细节，又有助于规范物业管理。

解决的实际问题

在建筑风貌上，通过对松江及小昆山镇历史文脉的提炼，尊重既有建筑尺度及功能，利用现代材料及工艺对小区建筑风貌重塑，形成具有中式风格的现代居住小区，展示松江小昆山镇的现代风貌，并注重点、线、面的统一，形成完整的建筑风貌体系。

5 村改造前

5 村改造后

6 村改造前

6 村改造后

7 村改造前

7 村改造后

8 村改造前

8 村改造后

设计单位：深圳华森建筑与工程设计顾问有限公司

设计人员：祁涛、张鑫、刘辉、朱锦标、吴鹏九、刘跃、贾方明

方案指导：邓明、陈刘钢、葛岚

完成时间：2018 年

项目规模：20 万平方米

获得奖项：2020 年上海市首届旧住房改造设计作品竞赛优胜奖

内蒙古自治区兴安盟扎赉特旗音德尔镇棚户区改造规划

背景与理念

扎赉特旗拥有“神山绰尔河”的山水格局，该区域既有西山森林公园，又有阿敏河水系，是扎旗山水景观的微缩，是扎旗形象的代表区域，其重要性不言而喻。

为使该区域的规划能够响应国家政策，体现扎旗山水特色，打造望得见山、看得见水的生活环境，破解城市二元结构，丰富新型城镇化的实务内涵，规划立足于基地的区域空间资源条件，明确基地定位为扎赉特旗“山水风尚生态核心区”，打造我国中小城市棚户区改造示范项目。

策略与技术

用地规划四大策略：

策略一：精细土地使用，提升土地价值

规划挖掘绿地水系对城市土地价值带来的高附加值，顺应市场规律，对沿河用地性质重新洗牌，借助公共空间，发挥土地价值。

策略二：梳理定义街道，优化道路网络

针对原有规划道路体系欠完善，个别道路过宽的情况，本次规划尽可能使各等级道路自成网络，自成体系，从实际出发确定路面宽度，为未来顺畅的交通打好基础。

策略三：疏导山水体系，让城市融入大自然，让居民在青山绿水中生活

依托规划区有山有水的现状优势，从水系和山体两大方面，对基地规划特色进行鲜明化和特色化处理。

策略四：增加基础设施，推进以人为本的新型城镇化

规划坚持以人为本，提升音德尔镇公共服务设施配套等级，由于棚户区均在全城内部，城市级配套设施相对完善，规划强调落实社区或组团级公共服务设施配套，为市民提供设施完备的公共服务配套水平，推进“以人为核心”的

新型城镇化。

详细设计三大构思：

构思一：地标——扎旗形象

除了现状木华黎广场，规划沿光明路和阿敏河增加不同的地标节点，塑造"繁华与生态同在，青山与绿水并存"的富有扎旗特色的城市空间，建造属于扎旗人民自己的城市。建筑高度通过与山体和城市景观大道相互结合，最终确定自西山公园向城区内逐步增高、错落有致的城市天际线和滨水景观大道。

改造总平面图

构思二：因势——山水融合

结合穿基地而过的阿敏河和西南部的城市天然绿肺西山森林公园，规划相山法水，通过设置城市慢行步道和城市绿道，自然串联起阿敏河与西山公园，将山水环境真正渗透进市民的日常生活，为市民提供从院落到社区再到城市级别安全舒适的漫步空间。

构思三：复合——多区联动

规划在改造后的区域内，设置多元功能，营造富有生命力的城市中心区，提供优质的居住、休闲、购物、教育等多元化的服务。住宅结合山景与水景，采用低层、多层、小高层、高层等多种住房类型，打造多样化的居住空间，顺应市场规律，为市民提供多种居住选择。

解决的实际问题

棚户区改造作为优化结构、解决楼市矛盾的重要手段，是改善居民生活条件、解决低收入人群居住问题的重要途径，是音德尔镇实现新型城镇化建设的重要组成部分。

公共服务设施规划图

改造区局部鸟瞰图

设计单位：中国建筑标准设计研究院有限公司

设计人员：赵格、梁双、武志、郝毅、王红娟、马会

完成时间：2016 年

项目规模：改造用地面积 385 公顷，改造住房面积 808400 平方米，改造户数 9664 户

白色七巧板——上海市普陀区华东师大一村小区入口微更新

背景与理念

距离苏州河仅百米之遥的华东师大一村小区，周边是拥挤的住宅群区。陈旧的小区入口狭窄，人车混杂，设施纷乱，尤其入口直接面对内环高架，几乎没有能够令人驻足的场地。

华东师大一村小区被纳入普陀区 2020 年住宅小区修缮工程名单，新的小区大门要面对两个问题：既要新形象，又不能影响原有各种人与车的使用。

策略与技术

设计策略是“空间延展”和“外装内做”，目标是“社区温度”。

“空间延展”是以空间换得使用需求的满足，打破通常大门一般是二维界面的僵局，将入口区域根据使用需求向小区纵深延伸，同时解决人车（电瓶车）分流、提供休息椅、设置宣传栏以及屏蔽隔壁的小学食堂排烟管、遮挡垃圾箱等诸多问题。

“外装内做”则是根据上述空间动作，做相应的建筑界面的铺展、引导和屏蔽。很像是在室外空间做内装施工，使用者感知到的全部都是与身体或视线能够接触的内界面，而无需在小区门外去设计缺乏观察场地的立面形象。

解决的实际问题

建筑造型由一层薄薄的白色铝板面经过两三次折转构成入口门道空间，顶视就像一把转折的曲尺，把各类人群都保护含纳在其下；再配合仿木色的铝方通格栅，在引导行人通行的同时将一些消极元素（如食堂风管）隔挡在外，也为所有进出的老幼居民、快递员、上班族等提供一处可以聚集聊天、小憩歇脚的温馨场所。

改造前

改造后

设计单位：上海中森建筑与工程设计顾问有限公司

设计人员：张男、张晓远、张吉凌、熊振林、吴继华、王明兴

项目规模：150 平方米（灰空间面积）

完成时间：2021 年

05 产业类

城市更新实践中的产业类项目，与策划咨询类、城市运营类、规划类等相比，更加强调单体建筑设计实践；与居住类、市政设施类、道路交通类等相比，更加强调城市公共空间、产业商业运营等项目实践，包括了商业、酒店、办公、展览、体育、教育、文化创意、工业园区、社区服务等丰富的功能类型；与历史文化类、景观生态类等相比，并不以大量历史文化遗产保护地或城市绿化生态涵养地作为项目实践背景，但既有旧建筑保护利用，又有较大量新建建筑，情况较为复杂多元，反映了我国城市更新实践中的典型场景。

在此背景下，城市更新行动或实践重在破解以下三个方面的问题：

一、要厘清存量城市发展中城市片区或特定建筑应对人们的生活需求和文化内涵问题。在城市更新行动过程中，要强调“以人为核心”的新型城镇化理念，无论是一个城区还是一组建筑，都要寻找到其服务于人的合理而特定的生活需求和文化内涵，从而形成城市更新、进化、发展的内在动力，再将其作为关键核心目标，传递给城市设计和建筑设计实践。

二、要解决好新建与遗存的共存关系问题。除了新建的内容，城市中一定还存在一些甚至大量既有的旧建筑遗存，在对待和处理城市中的旧建筑时需要小心谨慎。在我国城镇化进程中，城市建筑遗存碎片化严重，很多情况下没有形成具有连续性的城市记忆。要强调为城市“留下记忆与乡愁”理念，在城市更新实践中保存和有效利用城市中的建筑遗存，与新建建筑形成对比映衬和融合关系，合理、有效、巧妙地处理两者的关系，营造既有记忆和乡愁，又能够面向未来、充满活力的城市更新场景。

三、要处理好绿色生态与可持续发展的问题。进入新时代，高质量发展、绿色发展、碳达峰碳中和等成为国家战略，要着重强调“城市生命体”理念，从城市的结构、空间、功能等视角入手，学习并采用绿色生态双碳等领域的新理论、新方法、新技术、新材料，重视城市的品质提升、运营管理和生活体验，使得城市更新工作能够成为国家绿色生态与可持续发展理念在城乡建设领域的落地实践。

李兴钢

北京市东城区隆福寺地区复兴及隆福大厦改造

北京市东城区国家能源集团主楼维修改造

重庆市南岸区重庆市规划展览馆迁建

广东省广州市海珠区珠江啤酒厂包装车间改造

山西省太原市滨河体育中心改造扩建

陕西省宝鸡市文化艺术中心设计

浙江省丽水市龙泉县国镜药厂 3 号地块改造

湖北省武汉市武汉大学城市设计学院改造

四川省成都市安仁大匠之门文化中心工程设计

北京市石景山区首钢老工业区西十冬奥广场倒班公寓“仓阁”（首钢工舍智选假日酒店）设计

安徽省合肥市第十四届中国国际园林博览会园博小镇设计

重庆市九龙坡区民主村社区中心改造

北京市大兴区威克多制衣中心厂区规划改造

北京市西城区鼓楼西大街 33 号院改造

北京市西城区西直门外大街路南中糖大厦改造设计

北京市永定门外街区控规方案研究——存量建筑专题研究

北京市朝阳区龙湖集团总部暨北五环汽配城升级改造

北京市海淀区中国农业大学西区图书馆更新工程设计

广东省深圳市深圳书城中心城改造

广东省深圳市大族激光全球激光智能制造产业基地项目

广东省深圳市南海酒店改造

上海市黄浦区“8 号桥”滨江园城市更新

上海市普陀区中国住宅·梦公园旧厂房改造

上海市杨浦区赛特工业园改造修缮

上海市嘉定区南翔公寓改造项目

上海市普陀区顾正红纪念馆扩建

河北省承德市金山岭长城悦苑酒店扩建

云南省曲靖市麒麟区印染厂片区城市更新规划设计

江苏省无锡市梁溪区尔家雅寓改造

北京市东城区隆福寺地区复兴及隆福大厦改造

背景与理念

隆福寺街区位于北京市东城区东四路口西北方位。隆福寺始建于明景泰年间（1452 年），“诸市之冠”的隆福寺庙会一直是清代及民国时期老北京重要的商业场所之一。新中国成立后，东四人民市场在隆福寺旧址建立，改革开放之后又兴建了北京四大商场之一的隆福大厦。隆福大厦在 1993 年失火之后扩建，2004 年停业。2012 年，隆福寺街区复兴计划开始，在城市设计研究工作的基础之上，隆福大厦率先实施具体改造工作，5.8 万平方米的新隆福大厦重新定位为文化办公综合体。而作为原隆福大厦后勤区的一商园区也逐步设计改造完成，成为开放的商业文创园区。2019 年，隆福寺街区向社会开放，并成为北京老城“文化体验消费新地标”。

隆福寺街区的改造更新设计，是一个城市更新具体而生动的样本。设计团队努力践行本土设计理念，以“陪伴式设计”的态度，追求一种渐进式、生长式、混搭式、修补完善式的改造状态。

策略与技术

隆福大厦的改造策略是表里兼顾，上下兼修，大小穿插，新旧混搭，将错就错，顺势而为。

融入街区：在地面层向建筑内部引入街道，并与外部街巷对接。外部通过不同材料组合的盒子以及坡屋顶形态取得了与周边住区在尺度上的融合。

消解体量：结合平面分区，东西两个立面的划分延续并强化三组体块，让长向在视觉上呈现拆解的状态。立面采用双层幕墙，通过外层玻璃反射在一定程度上消解建筑体量。

办公聚落：将办公大堂提升设置于三层，通过东西两个方向直达地面的扶梯与外部城市衔接。四层以上，原商场庞大的标准层化解为适用于办公建筑的尺度。

激活屋顶：屋顶仿古建筑作为遗存被保留翻新，根据文化中心定位整理屋顶空间层次，增加的两面完整红墙定义屋顶的东西边界。高低区建筑形制与色彩的对比强化了仿古建筑的漂浮感。

强化轴线：南立面设置一组红色格栅，将屋顶仿古建筑的色彩体系延续下来，清晰呼应了隆福寺的历史轴线，提示曾经的场地痕迹。

结合现有核心筒位置，标准层被相对均匀地切分成六个办公单元。单元与外部拆解的体量对应，之间设置室外平台，将自然光线引入建筑内部。原商场的中庭被保留改造为光井，东西向单元贴近中庭采光，而中庭南北两侧走廊放大，成为非正式办公场所。更多的光线、通风排烟通过打开原商场的实墙界面来实现。考虑到隆福大厦所处的老城周边环境，立面通过双层幕墙的设置达到一个均衡的效果：内层采用灰色增强水泥纤维板墙体开竖条窗的形式，延续了老城色彩体系；外层设置单元式安全玻璃幕墙，通过反射在一定程度上消解了建筑的庞大体量。同时，双层幕墙形成的烟囱效应促进自然通风，之间的钢板网也预留了布置垂直绿化的条件。结构加固考虑到隆福大厦主楼南北两部分不同的建造年代和结构形式，分别制定加固措施，主要包括：通过增设减震阻尼器；采用增大断面，粘贴碳纤维等措施加固竖向构件；新增设洞口采用包钢和新增钢梁，同时针对预应力梁板开洞制定专门的方案。

解决的实际问题

隆福寺目前已实现“腾笼换鸟”，成功激活老城新活力，项目一期（隆福大厦及一商园区）自 2019 年 8 月底正式营业以来，得到了社会的广泛关注和高度认同。2020 年，隆福寺被列入北京市推进全国文化中心建设中长期规划（2019—2035 年）的“文化商圈”计划，获评 2020 年度“北京市级文化产业园区”“北京十大商业品牌——网红打卡地”，以及“北京文化消费新地标”等。

2020 年 12 月，由中国建筑设计研究院主办的“城市的进化”展览在隆福大厦举办，让对城市的观察和思考成为更多人的共识。于展览同期举办的论坛活动，则云集了知名专家、业主、参展建筑师和行业媒体等众多关注城市更新话题的人士。

西北方向鸟瞰

屋顶空间改造为隆福文化中心

隆福大厦西侧改造前后对比

隆福大厦后院改造后

设计单位：中国建筑设计研究院有限公司

设计人员：崔愷、柴培根、徐磊、任庆英、周凯、白晶、李赫、任重、杨文斌、王磊、张雄迪、匡杰、王松、贾京花、任亚武、刘晓琳、白菲、夏骥、邓雪映、关午军

完成时间：2019 年

项目规模：规划设计规模 1.6 公顷，改造设计规模 6 万平方米

获奖情况：2019—2020 中国建筑学会建筑设计奖—历史文化保护传承创新三等奖、2021 年“北京市优秀工程勘察设计奖”公共建筑综合奖一等奖、2022 年北京城市更新最佳实践奖

北京市东城区国家能源集团主楼维修改造

背景与理念

项目原为汉华国际饭店，立面相对陈旧，与现企业气质不符。基地周边建筑分布混乱且植被绿化率低，原有建筑的外观风格、功能和布局已无法满足新的使用要求。本项目以发现问题、提出解决思路为设计导向，从助力中轴线申遗、有利老城保护、改善区域环境三个方面出发，实施城市更新改造行动。

策略与技术

本项目设计时充分考虑绿色低碳的改造理念，保留原建筑的核心筒与主体结构，保留原有墙体约 30%；充分利用 BIM 技术，解决层高不足和管线综合问题，以保证改造后办公空间的舒适性与使用的便利性；建筑采用三玻双中空玻璃幕墙及可开启幕墙的形式，在过渡季可以保证室内良好的自然通风；采用外墙内保温，保留原有石材幕墙体系，室内增加了内保温，有效降低建筑使用能耗；项目局部采用太阳能光伏玻璃幕墙，新增光伏太阳能发电并网系统，节能环保；局部生活热水利用太阳能热水系统。

解决的实际问题

改造后的项目区域环境品质大幅提升，建筑外观形象完整统一，通过建筑顶部体型切削及色彩材质的协调，削弱建筑体量感。本项目在加强城市空间秩序、促进城市建筑互融、整合建筑体量、匹配企业气质、演绎传统元素、提升城市形象、整合城市资源、改善区域面貌、助力轴线申遗等多维度都卓有成效。

1. 设计创新

建筑形态设计上采用“补齐”与“削减”的手法，设计时充分考虑绿色低碳的改造理念，保留原建筑的核心筒与主体结构，并充分考虑可以利用的原有墙体。改造后建筑整体颜色变浅，玻璃选择高透玻璃，降低反射率，减少光污染。在空间利用上，充分利用 BIM 技术，使改造后 3.2 米层高的办公空间净高做到了 2.55 米。

2. 模式创新

本项目将五星级酒店改造为集团总部办公楼；将玻璃幕墙和外门窗更新，保留原石材幕墙，室内增加了内保温，有效降低建筑使用能耗；对原结构进行整体加固，以满足现行相关规范要求。

3. 运营创新

本项目从区域环境及建筑本身助力轴线申遗，将原酒店功能改为国家能源集团内部办公功能，疏解了非首都功能，优化提升发展布局，降低中心城区人口密度，整合城市界面，创造了良好的人居环境。园区内部减少了两个出入口，且交通流量相对固定，缓解了区域交通压力。

项目更新前后人视效果对比

更新后建筑主入口

更新后建筑室内——小中庭

更新后建筑室内——报告厅

设计单位：中国建筑标准设计研究院有限公司、中国建筑设计研究院有限公司

设计人员：崔愷、刘庆、朱茜、张东华、周宇辰、郁银泉、蒋航军、白树扬、周袁凯、徐立波、孙东、李锋平、侯思雨、韩彦飞、赵研

完成时间：2022 年

项目规模：规划范围 7.178 平方公里，总建筑面积 61092.42 平方米

获得奖项：中国建设科技集团股份有限公司 2022 年度优秀工程设计奖二等奖、入选 2022 年度中国城市更新和既有建筑改造典型案例

重庆市南岸区重庆市规划展览馆迁建

背景与理念

重庆市规划展览馆迁建项目选址于长江南岸滨江带弹子石广场南侧，处于长江与嘉陵江交汇处，与朝天门码头、重庆大剧院隔江相望，位置极佳。高速发展的城市化进程，使本项目周边特有的山水格局逐步丧失。作为南滨路 1.3 公里城市会客厅的起点，重庆市规划展览馆将带动南滨路滨江地段的整体城市更新工作。

策略与技术

通过对原有功能进行置换，梳理交通关系、提升环境品质，从公众服务角度出发进行局部改造，打造南滨路城市会客厅的核心，以此丰富长江南岸的城市公共空间体系。改造设计中，增建坡道作为“山城步道”，缝合山水；曲面外幕墙呼应巴渝重檐与江水的双重意象，体现了重庆市规划展览馆的公共性与地域性。从低碳理念出发，基本保留原建筑结构体，减少拆改量；遮阳幕墙降低空调运营成本，调节公共空间舒适性，营造“市民的建筑”。

解决的实际问题

如何在原有建筑体系上，实现加建轻量化？结构设计结合原建筑体系，与原建筑 8.4 米开间的轴网相拟合，与原建筑结构、空间实现一体化。结构形态贴合幕墙基准面，将曲面幕墙结构设计为整体的空间结构系统。主支撑柱底部落于原柱点上，柱子临江方向偏移 15 度，形成统一的结构空间序列。主幕墙柱上设置楔形梁，楔形梁靠近临江面及建筑室外平台一侧截面减小。

如何实现复杂的“山城屋檐”幕墙效果？为了实现良好的建成效果，选用了蜂窝铝板作为幕墙板材料。由于蜂窝铝板难以弯曲为双曲面，直接划分原幕墙基准面的方法不可行。因此运用参数化方法将幕墙板进行优化，最终选择将双曲面幕墙板全部简化成平面板作为幕墙板优化方法，并采用砖墙的纹理划分幕墙基准面，减少平面板带来的折线感，使整个幕墙体系更具有连续性，同时缩短施工工期。

重庆市规划展览馆区位图

改造前后对比

夜景效果

设计单位：中国建筑设计研究院有限公司、中煤科工重庆设计研究院（集团）有限公司

设计人员：崔愷、景泉、徐元卿、施泓、李健爽、张翼南、颜冬、廖望、耿碧徽、张婕、张泽群、杜永亮、马玉虎、张晓旭、朱燕辉、税嘉陵

完成时间：2021 年

项目规模：建筑面积 17000.47 平方米

获得奖项：2021 年度重庆市优秀城乡规划设计二等奖

广东省广州市海珠区珠江啤酒厂包装车间改造

背景与理念

广州市总体城市设计指出重点塑造 14 个滨水公共空间，赋予不同空间主题，沿珠江前航道打通珠江活力水环。同时塑造北起燕岭公园、南至海珠区南海心沙岛，全长 12 公里的现代城市中轴线。珠江啤酒厂正位于滨水空间与城市轴线的交叉点，广州塔一侧的琶洲西侧。琶洲未来将高水平规划建设互联网创新集聚区，对标国际先进创新区域。厂区附近将聚集大量的电商总部物业，包括阿里巴巴、小米等知名高新产业公司的总部。珠江啤酒厂区用地性质为文化设施用地，兼容商业设施用地及商务设施用地。其中包含规划绿地、规划广场用地和道路用地等非经营性市政配套及公共服务设施。经过几轮改造，保留了最具特色的酿造工业文化遗产，同时具有了一定知名度。包装车间位于厂区中部，是厂区内最大平面尺寸的建筑，一侧相邻景观轴线，面朝珠江背靠城市公园，区位优势明显，改造后形成的商业文化总体将被高端创意的城市生活、青山绿水的景观环境、酿造工业文化遗产所环绕。

策略与技术

方案力求延续工业遗产文化，结合时尚生活体验，最终将包装间改造成地区标志性的商业文化综合体。原包装间为两层建筑，方案保留首层部分钢筋混凝土结构，拆除二层的简易屋顶和大跨排架，采用中心支撑钢框架 + 钢桁架结构支撑新建二层建筑体量，使新建钢结构与旧结构完全脱开，首层空间塑造了寓新于旧的商业氛围，二、三层空间则展现了现代钢结构建筑简洁且富有张力的特征。

方案重视城市与珠江的联系，首层通过一条斜切的轴线和宽窄不一的城市通廊将城市与珠江联系起来，让人们可以轻松的走到江边，同时也让琶醍步行街的活力融入建筑之内。二、三层建筑体量呼应原有厂区建筑的尺度，并相互错动，形成大大小小的露台，提供大量观景、对望、商业外摆的空间，丰富了建筑的商业体验。建筑之上覆盖“云手”金属屋顶，为下面的商业空间遮阳避雨，并形成了独特的滨江风貌。

解决的实际问题

1. 设计传承珠江啤酒厂的企业文化特色，引进国际最新设计理念。追求工业遗产的文化延续以及时尚的生活体验，最终将该项目建成琶醍地区标志性的商业文化综合体。

2. 设计正确地贯彻国家的有关方针、政策及相关规范规定。造型美观、新颖、富于变化，与环境协调，有创新的构思，富有时代感。设计之初就进行多种布局比较，平面布置紧凑合理，适应用地条件，功能分区明确，指标合理，充分合理利用空间，使有限的空间能发挥更大的作用。设计能体现工程的完整性及各工种的协调性，各配合工种的设计也符合国家有关标准和规定。节能、节水、节电相关措施有力，技术、经济综合效益明显，采用了新理论、新结构、新技术并经过合理的推论与审查，在旧建筑改造方面设计水平处于国内同类领先水平。特别是屋顶平台之上的“云手”金属屋顶设计，为其下面的商业空间遮阳避雨，同时形成独特的滨江风貌。建筑体量整体采用玻璃幕墙材质，突出保留旧结构之间的对比和建筑的体量关系。屋顶平台上表面采用防腐木地板，使建筑外观更富有亲和性，下表面采用镜面不锈钢和平板灯材质，增强与下部商业空间的互动。建筑形体在主入口和沿江一面具有较大的出挑和错动，配合曲面屋顶，形成沿江的主要景观和标志性入口形象。

3. 原包装间为两层建筑，9 米的层高和非常规的柱网是包装车间首层的独特价值，拆除重建意味着时代印记和工业特征的消失殆尽，设计保留首层部分钢筋混凝土结构，拆除二层的简易屋顶材料和大跨排架结构，创新地采用中心支撑钢框架加钢桁架结构，使得上层新建钢结构与首层旧结构完全脱开，获得灵活且富有特色的空间，寓新于旧，首层旧结构保留率达 79.5%，新建的二、三层采取自重较轻的钢结构进行建造，充分利用底层结构承载力且便于施工，完成后形成悬挑、错位、室内钢节点暴露等具有现代建筑工业化建造特征的建筑空间，与首层保留的旧工业空间形成持续对话。

4. 围合空间上方的曲面屋顶通过 Y 形巨柱实现了大跨度，通过将屋顶空间撑开、尺度拉大和一体化设计，形成了轻盈优美的曲面屋顶和屋顶景观平台，屋顶的错落平台及绿化设计不仅让使用者更好的欣赏滨江风景，同时也满足了绿色设计的相关要求。

珠江啤酒厂改造前

珠江啤酒厂改造前内部

珠江啤酒厂改造设计效果图

珠江啤酒厂改造设计内部效果图

设计单位：中国建筑设计研究院有限公司
设计人员：崔愷、吴朝辉、肖晓丽、孟星宇
完成时间：2021 年
项目规模：4.2 万平方米

山西省太原市滨河体育中心改造扩建

背景与理念

中国很多城市现代化发展的历史并不长，除了那些被认定的能够反映历史风貌和地方特色的文物保护建筑，兴建于二三十年前的建筑也书写着城市的历史，代表了城市的特色标识和公众的时代记忆。老滨河体育中心代表了城市更新中一个普遍存在的类型：外部形象落后于日新月异的城市环境，既有功能空间设施陈旧但仍有使用价值，改造后需延续在城市中的既有角色。相比于“一拆了之”简单粗暴的做法，通过针对性的研究、精细化的利用，合理地提高既有建筑能效，增强实用性及舒适性，拓展地下空间，优化建筑结构，使建筑实现新时代的使用功能。

策略与技术

通过既有场馆改造扩建，保留旧有痕迹的同时赋予新的活力。将场地较小的副馆和主馆形象较混乱的外部平台进行整体拆除，保留的部分采取增加阻尼器、粘接钢板及钢筋网片等方式进行加固。对场馆空间效果进行优化，包括提升通高入口空间，新建公共空间，增强室内外空间互动，新建地下的大体量车库，改造为贵宾包厢、无障碍电梯、运动员休息室等。除场馆的改扩建以外，地块东部的代征绿地在政府协调下统一设计为体育公园；北侧地块的北区网球中心以及周边道路、市政设施，一并纳入城市设计更新范畴。

解决的实际问题

本项目是太原市承办第二届全国青年运动会最主要和唯一位于城市中心区的场馆建设项目，同时作为区域标志性公共建筑及滨河休闲带的重要空间节点，从城市运营维度，它的建设引导了政府对城市既有建筑保留利用和更新改造的重新定位；改造策略的选择和落实，也体现了城市管理者通过提升公共服务设施服务能力，和提升民生幸福指数的决心。它不仅良好地解决了旧建筑改造、功能提升的常规体育赛事需求，补充了赛后场馆全周期运营所需的功能需求，更重要的是借由建筑改造实现了城市功能修补和生态修复，给周边区域带来新鲜的活力。除了顺利完成青运会的赛事外，项目的建成，切实改善了区域城市风貌，优化了服务功能配置，已成为市民进行多元活动的场所，是城市绿色可持续发展的示范。

改造扩建前后对比

改造扩建前后对比

设计单位：中国建筑设计研究院有限公司

设计人员：崔愷、景泉、徐元卿、李静威、张翼南、施泓、陈越、朱琳、常立强、邓雪映、关午军、段进兆、刘炜

完成时间：2019 年

项目规模：7.3 万平方米

获得奖项：北京市优秀工程勘察设计奖城市更新设计单项奖一等奖

陕西省宝鸡市文化艺术中心设计

背景与理念

宝鸡曾是我国西北地区重要的工业基地和铁路交通枢纽城市，而在国家产业逐步转型的过程中，城市却逐渐失去了活力。2013 年宝鸡市要求在老城区的中心地带设计集多种市民文化艺术活动功能于一体的大型公共建筑群。在这处处能够感受到旧工业气息的环境中为当地市民设计崭新的文化活动场所，满足当地人对新文化生活的需要，如何处理好“旧”和“新”的关系，是此项目最核心的挑战。

本项目用地地处老城区中心，金陵河和渭河交汇口的东北角，项目用地呈不规则形状，南北长约 500 米，东西宽约 200 米。这里曾是重点国有企业宝鸡市卷烟厂的老厂区，该厂区规模大，建筑保存完整，其中老联合厂房建于 20 世纪 70 年代，具有典型的大跨度混凝土工业建筑的特点。此外，14 层的职工宿舍还是宝鸡市第一栋高层建筑，其结构依然完好牢固。老厂区内浓郁的时代记忆和丰富的历史信息，是展开建筑设计的一条重要线索。

策略与技术

整个项目共设计建造了五栋公共文化艺术建筑，它们分别是音乐厅、科技馆、群众艺术馆、图书馆和青少年活动中心，总建筑面积近 10 万平方米。

为了保留场所记忆，减少建筑全生命周期对环境的压力，决定采用保留工业遗产的策略，将原场地上存在的工业遗存进行加固和翻新，并将文化和活动功能植入，让工业遗迹和城市文化生活形成并存的场景，一方面使这些遗产的历史信息和场所记忆得以留存；另一方面也为城市文化生活提供了新鲜感和兴奋点。

设计以保留体量最大的“C”形老联合厂房和高层宿舍楼为前提，利用连续的“几”字形体量将它们串联在一起形成一个整体，“新”与“旧”相互连接，各部分使用功能彼此串联互通。建筑造型上提取中国古代庑殿顶传统屋面形式的特点，设计了高低错落、曲折连续的曲面屋面，使建筑群形成整体统一的沿街及沿河立面。建筑完整的形态满足了作为城市中心大型公共建筑的标志性和强烈视觉印象的要求，而连续曲折的体量围合成的中小尺度空间也为游客提供了丰富而亲切的活动场域。

在外立面设计上，因为宝鸡是我国钛金属主要产区，建筑外墙材料选用了类似钛金属色泽的金属板和金属格栅。金属格栅立面的排版设计利用了参数化的设计手段，在建筑外墙开窗的区域将金属格栅进行点云状翻起，既保证了室内采光通风功能的实现，也在不同角度上，为建筑外立面带来了柔和、浪漫的变化。浅金色的建筑群，沿水平方向舒展绵延，沉稳而又不乏动感，端部昂然高起的塔楼，是整体建筑的收束，也是周边城市环境的制高点，使建筑成为城市中心区的新地标。

项目的景观设计采用了工业记忆与生态自然相结合的手法。铺地所使用的红砖一部分来自已经拆除的砖混结构厂房，起伏的微地形草坪和自由点状种植的树木缓解了大尺度公共建筑带来的压迫感，徜徉在园区内，可以感受到绿色生态与历史遗存之间产生的微妙张力。

解决的实际问题

项目中设计的音乐厅、科技馆、群众艺术馆、图书馆和青少年活动中心五栋公共文化艺术建筑，这些功能满足了宝鸡市当地市民日常的文化艺术活动需求，为城市补充了长期缺失的城市文化艺术功能。这五大场馆除了能够独立运营，发挥各自基本的使用功能外，也具备联合开展如文化月、文化周、文化节等大型文化艺术类公共活动的条件。这五个建筑共同构成的文化中心园区，也发挥了城市名片和城市会客厅的功能，满足游客参观、承办会议和文化演出活动的需要，成为当地市民休憩放松的场所。

改造前的宝鸡卷烟厂俯瞰

建成后鸟瞰实拍图

沿金陵河侧连续立面

设计单位：中国建筑设计研究院有限公司

设计人员：崔愷、时红、王可尧、陈梦津、刘洋、宋旻斐、冯君、顾大海、余晓东

完成时间：2019 年

项目规模：建设用地面积 86669.207 平方米，建筑面积 101260 平方米

浙江省丽水市龙泉县国镜药厂 3 号地块改造

背景与理念

龙泉城市会客厅位于浙江龙泉市西部，北邻龙泉溪和凤凰山，场地原址包含国镜药厂及其周边数片民居，上位规划将其更新改造为文创及商业街区，邀请不同的设计机构进行集群设计。设计范围由保留的园区主路自然划分为南北两区：南区原址属于国镜药厂，原始厂房及办公楼从南至北依次排列，树木穿插其间；北区原为民居，地块中央保留了三栋不同形态的民宅及一幢灰砖水塔。南北两区一个简明有序，一个错综有机。

策略与技术

地块整体运用了“织补”的设计理念。南区原有生产、办公用房尚能满足功能使用，为了延续场所记忆，保留了既有建筑和树木，运用传统园林中的游廊将建筑与建筑、建筑与环境“织”为一体，给工业感的场地带入了人文气质。北区的山水条件决定了场地内的建筑布局。若干条南北走向的街巷通向江边，其中位于场地西部、由南区向北延伸而来的一条路径尺度逐渐扩大，在北端形成眺望山水的平台。东西方向，引入两条街巷将地块进一步细分，串联起两侧地块和中间多处节点空间。三座民宅及水塔在形态和朝向上与新建部分正交为主的几何秩序存在差异，使原本井然的肌理更加生动有机。

解决的实际问题

南区 17 号厂房中部的预制混凝土桁架是场地中最具特色的结构形式，连续双坡屋面和红色砖墙也是工业遗存的典型特征。以此作为形式起点，坡屋顶向南扩展形成代表园区门面的游客中心大厅，纳入 18 号、19 号两座小体量平屋顶建筑；向北延续两跨双坡屋面，覆盖原有的一层空间，将其扩展为文创、展示所需的两层空间，屋面犹如悬浮在红色砖墙之上。16 号厂房原由多榀两跨门式钢架构成，设计将中部数榀钢架平移，形成下沉室外球场，使原本巨大完整的体量消解在自然环境之中。厂房西侧宽裕的绿地和道路形成未来园区南北向的公共空间轴线，利用脚手架和阳光板，将其解构为屋面相互搭接的若干单元，在树木之间、从南至北构建起姿态轻盈、连续曲折的游廊，填补却不封闭这一区域，从而形成本地块和西侧地块之间的过渡场所。

“织”的策略奠定了北区街坊的结构关系和建筑尺度，侧重对其整体状态的指引。通过提炼原型和归纳类型，将若干种模块单元作为构成街坊的主体。功能体块的错动在产生丰富多变外部形态的同时，也自然形成多进院落，使原本密集的街坊空间多孔、透气，阳光和空气得以渗入。此外，在边缘、角落加以变形，从而顺应多变的周边状态或塑造曲折的街巷空间。原型和类型的确立使无序变得有序，看似丰富多变其实内含逻辑。

场地中原有的民居和厂房肌理

新老建筑与树、廊形成一个有机整体

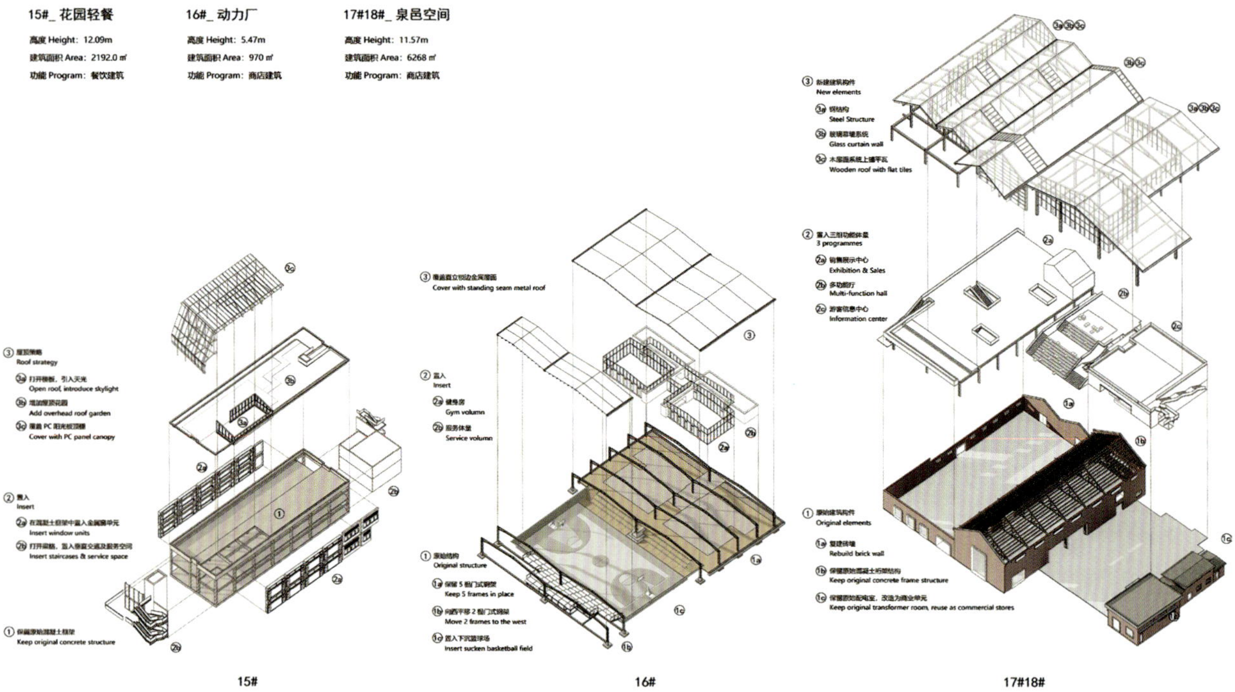

原工业建筑的改造策略

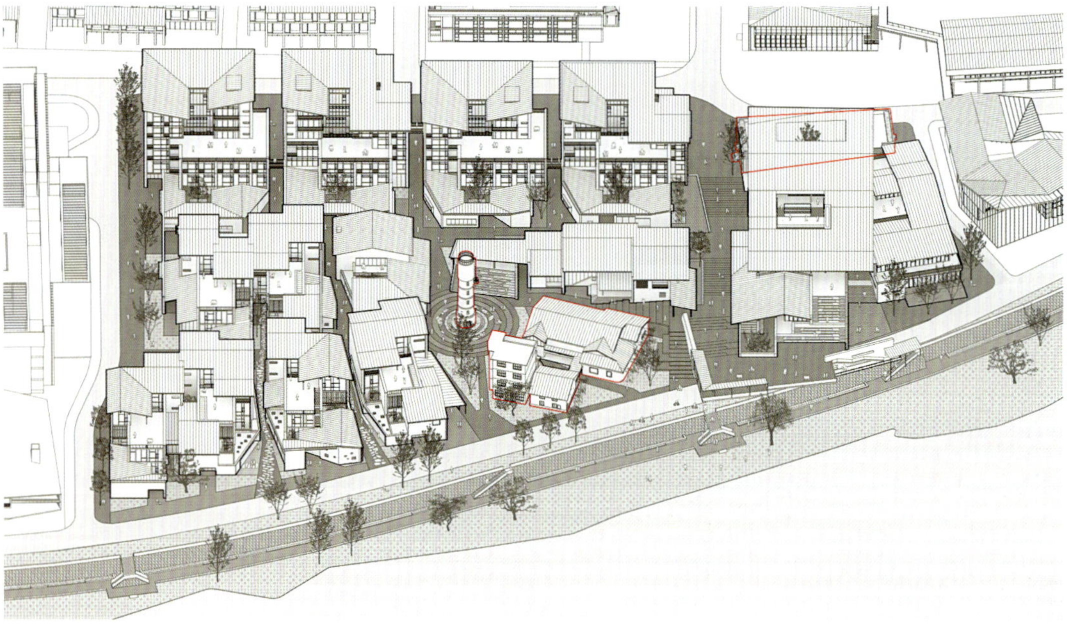

保留建筑与新建筑之间的有机结合

设计单位：中国建筑设计研究院有限公司

设计人员：崔愷、邢野、曾瑞、周益琳、高凡、沈晓聪、谢建东、邓笑欢、郑碧芳、何相宇、朱凯泽、陈渊铭、林晓萍、刘辉、姚军

完成时间：2023 年

项目规模：南区建设用地面积为 13610.9 平方米，建筑面积为 10037.3 平方米；北区建设用地面积为 24760.5 平方米，地上建筑面积为 33355.85 平方米，地下建筑面积为 14901.48 平方米

湖北省武汉市武汉大学城市设计学院改造

背景与理念

武汉大学城市设计学院坐落于依山傍水的武汉大学老校区内，站在旧楼的屋顶，向北越过宿舍可眺东湖，向南眉睫之内即郁郁葱葱的珞珈山麓，山顶为著名的武大民国建筑群的“樱顶”所在，学院的地理位置和风景资源得天独厚。

策略与技术

基地标高变化复杂，自然环境优美，交通繁忙。建筑布局为场地中央的大樟树腾退出生长空间，局部架空首、二层形成过街楼，进而结合中心庭院的设计，营造出贯通场地南北的校园公共空间，南向连接上山步道，北向联系宿舍区。场地南侧狮子山树木繁茂，建筑南向布置专业教室，由低到高层层出挑接近树林，设置室外阳台，使师生在建筑中望眼即见绿色，开窗即闻蝉声。

解决的实际问题

方案从设计学院教学空间的需求特征出发，打破由墙体划分空间的传统教室模式，通过错层形成丰富活跃的空间关系，以高差区分不同班级的专业教室，形成纵向贯通的阶梯状“大专业教室”。这种教室单元的组合方式使各班级空间相互渗透，形成连续的视线关系，鼓励跨学科、跨年级的交流。

建筑南北立面由于空间和功能的差异形成了截然不同的建筑表情。布置于建筑南侧连续的专业教室，以错落有致的重复单元形成了南立面的基本形象，而大量出现的斜撑则暗示着建筑层层出挑的结构合理性。在那些由棕红色骨架与玻璃形成的专业教室典型立面单位之外，大面积的玻璃幕墙如实反映了其内部空间的公共属性。

建筑北侧各层均为平层，为加强自然通风、便捷交通而跳跃出现的空洞打破了均质立面的沉闷，而规律变化的窗墙划分更使北立面显得高效而不失活跃。建筑北立面的大部分区域都笼罩了孔雀蓝色的金属格栅，并以厚度和色彩的差异进一步加强变化。在西北角，格栅幕墙向上掀起，在形态上呼应了武汉大学传统建筑翘曲的屋面曲线，在功能上也与建筑的西侧入口及多功能厅入口结合，形成了积极的校园空间。

策略与技术

武大校园文化底蕴深厚，校内历史建筑保存完好，四处洋溢着浓郁的人文气质。城设楼设计汲取历史建筑的语言要素，并以现代建筑语言和材料进行转译，使新建的教学楼恰当地融入校园的人文环境之中。新系馆北侧的孔雀蓝格栅幕墙，在西北角向上掀起，呼应了武汉大学传统建筑翘曲的屋面曲线和青绿色调。建筑平缓的四坡屋顶出檐，覆以绿化种植，呼应传统形式的同时体现绿色低碳的时代精神。棕红色的玻璃幕墙框料以及阳台栏杆扶手以简洁现代的形式语言体现了武大传统建筑中棕红色木质门窗的神韵。城设楼历经多次改造，承载着人们的校园生活记忆。设计格外珍视老楼的场所记忆，对外廊、樟树展厅、阅览室、格栅、屋顶等重要的空间场景或建筑要素进行了还原或演绎性的重现，呵护使用者的情感，让回忆在岁月中不断延续。

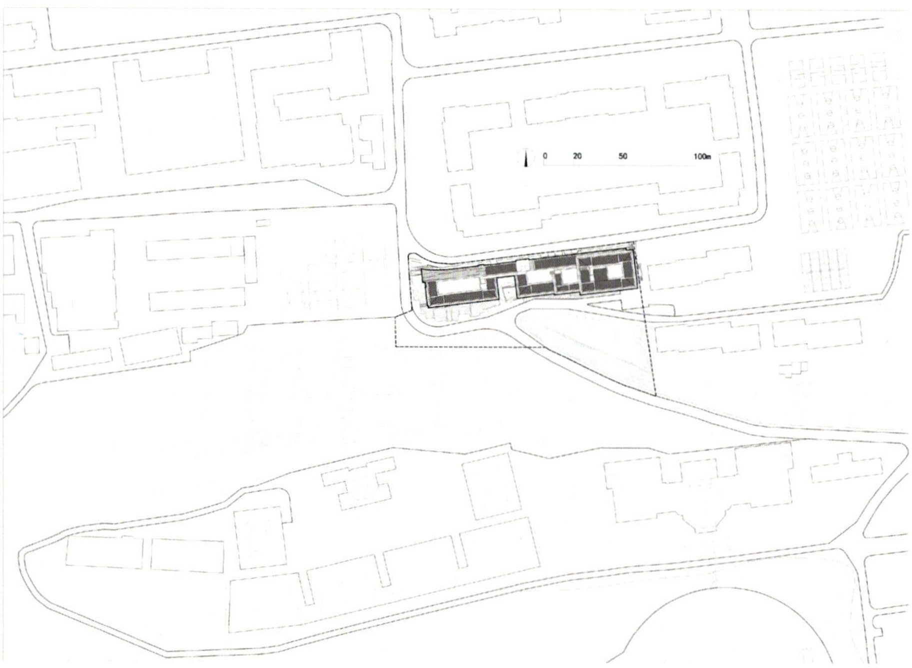

项目总图

城设楼南侧山麓鸟瞰

场地轴测图

建筑剖面功能示意图

建筑南北立面的不同表情

设计单位：中国建筑设计研究院有限公司

设计人员：崔愷、喻弢、胡水菁、曹洋、张笑彧、周益琳

完成时间：2022 年

项目规模：13288 平方米

四川省成都市安仁大匠之门文化中心工程设计

背景与理念

建筑所在的安仁古镇位于四川省成都市西南部，除典型的川西民居外，民国时期折衷主义风格的公馆建筑成为塑造城镇空间与文脉特征的重要部分。项目用地位于古镇市民和游客集散的中心广场，是南北向传统街区肌理的边缘和中心古街的尽端，广场的另一侧是现代城镇规划形成的斜向大尺度街区。设计以一组自西向东尺度逐增、渐次抬升的坡屋顶群，回应、连接和重塑场地的空间秩序，提供坡屋顶覆盖之下的多样功能与开放公共空间。

策略与技术

文化中心在复杂而敏感的场地环境中建立了一套空间形式与支撑结构耦合系统：东侧自城镇路网和大尺度现代建筑始，以 6 米 ×6 米模数的网格限定了 18 米和 12 米两种尺度的体量进深及 6 米的灵活面宽，街角的大双坡顶切分演变为单坡并向西跌落成与街道平行的小双坡顶，尺度亲切的檐廊向外塑造了连续的水平灰空间，向内围合出制式工整的四水归堂和三合内庭；西侧自陈月生宅的格局和尺度始，双坡顶并置扩展向东绵延。

文化中心将混凝土片拱墙作为面宽 6 米阵列的结构构件，通过适配不同进深和高度的坡顶体量，形成或横扁或高瘦的多样椭圆拱形。在外侧，混凝土片拱墙借由内保温或夹心保温的节能措施以清水面外露、内嵌灰砖形成实墙面，兼具建构真实性和抽象表现力，塑造城镇或内庭界面，拟为“传统的山墙”；北侧水平屋檐的中部设置转向的特殊片拱墙，屋顶骤然隆起形成入口与广场，与对侧的中学入口相对，成为“折中的牌坊”；西侧纵向空间尽端的片拱墙内玻璃界面形成框景，将作为此空间序列起点的老宅院借入室内，是为“当代的橱窗”。在内侧，各片拱的位置和形态与屋顶的类型关系一一对应，逻辑缜密而错综变化的混凝土拱林使坡顶下的传统空间特征逐渐式微，营造似密林、似洞穴般的原初、深沉氛围。

片拱上部架设横向木檩条形成屋架，赋予空间具体尺度参照物和传统坡顶材质属性。外露的圆钢管与藏于墙顶交接处的暗梁，共同形成了片拱之间的纵向结构联系，X 形钢拉杆则保证了平面稳定性，以现代工业的精度和抽象感调和了混凝土与木材的氛围基调。最终，框架结构体系的均质网格特征被异化为强表现的横向片拱墙和弱表现的纵向联系，柱梁的构件之别被模糊为拱形修饰或被强化为混凝土和钢。混凝土、钢、木三种外露构件真实地参与到同一个建筑的结构受力系统中，具有了刻意选取展品或保存样本般的特殊意义，在某种程度上映射了古镇多段历史建造共时共存的在地文脉。而介于结构必要与非必要之间的、结构形式修辞呈现出的混合空间氛围，则成为公馆建筑形制在当代语境中的一种延续。

解决的实际问题

项目的庭院和屋顶步道向古镇空间开放，为市民和游客提供了可供休憩玩赏的开敞公共空间。庭院由老宅庭院水系延伸而成，置石堆叠的自然池岸化为几何形的镜面浅水，空间由掩映遮蔽变得舒朗通透。沿庭院的假山楼梯拾级而上，游走于起伏的屋顶栈道，时而沉至天沟被两侧屋顶包裹，时而登至屋脊观览周围景致，层叠的屋顶连绵铺陈，在树林的掩映下似与老宅相接，并向古镇延伸远去，以房拟山的象征性意义得以完整构建。它将与场地锚固、自历史而来的建筑建构系统重新抽象为可以被身体感知的丰富意象，塑造了古镇核心区充满可能性的公共空间，激发古镇的当代生命活力。

西北鸟瞰图

主入口

音乐厅

建筑与水庭

设计单位：中国建筑设计研究院有限公司、中国建筑标准设计研究院有限公司

设计人员：李兴钢、刘振、陈译民、何相宇、刘洞阳、朱琳、汪春华、蒲域、郭文嘉、陈晓晴、唐艳滨、张明杰、张继、李力、丁志强

完成时间：2021 年 10 月

项目规模：用地面积 12806 平方米，建筑面积 7682 平方米

获得奖项：2023 年“北京市优秀工程勘察设计成果评价”建筑工程设计综合成果评价（公共建筑）二等成果、2023 年“北京市优秀工程勘察设计成果评价”人文建筑设计单项成果评价二等成果、2021 年第十一届中国国际空间设计大赛金奖

北京市石景山区首钢老工业区西十冬奥广场倒班公寓“仓阁”（首钢工舍智选假日酒店）设计

背景与理念

首钢集团始建于1919年，在百年的发展历程中积淀了丰厚的历史文化底蕴，是中国冶金工业的一面旗帜。2008年前后，首钢实施史无前例的大搬迁，在北京长安街西端留下一片占地8.63平方公里的老工业区。北京成功申办2022年冬奥会和冬残奥会之后，政府决定冬奥组委入驻首钢，推动这一区域的复兴。

北京冬奥组委办公区“西十冬奥广场”位于首钢老工业区最北部，这里曾是首钢炼铁厂的料场。为满足冬奥组委员工倒班住宿需求，首钢集团决定在空压机站、返矿仓、低压配电室、N3-18转运站等4座废弃工业建筑的原址上新建一座经济型酒店，配套餐饮、超市、洗衣、健身等功能，使之既能够为冬奥组委服务，也能独立对外经营。

工程于2016年5月开工，2018年5月竣工，同年11月正式开业，命名为“首钢工舍智选假日酒店”。

策略与技术

设计最大限度地保留了原来废弃和预备拆除的工业建筑及其空间、结构和外部形态特征，将新结构见缝插针地植入其中并叠加数层，以容纳未来的使用功能：下部的大跨度厂房——“仓”作为公共活动空间，上部的客房层——“阁”漂浮在厂房之上。被保留的“仓”与叠加其上的“阁”并置，形成强烈的新旧对比。同时，“仓”的局部增加了金属雨篷、室外楼梯等新构件，“阁”则在玻璃和金属的基础上局部使用木材等具有温暖感和生活气息的材料，使“仓阁”在人工与自然、工业与居住、历史与未来之间实现一种复杂微妙的平衡。

新旧建筑相互穿插创造出一个令人兴奋的内部世界：“仓阁”北区由一高炉空压机站改造而成，原建筑的东、西山墙及端跨结构得以保留，吊车梁、抗风柱、柱间支撑、空压机基础等极具工业特色的构件被戏剧性地暴露在大堂公共空间中，新结构则由下至上层层缩小，屋顶天光通过透光膜均匀漫射到环形走廊，使整个客房区域充满宁静氛围，错落高耸的采光中庭在“阁”内形成颇具仪式感的“塔”形内腔，艺术灯具从天窗向下垂落，宛如一片轻盈虚透的金属幔帐，柔化了宁静硬朗的空间形式，与原始粗犷的工业遗存形成鲜明对比；“仓阁”南区由原返焦返矿仓、低压配电室、N3-18 转运站改造而成，3 组巨大的返矿仓金属料斗与检修楼梯被完整保留在全日餐厅内部，料斗下部出料口改造为就餐空间的空调风口与照明光源，上方料斗的内部被别出心裁地改造为酒吧廊，客人穿行其间，获得独一无二的空间体验；客房层出檐深远，形成舒展的水平视野，在阳台上凭栏远眺，可俯瞰改造后的西十冬奥广场和远处石景山的自然风光。

设计过程中，建筑师与结构工程师密切配合，对原建筑进行全面的结构检测，确定了“拆除、加固、保留”相结合的结构处理方案；使用粒子喷射技术对需保留的涂料外墙进行清洗，在清除污垢的同时保留了数十年形成的岁月痕迹和历史信息。

解决的实际问题

“仓阁”的设计，体现了建筑师对人、建筑、环境相互关系的哲学思考。工业遗存被视为一种特殊的“自然”，亦是一种需与之对话的场地条件，新建筑以适当方式介入其中，与“废墟自然”对话互动，创造出一种新的美学品格。

相对于国内外多种多样的工业遗存改造实践，“仓阁”从设计之初就将中国文化精神植入其中，从楼阁、游廊、屋檐、退台等中国传统建筑意匠，到人们步入其中体会到步移景异、纵横游弋、起承转合的空间感受，力图探索一种中国式的工业遗存改造方式。

“仓阁”虽体量不大，却是西十冬奥广场各单体中旧建筑保存最完整的一座，设计尊重工业遗存的原真性，延续首钢老工业区的历史记忆，通过新与旧的碰撞，使场所蕴含的诗意和张力得以呈现，它曾经是首钢生产链条上不可或缺的一个节点，今天则是城市更新和老工业区复兴的一次生动实践。

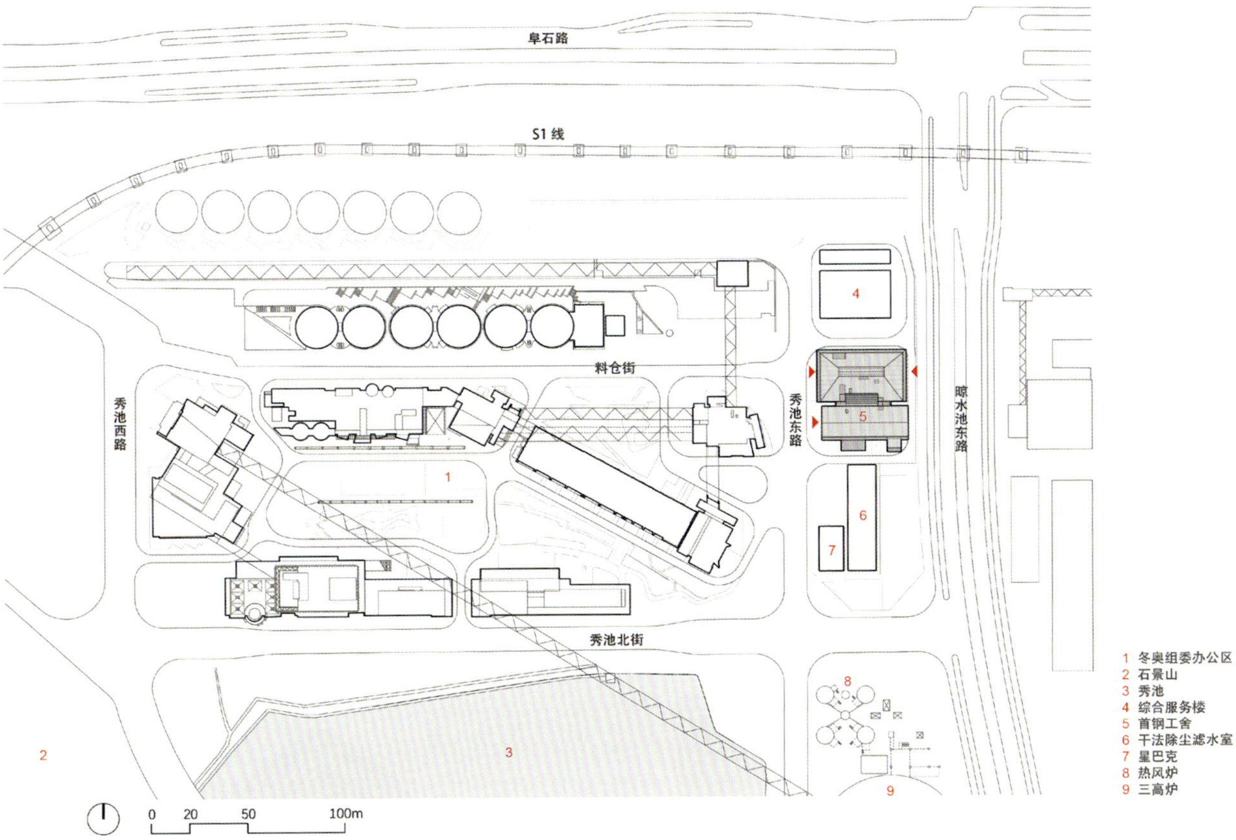
阜石路
S1线
料仓街
秀池西路
秀池东路
晾水池东路
秀池北街
1
2
3
4
5
6
7
8
9
0
20
50
100m
1 冬奥组委办公区
2 石景山
3 秀池
4 综合服务楼
5 首钢工舍
6 干法除尘滤水室
7 星巴克
8 热风炉
9 三高炉

总平面

项目现场图

改造前后对比

设计单位：中国建筑设计研究院有限公司

设计人员：李兴钢、景泉、黎靓、郑旭航、王树乐、申静、祝秀娟、高学文、曹阳

完成时间：2018 年

项目规模：总建筑面积 9890.03 平方米

获得奖项：中国建筑学会 2019—2020 建筑设计奖公共建筑一等奖、历史文化保护传承创新一等奖；2021 年度行业优秀勘察设计奖建筑设计一等奖

安徽省合肥市第十四届中国国际园林博览会园博小镇设计

时空游廊——园博小镇一期 S1-7 北入口片区

背景与理念

合肥骆岗中央公园第十四届中国（合肥）国际园林博览会会址围绕“生态优先　百姓园博”的办会主题，把“人民城市人民建、人民城市为人民”“人与自然和谐共生”“城市有机更新”等重要理念，始终贯穿于园博会筹办工作，推动“老机场建新园博”，打造群众身边的生态惠民工程。

合肥园博园利用原骆岗机场建设而成，基于合肥城市核心区发展南移、人民群众对于绿色生态环境的高品质需求打造而成。总体布局“三区一馆”，包括百姓舞台展区、生态园林展区、城市更新展区和城市建设馆。同时，还以各具特色的 31 个国内展园和 7 个国际展园，充分展示国内外园林艺术精品，尽显中国传统园林文化锦绣乾坤。

总平面实景图

策略与技术

园博小镇（一期）S1-7 北入口片区场地中有四栋保留下的既有建筑，同时也有很多遗留下的“旧砖旧瓦”，如何利用这些旧砖旧瓦，在“新”设计中发挥它的作用，屋面瓦完全采用“旧瓦”铺设，整修墙面最大限度采用“旧砖”。基地外侧临近主要道路处及基地中间区域保存有较为完好的水杉树木，保留这些树木并与整个地块既有建筑和景观进行一体化更新设计成为主要任务。

白天鸟瞰实景

夜间局部实景

将场地现状建筑和树木的更新重生作为首要原则，新旧建筑有机融合，通过时空游廊的联系，云龙穿梭于既有的建筑与植物，多元化商业业态的引入，零售、餐饮、烘焙、亲子娱乐……形成充满活力的新生组团；三银超级节能玻璃、智慧灯光等科技新技术与材料与“老砖老瓦”和谐共生。

室内实景

设计单位：中国建筑标准设计研究院有限公司
设计人员：李存东、张欣、胡若谷、李梦磊、单思聪、王雨、王官胜、王学超、白志艳
完成时间：2023 年
项目规模：2241.5 平方米

星空小镇——园博小镇二期、三期

背景与理念

园博小镇（二期、三期）位于园博园城市更新片区，地处园博园核心地带，以“保留记忆 · 新老对话”为主题，打造生态化更新理念之下的航空记忆园博小镇，展会结束后，其将作为骆岗中央配套街区向市民开放，打造全国城市更新示范项目。

策略与技术

对既有建筑进行了详细调研和结构检测，同时详细测量了现场的植被信息，并将有保留价值的塔台、景观小品、油气设施等构筑物进行一一记录。另外，分析和调研了国内外多个成功案例，比较得出本案应由“生态绿地变更”“公共空间介入”“借助展会发展”三类模式复合驱动的结论。

设计以“蓝绿一体”“空天创新”“共享永续”“以改替建”四个设计策略来回应“生态”“科技”“人文”“历史”四个规划愿景。打造国家城市更新示范工程。将改扩建后的二、三期用地，设计成为一个生态化更新理念之下的航空记忆园博小镇，叫作“星空小镇”。

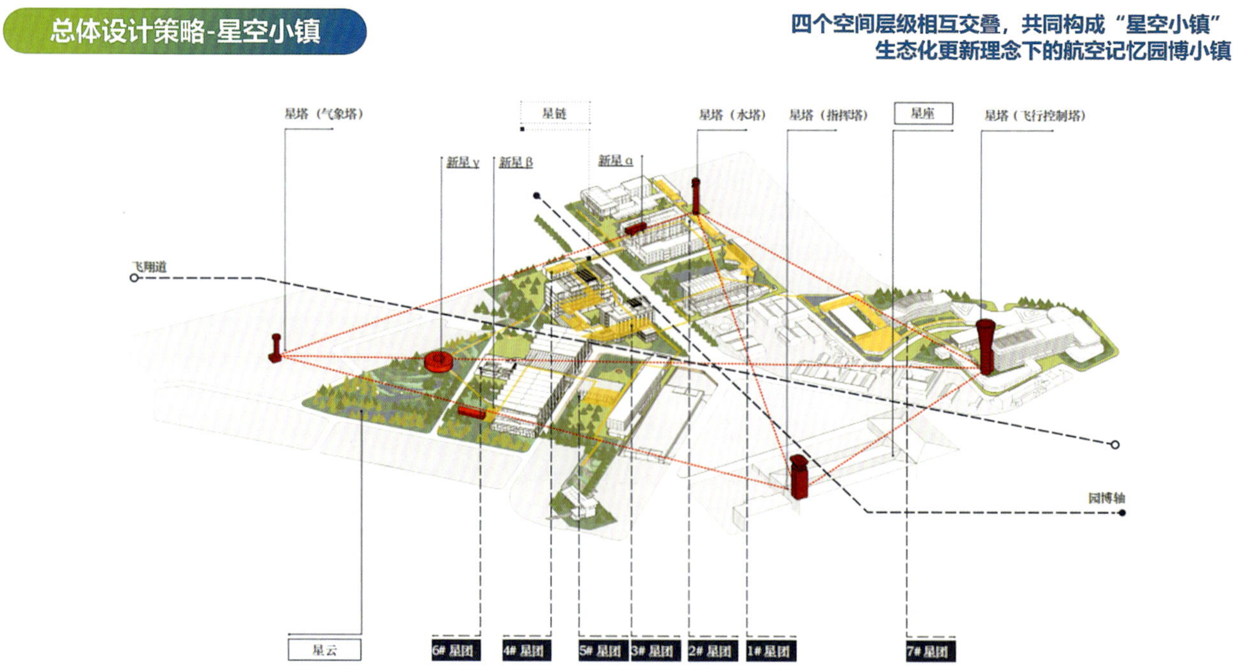

星空小镇

首先，设计结合既有建筑的功能分区，形成 7 个建筑组团；其次，延续现状院落式的植被结构，簇拥建筑组团形成 4 个景观区块；再次，保留机场原有的乘客轴和后勤轴，新增立体行游路径形成了立体双轴；最后，保留 4 个高塔，并在视觉通道上增设景观构筑物。四区、七团、二轴、四塔的空间层级相互交叠，共同构成了“星空小镇”。

景观设计方面延续总体规划设计理念，采用营造小镇氛围、保留时光印记、坚持生态营造、增强文化体验、串联活力步道、构建装配试点六大策略。研究安徽（尤其是合肥）当地文化，提取城市气质，凝练“火笔画”“吴山铁字”，用刚硬的材料描绘柔美的中式山水，融合皖南园林的灵动、精巧与皖北园林的大气、舒朗，打造大气与精巧的融合气质。打造星空山水园博小镇，是安徽文化的工业转译，也是写意当代与机场记忆的交互。

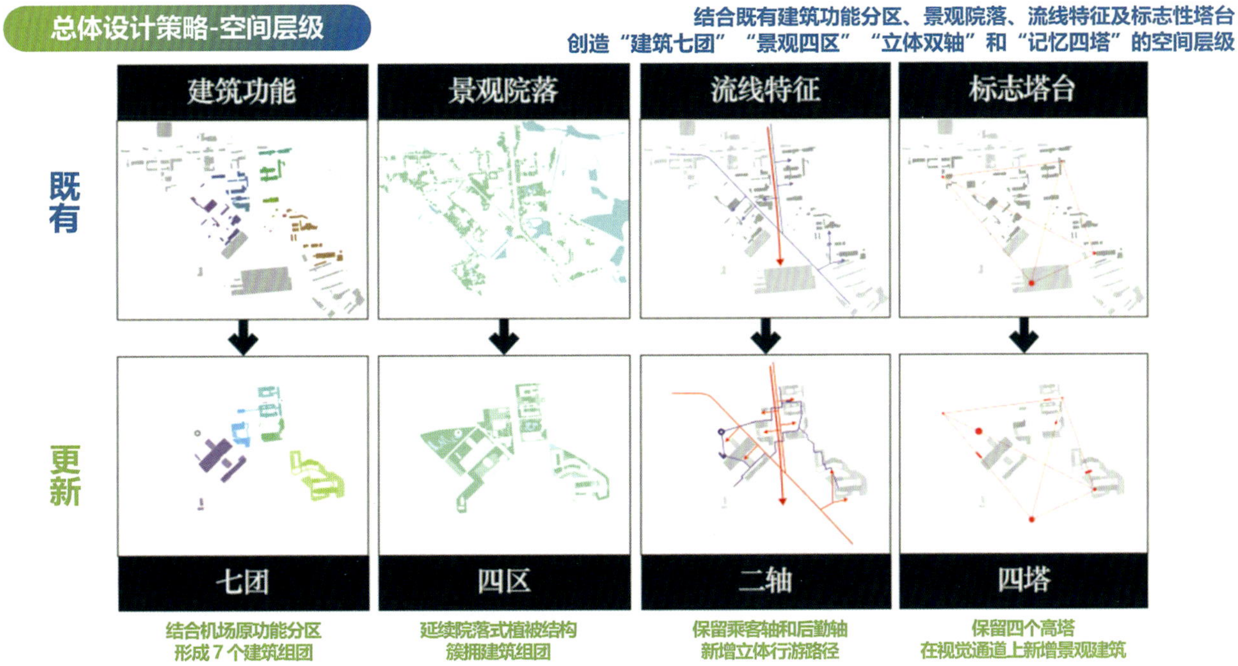

星空小镇空间层级

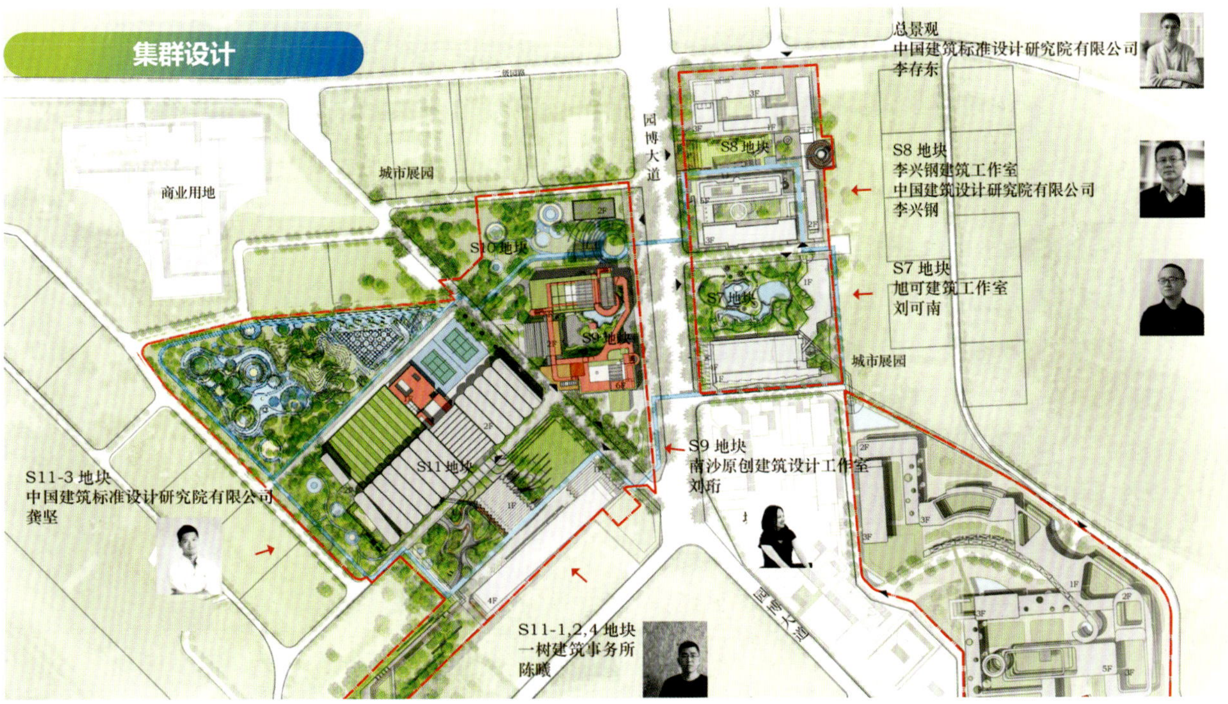

星空小镇集群设计平面图

园博小镇（二、三期）由中国建筑标准设计研究院李存东大师和中国建筑设计研究院李兴钢大师共同领衔设计。同时，邀请了多位知名建筑师参与到各个地块的建筑设计中，从而在统一理念下增加创作多样性。

解决的实际问题

园博小镇（二、三期）项目整体实现了提质增效，打造“生态优先、百姓园博”，是“蓝绿一体”“空天创新”“共享永续”“以改替建”理念的践行。在合肥园博园建设过程中，始终坚持生态优先，充分尊重园区地理风貌和自然禀赋，用好园区内原有生态资源，因地制宜建设生态园林展区，不搞大拆大建，最大程度保留老机场原始风貌，打造国家城市更新示范工程。

1. 建筑方面

小镇二期分为 5 个地块，其中，S7 片区采用“创意市集”提升 20 世纪 80 年代大院景观，延续建筑平静内敛的花园背景，扩建树屋，对话环境；S8 片区“皖味空间”维持原址三横一纵双院落布局，结合既有水塔布置互动装置，成为科技感和人文性并存的小镇地标；S9 片区建国璞隐酒店将单元式的酒店空间融入既有建筑的框架结构中，采用暗红色调以强化小镇中心建筑的识别性和标志性；S11 片区南段“冠军一号”保留并根据新的功能需求适当改建场地南侧的既有条形建筑，满足运营需求并最大化节约用地，北段利用既有建筑作为室外平台，与北侧公园有机联系，利用装配式建筑技术快速营建场馆，提供高复合、多功能、高密度的小镇健康生活目的地。小镇三期远期实施，引入疗愈微度假业态，将与二期共同塑造生态、历史、科技、人文的复合型综合街区。

2. 景观方面

实现”蓝绿一体”：充分尊重园区地理风貌和自然禀赋，设计新建水景两处，利用现状弃用消防水池改造水景；充分保留现状大树，结合各地块建筑自有风格及特色营造既有组团感和院落感的景观。

实现“空天创新”：金属板材、玻璃幕墙等现代感的建筑材料与素混凝土、特殊肌理涂料等延续记忆的既有建材巧妙融合，呈现既新颖又得体的建筑风貌；星空主题运动公园配置发光秋千、互动 VR 大屏、发光跷跷板、互动地砖等游乐设施，科技与体验共存。

实现“共享永续”：星空运动主题公园通过设计全龄化的儿童游乐设施、足球羽毛球运动场、水塔处的灯光秀、展演平台、下沉式观演场地等，打造友好城市公园。

实现“以改替建”：设计涵盖八处老建筑改造、三处新建建筑，特色餐饮、文创办公、精品酒店、综合运动等业态的融入使得老建筑有效利用与新建建筑交相辉映，焕发新机；园区在原有蘑菇亭更新、旧油罐改造卫生间、时光隧道、老杉木（死树）改造铺装等项目上均采取了再利用更新方式。

现状全景鸟瞰图

规划全景鸟瞰图

夜间全景实拍图

设计单位：中国建筑标准设计研究院有限公司、中国建筑设计研究院有限公司（联合体设计）

设计人员：李兴钢、易灵洁、关午军、刘可南、刘珩、陈曦（中国建筑设计研究院有限公司）；李存东、狄明、龚坚、杜志杰、赵泽民、商磊、马会、武晓蒙、刘贺伟（中国建筑标准设计研究院有限公司）

完成时间：2023 年

项目规模：规划范围 9.5 公顷

重庆市九龙坡区民主村社区中心改造

背景与理念

基于上位规划“留”“改”“拆”“增”四项指标需求，社区综合服务中心进行改造更新，完善区域功能。将原粮店及其附近居民楼划为核心改造区，并连同西侧三栋红砖楼与东侧黄桷树群落协同设计。以“感受文化与温度的社区中心”为命题，红色串联，绿脉联动。

策略与技术

以“生态感”“聚落感”“穿斗式”为生境空间意向，构建复合化多位立体生境。把多样群体作为规划的服务对象和依靠对象，通过不同等级优质城市公共资源的大量供给和均衡分布促进社会成员福利的最大化和区域活力的最优化。以轻量化、微更新策略与技术，修复社区中心功能，激活片区活力。

解决的实际问题

面对社区中心改造挑战，以问题为导向开展设计：

1. 如何保护现有生态脉络，整合多维生境系统，结合场地格局，将生态要素引入城市社区空间，构建立体花园？

以生态为本底，构建会呼吸的生境景区。利用生境优势，融合街巷现存高大浓密黄桷树群，形成繁华都市中难得一见的“林景”。

2. 如何根植深厚文化底蕴，追忆“兵工厂”“粮店”等历史片段，将老街坊与新空间融合，保留生产生活军工记忆？

以文化为核心，串联有记忆的文脉厂区。联合考虑的集约优势，保护红砖房、树群落、老街坊等符号记忆。

3. 如何完善配套设施，创造乐活共享社区，以空间塑活力、以服务聚人气，打造最长情的人文活力引爆点？

以人本为宗旨，建设可操作的活力街区。利用场地区位交通便捷，周边成熟商圈人脉，补足社区服务功能。除去公园绿地、活动及运动场、共享食堂、公共卫生间等需求，社区建设功能设施配置基于“十全十美”策略增设儿童托管、精神慰藉、邻里互助、文艺展演、学习培训、创新创业、口袋花园等配套功能。

4. 如何结合技术，考虑建设经济成本问题，创造可实施、可操作、可落地、能复制，具有创新性的城市更新项目典范？

以创新为源泉，生成易实施的生长社区。以军工厂的红色精神根脉和承载场地特质的植被根脉作为设计意向，解决地块高差 6.3 米的现状。根脉延伸重塑场地，激活空间。根脉蔓延生长，重建高差变化之间的联系。

5. 如何尊重“勇于挑战，勤于筑梦”的军工厂区底色，继承“不惧艰难”的传统，发扬“坚持开拓创新”的红色军工精神？

以红色为精神，汇聚能传承的红色城区。传递民主村敬畏自然、依山就势的绿脉精神；勇于挑战、勤于筑梦的厂区精神；包容开放、公诸同好的巴渝精神；坚韧顽强、建设荣耀的红色精神。

社区养老服务中心鸟瞰

旧粮店改造

民主村社区中心鸟瞰

设计单位：中国建筑设计研究院有限公司

设计人员：景泉、徐元卿、张婕、孙雨桐、杜永亮

设计时间：2021 年

项目规模：建筑面积 4709 平方米

北京市大兴区威克多制衣中心厂区规划改造

背景与理念

该项目主要是对老旧楼体进行更新改造。在设计中，借鉴了西方“一体化设计”的理念，将分散的项目组织起来，实现了室外景观、建筑造型和室内空间塑造三者的整体控制、同步设计。总平面与景观设计延续建筑的立面形式母题与模数关系，成角射线贯穿整个园区，形成错落水台、阶梯草坪和变化的地面铺装、立体种植。边庭采用单层索网点驳接幕墙，结合实墙陶板幕墙，利用富有现代感的节能环保材料，形成模数控制下细腻的建筑肌理；在建筑技术上高度运用了绿色、节能的策略与技术，提高了企业的经济效益；新技术的运用赋予了一个拥有老记忆的厂房建筑新的生命，使得该建筑承载着历史的记忆，也引领着未来的发展。建筑的成功改造与建设，使其成为城市更新和城市复兴的典范。

策略与技术

为了使室内环境与室外景观更好的渗透融合，建筑边庭采用单层索网点驳接幕墙，以实现较好的通透性。幕墙设计以企业 LOGO 中的字母“V”为母题，采用斜向的幕墙网格，并与原有框架结构的正交网格叠合，形成 Y 形的幕墙结构、菱形的玻璃单元，以及六边形的平台空间。在统一的菱形网格下，幕墙单元通过大小变化和金属肋划分，结合局部丝网印刷效果，在外立面上最终呈现出自由而富于细节的表达。这场由内而外的空间拓展，经过由外而内的模数控制，诠释了双重模数下空间、结构、技术与艺术的完美融合。

解决的实际问题

基于原有的框架结构，设计首先对建筑进行功能扩展，在顶部增加一层会议中心；在南侧向外扩建，形成出挑的边庭公共空间和新的入口大厅，同时为建筑主立面的改造带来相对自由的条件。改造后的建筑形体整合为一个轻盈自由的玻璃体和一个厚重的背景体块互相穿插的体量关系。原建筑的东西向流线较长，接下来的内部空间改造在建筑中部增加了一部开放楼梯，它如穿针引线般联系起建筑的不同楼层，为各层空间提供了沟通和交流的场所。这些交流空间由主体框架向边庭扩展，在严格的模数控制下，以六边形盒子的形态与外立面的幕墙结构联系、融合。出挑的平台实现了人们在空间中的互动，同时更加亲近景观，在办公区与外部景观间，营造了一个丰富、宜人的过渡区域。位于二层的边庭平台提供了观赏景观最直接的开放区域，这里结合企业的培训中心和旁边的休闲水吧，布置水景和植物，气候舒适，成为整个办公楼的灵魂空间，有趣而人性化。

威克多制衣中心改造鸟瞰图

改造前后对比

穿针引线的空间游戏

入口空间

设计单位：中国建筑设计研究院有限公司、阿普贝思（北京）建筑景观设计咨询有限公司

设计人员：李静威、景泉、杜宾、张文娟、栗晗、肇羚翕、杜捷、张晔、纪岩、邹裕波、王树乐、黎松、梁琳、王苏阳、刘晓林

完成时间：2013 年

项目规模：建筑面积 10453.68 平方米

获得奖项：2014 年度中国建筑学会创作奖银奖（建筑保护与再利用类）

北京市西城区鼓楼西大街 33 号院改造

背景与理念

项目正位于鼓楼西大街与旧鼓楼大街的交叉口，距离鼓楼直线距离不足 200 米。2017 年北京西城区提出鼓楼西大街三年复兴计划，由北京市建筑设计研究院团队设计，对两侧沿街界面和城市空间节点进行了更新与提升。鼓楼西大街 33 号院位于鼓楼西大街的开端，它的沿街立面也因此呈现出持续的变化。

该院鼓楼西大街更新的工程指挥部，随着街道更新工作告一段落，这个原本的临时办公场所也迎来了新的机遇与挑战。33 号院内是两间平房围合的简陋的后勤杂院，所以之前的更新工作仅停留在街面上，公共空间环境的质量并没有延续到院子里。惯常的从形式与空间出发的设计思路对于小院来说可能并不是适合的方式，这次院落改造需要从城市与社区切入设计。

策略与技术

设置一个社区空间，在为周围居民提供活动场所的同时，也能建立外部街角花园和内部的院落的联系，把封闭的院子变成一个为社区服务、融入社区的公共场所。结合社区书屋做一家咖啡厅，改善街角花园的环境，在鼓楼脚下形成一处生动的城市公共生活场景。

原本的室内空间与院子没有任何感知上的联系，因此忽略原有的房间边界，把房间和院子视为一个整体，通过对现场城市关系的分析，把整个场地切分为三层：第一层紧邻鼓楼西大街，需要处理与街道的关系；第二层要回应老城的历史氛围，同时也隐含了与鼓楼的对话关系；第三层需要回应邻里关系。

对应这三层空间，把原本单一的杂院通过嵌入、移植和抽空三种不同的动作拆解为边院、合院和哑院三种类型的院子，在形式语言和材料上也选择不同的做法，分别回应具体问题。

北京老城中的鼓楼和鼓楼西大街 33 号院

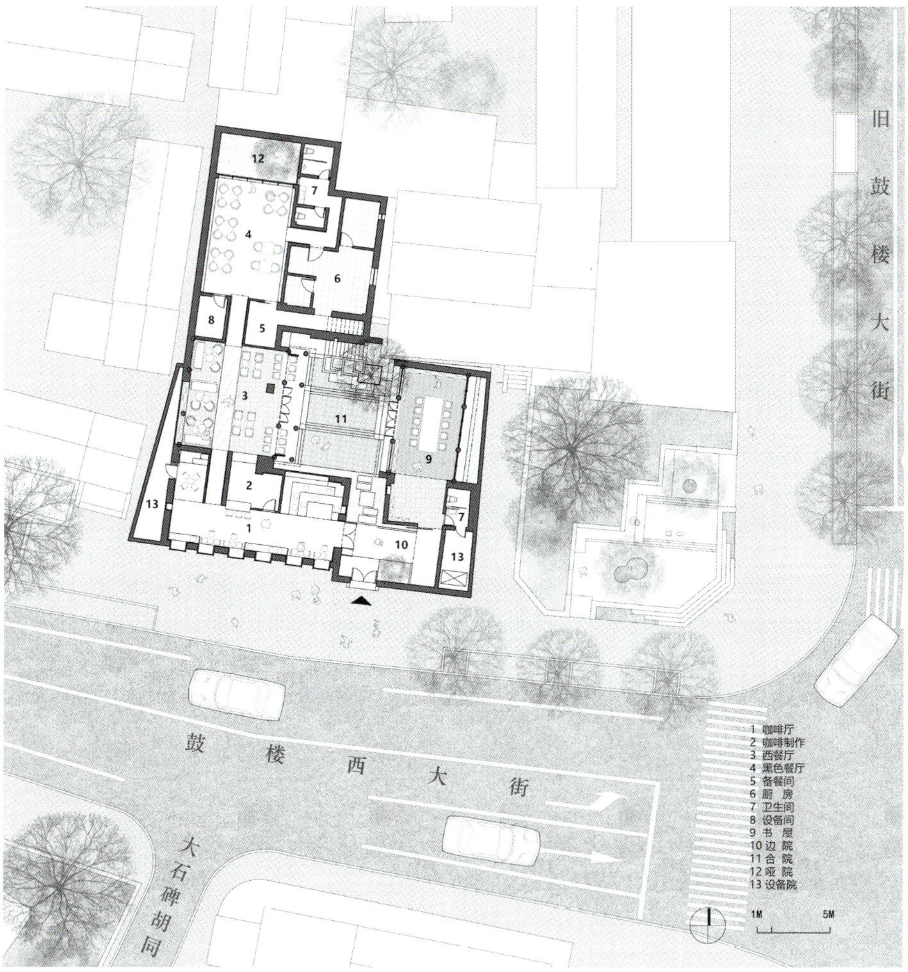

改造后平面图

解决的实际问题

这座位于北京鼓楼附近的小院并不是典型的传统四合院，而是一个缺乏历史特征的杂院，但它所处的特定位置，以及鼓西大街整治更新后内里与外皮的巨大反差，又让它在今天城市更新的语境下具有某种代表性。尝试以一个小院的转变来描绘城市的演化，构建最微小的单元与整体结构的关系。

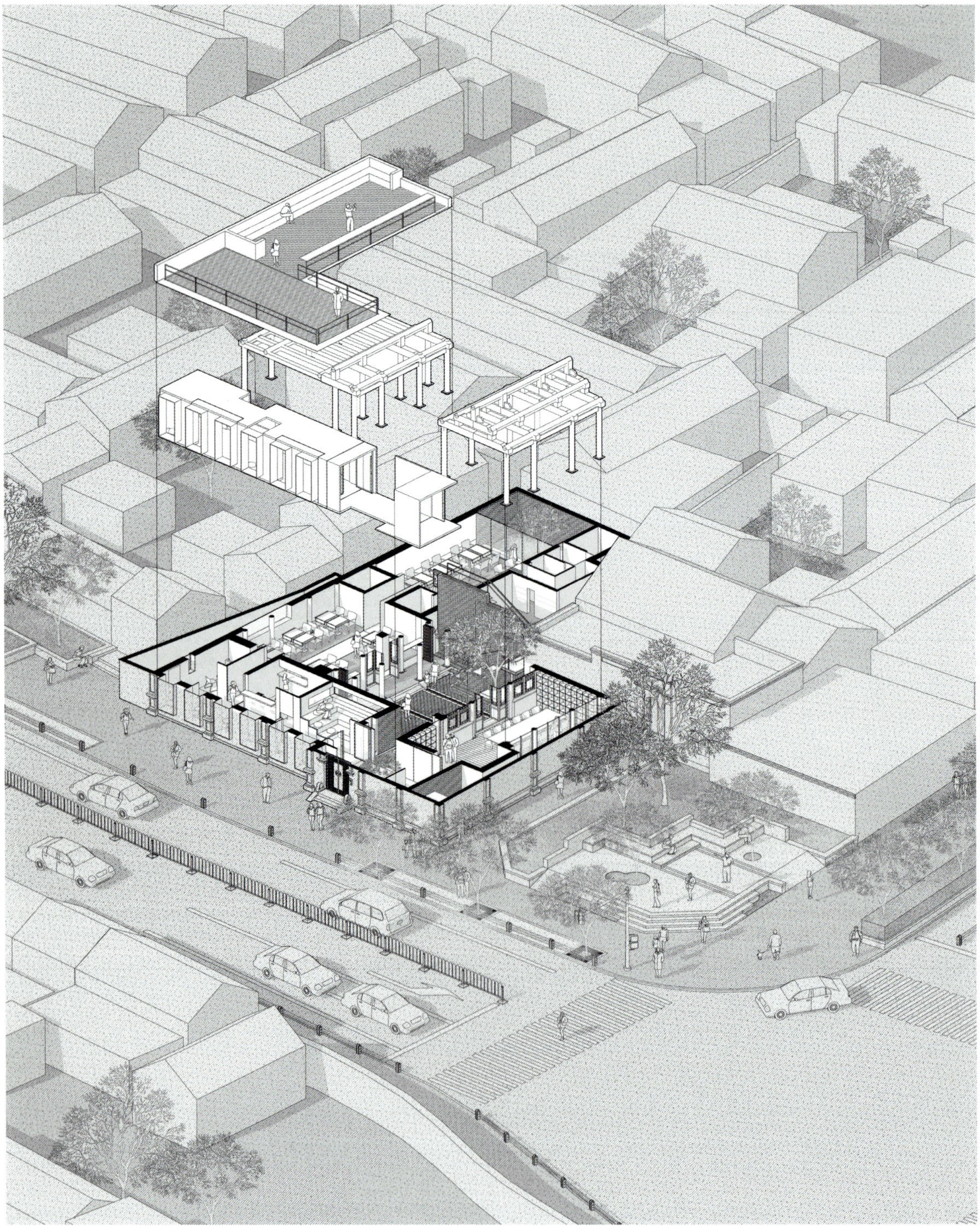

空间轴测图

剖透视图

设计单位：中国建筑设计研究院有限公司

设计人员：柴培根、张宏宇、韩文文、何正宇、丁哲、张朝悦、西春阳、王璐璇、杨浩、顾玉琴

完成时间：2022 年

项目规模：院落占地面积 418 平方米，建筑面积 312 平方米

北京市西城区西直门外大街路南中糖大厦改造设计

背景与理念

打造成为北京市西城区“金融科技代表性写字楼”，为金融科技企业提供办公生活新体验。2020 年 5 月 11 日，西城区召开“低效楼宇改造提升政企座谈会”，通过政策引导，精准助力低效楼宇向“高效、特色、集约”发展转型；支持楼宇改造升级、支持楼宇节能改造、提高楼宇运营品质。中糖大厦被纳入西城区政府指定需改造的 28 栋楼之一。

策略与技术

在主体结构、建筑高度、容积率等指标不变的情况下，进行楼宇整体焕新。借片区产业升级契机，将建筑功能与金科新区定位融合，最大限度创造空间效能。以“西城门户—中粮名片”的概念出发，对中糖大厦进行由内而外的更新，打造一个建筑与城市环境融合、小巧精致的独栋企业办公建筑。

解决的实际问题

项目改造后外立面主要材质采用米黄色石材、铝板和玻璃。色彩上力求与北京展览馆及周边改造后的建筑风格相融合。中糖大厦的改造主要解决了以下几个问题：

建筑老化问题：中糖大厦建成于 1996 年，经过多年使用，建筑结构和设施出现了老化和损坏，需要进行修缮和更新。

功能不足问题：原来的中糖大厦已经不能满足公司日益增长的需求，需要进行由内而外的更新和改造，以提升建筑的功能和使用价值。

外观需要更新：原来的中糖大厦外观设计已经有些过时，需要进行更新，以提高建筑的美观度和形象，符合现代城市的建筑风格和要求。

场地更新：优化流线，打开北侧边界，面对城市开放，加强与城市界面的沟通与联系，梳理车行动线，人车分流合理高效。

能耗高的问题：原来的中糖大厦能源消耗较高，对环境造成不利影响，需要进行节能改造，以提高能源利用效率，减少能源消耗和排放。

北京中糖大厦改造前——建筑现状

沿西直门外大街日景人视效果图

设计单位：中国建筑标准设计研究院有限公司

设计人员：狄明、陈凡、李晓霖、曹雩、李鹏鹏、邢万里、石光、王岩、任宇、卫军锋、董巧慧、王云良

完成时间：2020 年

项目规模：总建筑面积 10450.2 平方米

北京市永定门外街区控规方案研究——存量建筑专题研究

背景与理念

本项目是《北京南中轴地区概念性规划研究及永外 / 大红门 / 南苑森林湿地公园详细规划设计》的存量市场建筑改造研究专题，以南中轴大红门地区详细规划方案为指导，对南中轴大红门地区和东城区的重要存量市场建筑进行普查、调研、分析，制定拆除和改造计划，完成重要节点建筑的建筑设计方案，为大南苑地区的复兴做出积极贡献。

研究范围以丰台区 53 家商业市场为基础，增加大红门地区的 4 个重要地块建筑、东城区 4 个重要地块建筑，初步研究范围共 61 个地块。经过排查梳理，排除已经拆除的 20 个地块建筑，最终确定存量市场建筑保留及拆改研究范围为 41 个地块。

策略与技术

存量市场建筑拆改原则：综合考虑强制性和引导性两方面条件，对存量建筑是否保留进行研判。强制性条件主要从建筑的合法性来认定；引导性主要从建筑的合规性、建筑自身的保留价值、建筑的社会影响程度、拆改后的经济效益方面入手。最终形成拆除和改造 / 功能置换两种处理方式。

通过《丰台区南苑—大红门地区涉嫌违法建筑物调查初步结果》《45 家市场新台账》（2018 年 8 月 15 日），初步摸排确定大红门地区商业市场和重要建筑的违法建设情况。确定无规证违法建设建筑必须拆除；扩建建筑面积比例占 70% 以上的建议拆除；扩建建筑面积比规证建筑面积扩大 2 倍以上的建议拆除；超高建筑建议拆除，符合规定的建筑可以保留，低于规划高度的可以适当提高；符合南中轴地区规划建筑功能要求的地块，建议保留；建筑文化价值较高、质量较好，则建筑评价较好，建议保留；社会影响程度较大，建议保留；社会影响程度一般、已关停的建筑，考虑拆除。

拆改结论：对北京永外连发窗帘市场、方仕国际商贸城、红兴通商贸市场等 24 家地块进行拆除重新规划。对北京京明世纪商品市场、天雅国际、福海国际、福成服装批发市场、天雅女装、新世纪服装商贸市场、京温服装市场、北京大红门服装商贸城市场等 17 家地块进行改造升级。

解决的实际问题

存量市场建筑功能改造：从现状业态品质、商铺产权情况和建筑结构形式三个方面对确定改造的 17 个存量市场建筑进行综合评判，确定其新的建筑功能。以批发为主要业态或以腾退的存量市场建筑，对其进行业态升级转型或调整；以零售或精品零售为主的存量市场建筑，建议进行商业品质升级或保留现状业态。集中式产权类市场建筑可根据区域发展需求，调整或升级建筑功能；独立式产权类市场建筑以商业品质升级为主。建筑结构为框架结构、核心筒位于建筑中部的存量市场建筑，外部采光条件较好，有条件改造为办公或公共服务建筑；反之，改造为非商业类建筑的经济代价和改造难度均较大，不建议改造为非商业类建筑。最终将 17 个存量市场建筑的新功能分为三类，即商业升级类、办公改造类、公共服务类。

存量市场建筑形象改造：改造主要从建筑风格、建筑材料、建筑色彩、建筑体量四个方面对存量市场建筑形象进行优化。整体以现代建筑风格为主，体现时代特色；公共服务类建筑应增加建筑通达性，提高建筑开放、亲民的特征。建筑材料以素色石材、钢材为主，铝板、玻璃幕为辅；商业升级类建筑实墙面比例控制在 50% 以上；办公改造类和公共服务建筑实墙面比例控制在 40% 以上。建筑色彩以白色、米色等浅颜色为主，局部搭配深灰、棕等辅色；对现存体量超大的市场建筑进行细化设计，增补城市公共空间，提高建筑趣味性，使其与周边环境相协调。

存量市场建筑现状照片

研究范围地块分布图

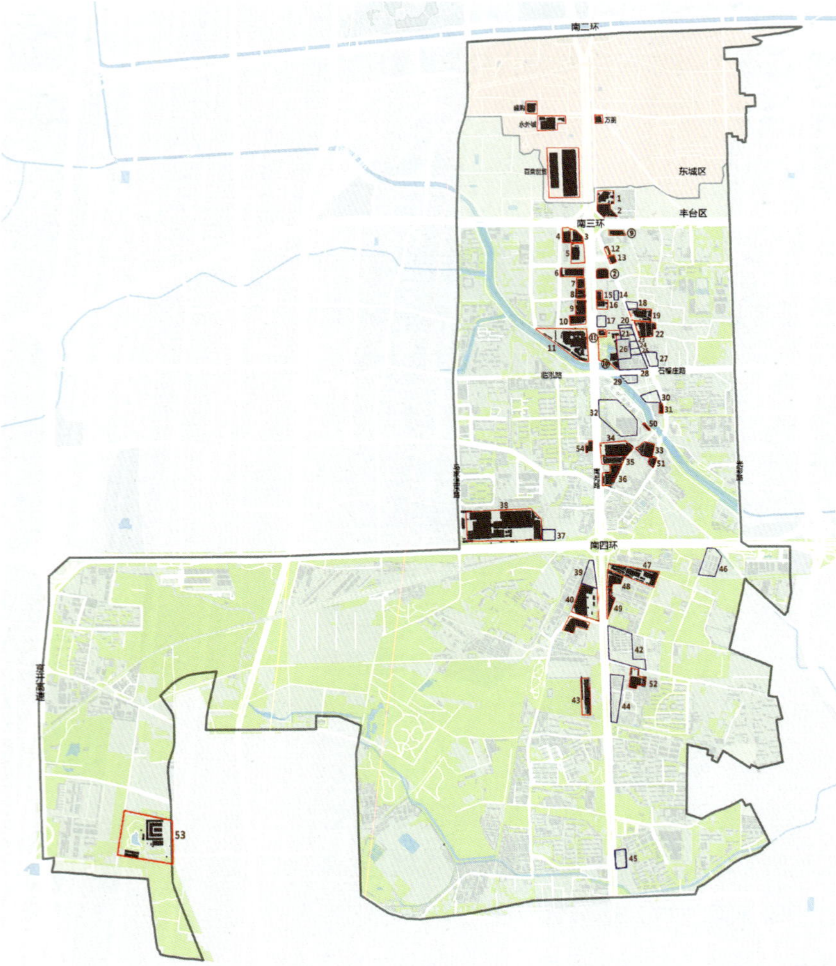

南中轴大红门地区鸟瞰图

北京大红门服装商贸城和大红门国际会展中心改造鸟瞰图

北京大红门服装商贸城市场改造效果图

百荣世贸城改造效果图

设计单位：中国建筑标准设计研究院有限公司

设计人员：武志、赵格、梁双、王越、祝婉楠、赵兴都、郝毅、王红娟、张淼

完成时间：2019 年

项目规模：61 个地块，规划面积 55 公顷，改造建筑面积 105 万平方米

北京市朝阳区龙湖集团总部暨北五环汽配城升级改造

背景与理念

龙湖集团总部位于北京市朝阳区龙湖蓝海引擎产业园，前身为北五环汽配商城，曾是北京有名的汽车维修养护“地标”，整栋建筑体量巨大：南北长 230 米，东西宽 80 米，单层面积达到 16400 平米，南北两端外置了两个旋转坡道将五层空间串联，地上总面积达 82000 平米。

在北京减量发展的大背景下，在核心城区新建总部基地在建设成本和政策支持上都较为艰难。因此，寻求合适的既有建筑，改造升级为其总部成为龙湖集团较适宜的总部建设策略。

设计通过公共空间植入、使用空间细分、特色空间营造与立面效果重塑，使北五环汽配商城化身为龙湖集团总部暨龙湖蓝海产业园。

策略与技术

1. 细致空间减法，空间品质重生

空间品质与办公效率并重，通过阳光中庭、服务内岛、特色楼梯厅这三级递进的共享空间介入，形成一系列高品质的办公公共空间，并最大化保证业主对使用面积的需求。

2. 细化办公模块，提升空间效率

针对地产企业办公特点，即灵活组织的项目组多，会议讨论需求强，设计结合平面超大进深，在中部设置与中庭紧密结合的集中会议岛，形成若干相对完整的办公组团，外围设置会议与灵活办公区，在组团内部设置固定办公位。并通过与业主方紧密配合，自下而上地对办公模式和空间进行精细化设计。

3. 合理现状利旧，挖掘存量潜力

商业改办公类项目往往涉及空间开洞与核心筒的重塑，势必带来结构扰动，结构拆除与加固又是改造项目建设成本的大头。设计团队对建筑结构进行全面分析，优化拆改策略，以分层归类方法，对结构构件按不同原则进行拆改，依据结构整体影响及加固代价采用不同加固方式，减少加固量的同时保证结构整体刚度。

4. 外观因地制宜，立面低价高质

汽配商城体量大、建筑形体方正，外观设计并没有做复杂拆解，而是试图借助体量展现龙湖集团的总部形象，且立面成本控制有严格限价要求。设计对不同立面进行了差异化策略处理。西侧沿街长立面采用了正面单色侧面彩色的竖直格栅与水平挑板结合，形成了连续的渐变效果，内侧采用窗墙取代玻璃幕墙作为格栅底景，极大节约了成本，兼顾美观、遮阳与成本。西立面的最终成本控制在单平方米 1100 元以内，实现了低价高质的效果。南北立面采用玻璃幕墙结合铝板百叶与开启扇，规避开启扇对于立面完整性的不利影响，形成精致的自用与出租办公区入口形象。

解决的实际问题

为解决原有建筑大进深、空间单一的问题，改造将巨大平面拆解，通过采光中庭的置入，改善建筑内部光环境，赋予空间灵魂。并结合原有核心筒与新建入口合理布置电梯，高效解决垂直交通，层间设置小中庭与特色楼梯，实现

改造前后对比

便捷交通、高效办公。

外立面采用单元式装配式方法，从生产、加工到安装，均符合项目快速建造和低造价的需求。屋顶天窗采用北向天窗，天窗角度及面积经过模拟测算，避免夏季过热及眩光干扰，以获得最佳的节能和采光效果。西立面采用遮阳格栅加窗墙体系策略，兼顾节能效果及成本投入。此外还选用高效冷热源机组、水泵变频等节能设备，经测算预计较行业同类型建筑平均能耗水平下降15.4%。

项目投入使用后，除了建筑自身的品质显著提升之外，也给这个原本混乱的区域带来了新的生机和活力，创造了一种建筑与城市之间的共享与互动。

改造前后对比

改造后人视效果图

设计单位：中国建筑设计研究院有限公司
设计人员：于海为、谢悦、沈若禹、贺帆、莫杨晨露、张经纬、孙洪波、霍文营、石雷、张沙、安岩、张斌、李嘉、曹磊、高洁
完成时间：2021 年
项目规模：总建筑面积 10.06 万平方米

北京市海淀区中国农业大学西区图书馆更新工程设计

背景与理念

中国农业大学西区图书馆，位于北京市海淀区圆明园西路 2 号，建成于 1990 年，共五层，建筑面积 12115 平方米，采用无梁楼盖和统一层高、柱网、荷载的模数式结构设计，单位面积荷载 650 千克 / 平方米，经 2002 年装修、2010 年大修及 2016 年众创空间建设形成了现有结构和布局。

该图书馆自 1990 年建成以来已多年未进行整体改造，现有空间内装、实施设备陈旧，消防设施年久已不符合现有规范。此外，图书馆原有流线设计、空间布局也存在诸多不合理之处，例如前厅使用面积少、桌位数不满足现有需求量等。

基于场地现状，为提升图书馆整体空间品质和使用感受，本方案对图书馆室内室外立面改造进行了美化。从功能基本条件出发，满足甲方在使用上以及未来发展的基本需要考虑，以人为本，空间功能多样化，满足学习环境便利、舒适，室内装修美观、经济，符合可持续发展原则。

策略与技术

从人性使用角度出发，完善空间舒适度。布局藏书与阅读、交流、休闲、查询等几大功能区，并将空间、硬装、软装等多种元素进行结合，提升空间的氛围感和体验感，打造有活力、有温度，体现农大特色的阅读交流空间。

增加多种座位和阅读区组合形式，满足师生多种使用需求。方案在各层的开放阅读区中提供个人阅读隔间、四人或多人开放阅读座位、临窗阅读座位、生态阅读座位、自习室式阅读座位等多种类型的座位组合，拉近师生日常学习阅读与环境、自然、文化与艺术的距离。

增加前厅等空间的校园文化属性，形成浓缩的农大特有校园特色的交流区与形象区。在二层前厅、开放交流区空间设计了农作物木雕墙和玻璃钢抽象麦浪墙。

功能与造型形式相结合。将公共开放区整体空间、设备设施、标识系统通过一组线性装置串联起来，归纳弱电设备管线，空间简约，具有极强的整体感。

优化疏散流线。根据现行《建筑设计防火规范》(2018 年版）和《建筑防火通则》优先人流疏散动线。

增加智能化设施设备。为满足现在和未来新型图书馆的需求，在阅读区座位增加了感应灯具、插座和插卡感应装置，会议室和个人自习室实现自动刷卡进出、提升自助还书机等图书馆常见设备智能化程度。

解决的实际问题

功能布局上，把原来三层、四层的大量非常用藏书，移动至一层空间，集中设置独立藏书空间，并把原二三四层的办公空间也统一移动至一层，进行集中办公，把楼上的大量空间留给学生阅读、自习使用，设置了学习的配套功能如独立讨论区、休息区、打印区、电话间、杂物储藏空间，在保证良好的学习环境和功能划分基础上，提高了整体的藏书量，也扩大了学生的阅读学习空间，体现了“人往上走、书往下移”的基本设计理念。

二层作为公共区使用，设置了前厅主要公共空间，功能上包括服务接待台、形象墙设置、自动借还书等功能，二层空间主要以敞开为主，除必要的使用功能外，阅读区、休闲区、咖啡区均敞开设置，保证空间的最大通透性，同时二层公共空间也是体现农大图书馆特色的重点空间，集中展现农大的人文关怀、历史文脉、未来展现，体现属于农业大学特有的特质特征。

在微小尺度的划分上，每个公共区均设置了独立休息区，对声音控制保证动静分离，在人流较多处以及敞开区设置自动借还书功能，阅读区每个位置保证有独立的照明，确保空间的基本照明以及阅读的重点照明合理搭配；流线设计上，图书馆以现有入口为主要学生入口，以三个核心筒作为主要纵向交通，可以通过二层进入后步行到达三四层空间，一层办公空间有独立的办公入口，形成老师、学生的流线分离设置互不影响，后勤管理流线位于平面的北侧，配备原有货梯，便于图书的上下管理，也可以作为学生的纵向交通使用。

开放阅读区原始环境图

开放书架区原始环境图

改造后三层视角图一

改造后三层视角图二

设计单位：中国建筑标准设计研究院有限公司

设计人员：张明杰、冯静、肖涛、陈静雅、孙华烨、朱钰、罗佳如

完成时间：2024 年

项目规模：12115 平方米

广东省深圳市深圳书城中心城改造

背景与理念

深圳书城经过十多年的运营使用，从最初落成时国内外领先的行业标杆，渐渐走入了面临新兴书业的超越、面临客户体验感考验的时代，从而产生了对项目进行改造提升、重新激活的需求。本次改造设计旨在构建“城市客厅、文化公园”，打造深圳中轴线上的文化峡谷、创造城市共享空间。改造主要涉及的内容为：公共区域及书业大卖场改造、二层外廊及南区商业街改造、24 小时书吧及益文书局改造、员工办公区及地下停车场改造、空调系统改造、消防系统改造、智慧化系统改造、供配电系统改造、室外给排水管网改造等。

策略与技术

通过对空间的绿色化改造、立体化改造、人性化改造，重新赋予书城新的活力，使读者舒适地徜徉在书海之间。绿色化特点主要通过生态屋面、室外场地的绿化公园、公区绿化中庭、阅读区的绿墙等来展现；空间立体化改造主要通过文化峡谷的搭建、光之塔与艺术殿堂的搭建等来实现；读者体验的人性化改造主要通过座席的灵活增设、大台阶的声学优化、24 小时书吧以及商业街的重塑等来完成。

解决的实际问题

原设计于 2003 年完成，用屋顶步道与绿植打造出深圳中心区的生态中轴线，多元的功能也开创了书业与休闲交融的文化综合体，跨过福中一路的大台阶更在运营 12 年中，成为市民喜爱的城市客厅和文化讲堂。本次提升改造中，将原书城中轴线上空旷平坦的大空间改造为富于层次感、起伏跌宕的书海梯田；将大台阶电子化；增设卖场中央的“光之塔”及“艺术殿堂”，以期更适合文化讲堂的功能，兼有视觉冲击力和记忆点；在书业卖场的文学和教育阅读区两侧，布置两层通高的垂直绿墙，将绿色理念引入人流密集的阅读区，新增的“绿肺”为室内带来绿色活力的视觉冲击及含氧量；对南区商业步行街进行风格重塑，采用西方古典拱券的形式与传统红砖搭配，赋予街区空间张力与复古风情；引入以中国汉字笔画为设计灵感的导识系统，弥补超大空间引发的视觉迷失。

北区大台阶改造前后

南区步行街改造前后

大卖场改造前后

星空改造前后

改造后室内实景图

设计单位：深圳华森建筑与工程设计顾问有限公司

设计人员：肖蓝、张明珠、张晖、徐松岩、刘魁、梁为圳、白建永、卢伟鹏、曾奕霖、张艳、张伟、李思瑜、魏璐、林玉婷、王红朝

完成时间：2020 年

项目规模：8.1 万平方米

获得奖项：2022 年度中国建设科技集团优秀工程设计三等奖、第二十届深圳市优秀工程勘察设计三等奖（公建类）

广东省深圳市大族激光全球激光智能制造产业基地项目

背景与理念

在城市快速发展大背景下，众多城市面临着用地成本攀升、原有工业用地利用率低、旧工厂区改造周期长等问题。为解决工业用地紧张问题，充分利用土地资源，优化产业结构，推进产业转型升级，深圳市开始积极探索工业载体新模式——工业上楼。这是一种让企业在高层楼房中进行工业生产的新型产业空间模式，是深圳市推进新型工业化，打造立体多元的混合型企业园区，提升用地容积率从而改变建设用地濒临“天花板”现状的重要举措。

策略与技术

项目以城市肌理和区位展示设计为出发点，主要展示面向城市主干道重庆路，将区域的承接关系、人流、车流货运的引导、建筑形态形成呼应。入口广场、开放的城市空间、建筑局部退让，形成了彼此呼应。

复杂功能整合。在智能制造园区中，组织复杂的功能，高效简洁的生产需求、智能开放的园区特性，简洁紧凑的建筑功能平面，形成对场所、功能与环境的回应与解答。在方正的区块中，组织有序和巧妙的空间序列，在高效生产的前提下，保证舒适空间体验，为多层次的使用人员提供舒适的工作、生产环境。

人车分流。通过联系办公与厂区的人行天桥及厂区内部环形露台空间，形成从地下、地面一直到屋顶层立体交通流线，减少人货流线的交叉，优化了地面厂区生产智能车辆流线，创造了全维度的交互界面。

解决的实际问题

从一开始规划布局就将整体形象从常规的人视拓展到飞机的高空视点，从建筑形态布局、大尺度屋顶运动空间、园区绿色环境、下沉广场和平台绿化相结合，形成智能生态多层次的未来智造中心。

彰显“现代技术，中国艺术观念”，通过简单的绿色元素、植物的搭配、精致的细节、丰富的变化，体现园林艺术与建筑的融合之美，打造一个生态产业景观花园。从地下、地面、立体空间与屋顶花园，构建全方位、多维度的景观体系。

在屋顶设置供员工休闲活动的屋顶花园，利用屋顶原本的环形建筑形态，彩色塑胶环形跑道搭配花园植物，在视觉上带来更多的趣味性，提高美观的基础上还能减少审美疲劳，透水的设计不仅可以补充地下水资源，滋养树木，同时能减少人工灌溉，结合屋顶绿色元素环境，让屋顶花园更加美丽。

如今城市高楼大厦林立，道路硬质铺装取代了自然土地和植物现状，屋顶花园在时代背景下不仅仅是绿地向空中发展、开拓城市空间、净化空气缓解城市热岛效应的有效办法，也是建筑艺术与园林艺术的碰撞融合，呈现出不一样的产业园景观园林之美。

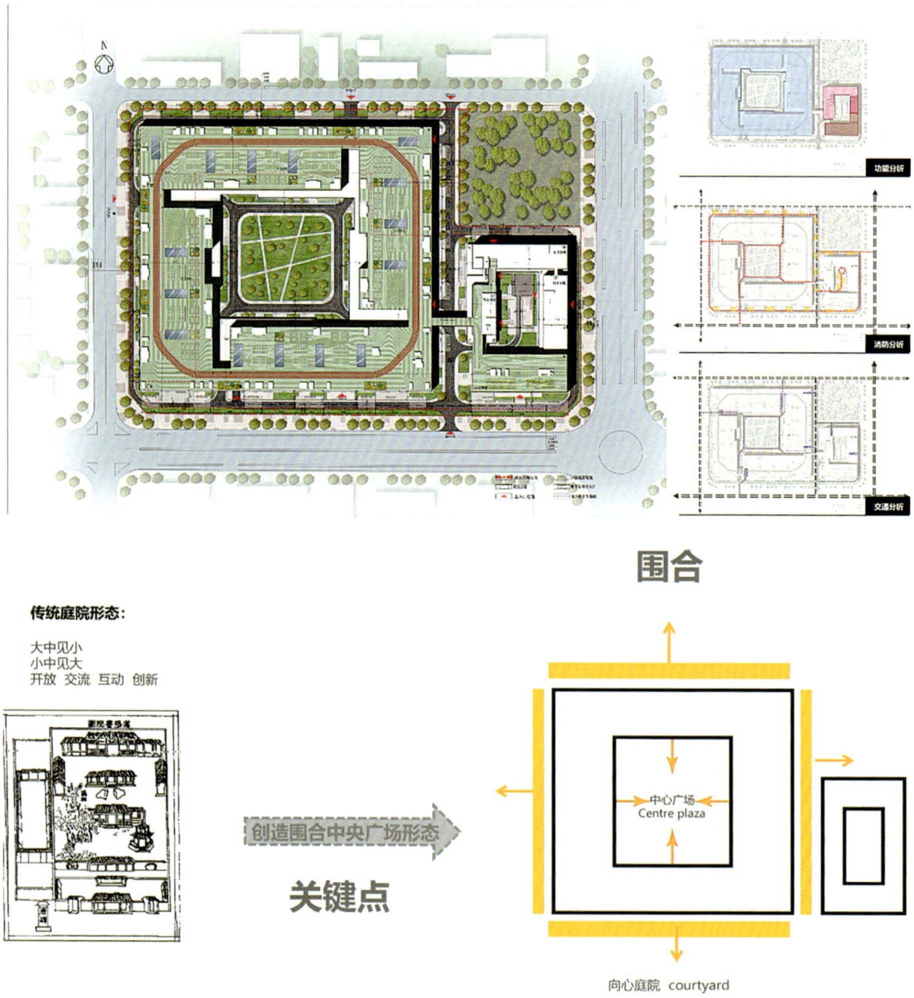

项目规划图

项目实景图

设计单位：深圳华森建筑与工程设计顾问有限公司

设计人员：周路、张翔、杜军、王志勇、练贤荣、钟玮、江健东、王帅、徐松岩、车晨雨、黄健、赖信、唐萌勐、杜欢益、马建涛

完成时间：2020 年

项目规模：49 万平方米

获得奖项：2023 年广东省优秀工程勘察设计公共建筑二等奖、电气专项三等奖

广东省深圳市南海酒店改造

背景与理念

南海酒店坐落于风光秀丽的深圳蛇口，1986 年 3 月正式开业，1990 年被国家旅游局评定为五星级酒店，成为深圳经济特区第一家五星级酒店。酒店建筑以其巨帆般的独特设计及怡人的海湾园林美景而别树一帜。2012 年，蛇口工业区启动南海酒店改造计划，旨在将南海酒店重塑成为一座具备当今市场竞争力和历史建筑相结合的特色酒店。

三十年前设计建造的南海酒店开始产生外立面黯淡、总图景观乏味、机电设施老化、跟不上周边环境变化、跟不上现代五星级酒店新标准等现实问题。伴随着深圳二次创业、蛇口片区整体升级的新风，南海酒店亟须通过改造——外立面改造、总图景观改造、扩建地下室、机电系统工程升级、室内装修机电末端工程设计，以提升品质、焕发光彩。

策略与技术

南海酒店已列入历史建筑名册，外立面的历史风貌是重点保护内容，在改造过程中遵循修旧如旧的总体原则，在不增加现有计容积率的情况下，扩建地下室作车库、设备机房等改善停车问题以及机电升级。在既有土建净高限制条件下，通过 BIM（建筑信息模型），土建、内装、机电多专业协调，在切除局部梁的同时进行结构加固，优化净高。同时配合室内以及景观设计，完善项目的整体环境以及入住品质。

解决的实际问题

南海酒店作为见证深圳改革开放的标志性历史建筑，具有非凡的社会价值。遵循对历史建筑外立面改造“修旧如旧、修旧如新”的原则，通过对场地资源的分析和平衡使用，对已服务三十余载的结构进行了加固和适用性改造，在既定“先天不足”层高限制下完成了机电设计及 BIM 管综。如此种种均不同于新建筑的设计思路，交织在更多限制条件也是机遇资源下的“妥协”和再创造，成为今后城市建筑更新的全新命题。

总体鸟瞰图

改造前后对比图

设计单位：深圳华森建筑与工程设计顾问有限公司

设计人员：郭智敏、陆洲、李智慧、向姝、廖梓健、郭锦标、简帅、赖婉贞、杜军、郭凌波、周克晶、刘明祥、李百公、李爱雪、陈晓铭、王增志、徐浩钊、贾宗梁、万维

完成时间：2015 年

项目规模：40000 平方米

上海市黄浦区“8 号桥”滨江园城市更新

背景与理念

2004 年，位于建国中路 8 号的原上海汽车制动器厂的闲置老厂房经过改造成为“8 号桥”上海创意产业园区 I 期，开启了对城市中心旧厂房的系统及商业化改造这一全新商业形态和运营模式。“8 号桥”成为上海第一批创意经济产业园区之一。

最初“创意园”是以设计、IT 等创意类的公司和工作室为主要目标客群。“创意园”兼备工作、居住、娱乐三大功能，24 小时提供服务的公共空间，被认为是最适合那些工作和休息时间区分并不明确的创意类人群。在“8 号桥”系列的空间上除了拥有“Loft”形式的工作室，还将展示空间、餐饮休闲、商业零售等多种空间与庭院、连廊等相互叠加融合，形成全方位多层次多维度的具有互动体验的办公综合化空间。

策略与技术

该城市更新项目位于上海打浦路与龙华东路口，前身是农工商大卖场打浦店，原建筑为五层主楼和一层裙房的框架结构。与过往的创意园区由多栋建筑组成园区不同，五期是由单栋建筑及零星附属用房所组成，从设计构思阶段就决定了它将无法实现楼与楼之间的互相连接。也导致了在以往园区内楼栋与楼栋间形成的开放式公共空间无法实现，人流的导入成为五期需要攻克的难点。所以，在平面布局上采用了公共空间循序叠加的设计思路。从入口广场到中庭的挑空，会经过接待中心、公共空间、展示体验区等开放的功能性空间。在这些空间内没有设置过多的墙体，使开放的大空间相互连接，逐步递进。目的是形成通透的互动视觉空间。将室内的企业品牌展示最大限度的外溢，从而吸引人流进入建筑内部形成互动。

五期的建筑立面与平面和内部空间的多样化形成反差。避免过于华丽，仅追求与生活功能相匹配的品质满足，当今时代的需求。

解决的实际问题

近年来，在整体大环境的影响下，作为经济增长晴雨表的办公租赁市场也持续低迷。未来对于中心城区的大规模 CBD 开发已经成为过去式，更多的可持续再生的城市更新项目将成为市场的主流。针对上述情况，在总体规划和初期定位阶段，提出了 POP-UP 流行趋势平台化理念，让建筑空间的功能随着市场变化而变化。不是单一的功能叠加，而是功能随着市场需求自体有机地改变。提出办公发展模式的新思路，打开传统办公闭锁的墙体、封闭的空间，形成自由可互动的体验区、交易区。体验区集展示、交流、体验、互动、商务洽谈等复合功能于一体，形成复合效应和集聚效应。使公共面积与租赁面积的概念变得模糊，建筑的空间利用率最大化。

内部空间效果图

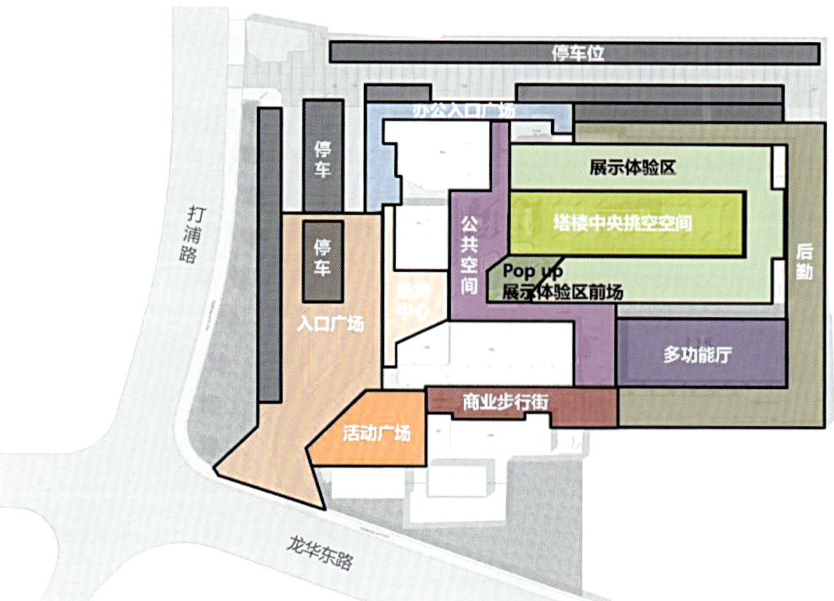

功能分析图

单体透视图

单体鸟瞰图

设计单位：上海中森建筑与工程设计顾问有限公司（施工图设计）、KMS（方案设计）

设计人员：（上海中森）王玉春、刘思彤、严奔驰、冯琦、金松、万小华、吴传侠、罗文、钟才敏、王铭、王建伟、戴康、张汝波、李珊颖、高春；（KMS）万谷健志、沈权、孟璐

完成时间：2021 年

项目规模：建筑面积 25237 万平方米

上海市普陀区中国住宅·梦公园旧厂房改造

背景与理念

中国住宅·梦公园前身为中国科学院有机实验厂，1959年1月份竣工成立，为我国“两弹一星”的研制做出过重要贡献，距今已有56年历史，遗留了完整的工业建筑和办公服务设施。

本次改造遵循积极保护，整体创造的理念，保留原有建筑的记忆，重塑城市功能。

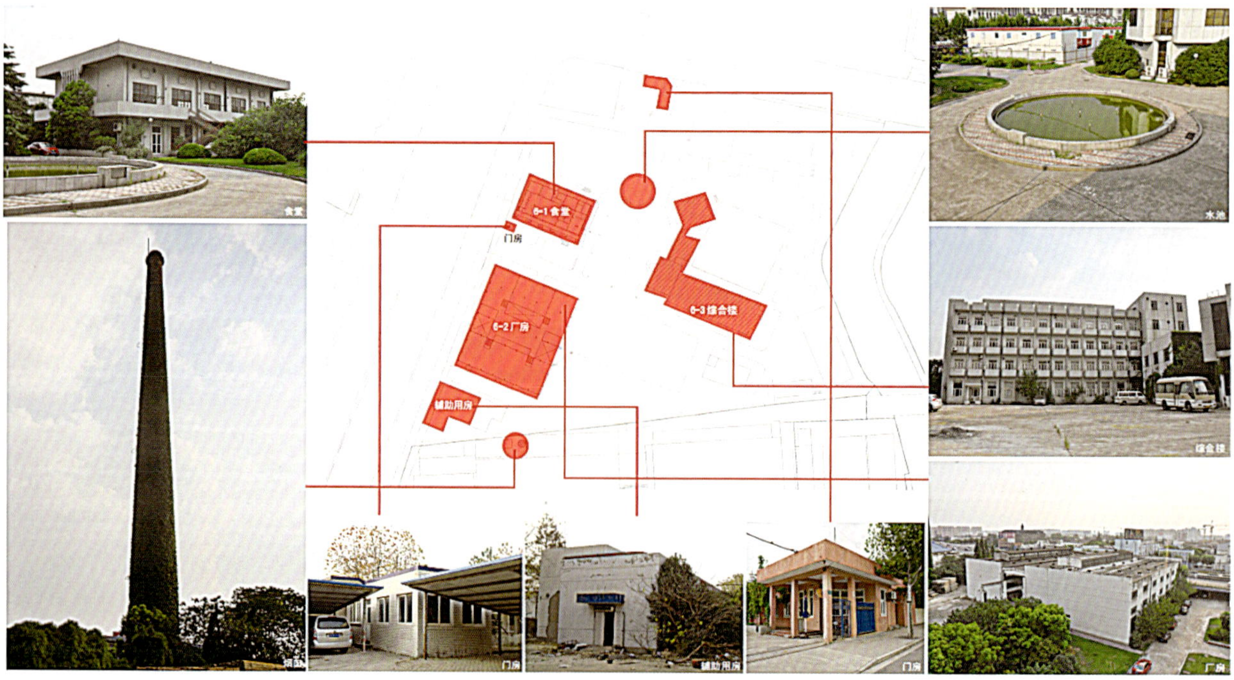

厂房改造前

策略与技术

1. 合理规划改造范围

保留厂房原有结构，加建一层钢结构，加建结构与原结构脱开。食堂结构部分受损，对其进行结构加固后再投入使用。厂房南面的工作车间保留，并对其进行结构加固、防水改造。厂房西面原门房，对其改造作为西侧门卫室使用。对于现有场地进行适度改造以适应未来展览、办公、停车、景观等需求。对现有烟囱北侧围墙进行部分改造，使其纳入中国住宅·梦公园一期范围内。

2. 满足综合性使用需求

打造富有设计感的办公空间。暴露厂房原有的建筑结构，配合以现代感的内部改造，形成新旧对比。凸显时代设计感，又不失历史厚重感。

打造前沿的工业化、科技化、健康住宅展示区。

打造装配式样板房展示空间。

办公区改造前

办公区改造后

3. 高效的结构改造策略

厂房：天窗架夹层进行加建，4.2 米标高处加建一层楼板，加建结构柱与原有结构完全脱开。

食堂：原有外墙改造后结合加建的外围护形成新的立面体系，原有外廊架结构柱进行加固。

解决的实际问题

本次改造的园区傍绿面水，区位优越，通过精心规划建设，打造成为苏州河畔的科技明珠。

园区既提供了办公空间，又将先进住宅科技结合互动体验，打造实景展示区，吸引行业内外的人员前来参观、交流，打造行业技术高地，引领行业转型升级。

装配式样板房施工过程实景

装配式样板房建成后实景

厂房改造后

厂房改造后内部

设计单位：上海中森建筑与工程设计顾问有限公司

设计人员：于海为、张晓远、厉一苇、刘雯

完成时间：2015 年

项目规模：园区占地 36 亩，建筑面积 10000 平方米

上海市杨浦区赛特工业园改造修缮

背景与理念

项目位于上海市杨浦区军工路 1300 号，原为上海茶叶厂仓储区，由 20 世纪 80 年代所建造的办公、物流仓储用房组成，后更名为赛特工业园。改造前园区整体使用率低，除部分楼栋的首层作为快递公司物流中转站，其余楼栋基本空置；交通组织混乱无序，停车位不足；现有建筑陈旧破损、环境脏乱，且安全隐患严重，被列为全市“五违四必”重点整治区域之一。

园区的改造不仅能推进项目自身的环境综合整治，更能为区域发展释放出更多公共空间和产业空间。因此，改造之初就确立了“产业升级、空间优化、交通改善、环境提升”的宗旨，意图将日渐边缘化的工业厂区重新唤醒，以富有创新和活力的现代化产业园形象重新融入周边高新技术产业氛围。

策略与技术

1. 改善交通，激发园区活力

首先亟待解决的是园区交通问题。改造前的赛特工业园至城市道路——军工路仅有一个弄堂出口，进入园区的唯一通道是一段近 500 米长尽端式的里弄路，且弄路的宽度亦只有双向两车道，交通可达性极差。

在与交管部门沟通协商后，项目组充分挖掘现有资源，重新启用了基地北侧已废弃的临时出入口，有效打通了北侧翔殷路的接驳，极大地提升了交通可达性，并在白天时段将该出入口及园内公共空间向周边“邻居”地块开放和共享，解决自身旧有矛盾的同时，亦有效提升了相邻园区的交通便捷性，打通旧有片区的堵塞节点，起到了城市更新的共享和疏导双重意义。

2. 调整空间功能，助力产业升级

着力于内部功能空间调整，将对于产业升级的理解注入具体楼栋，提升园区业态功能，进一步完善复合功能，满足现代化的办公和产业研发要求。

1、2 号楼更新为园区办公人员的长租宿舍，与 1 号楼门厅相接的两层圆形空间改造为园区餐厅及 24 小时便利店。通过新业态的引入，完善便捷服务的同时，也提升业态品质；7、8、10、11 号楼改为研发办公用房，进行功能更新完善及立面修缮。

伴随着园区产业转型升级对配套设施需求的进一步释放，旧有的停车空间显然无法满足未来需要。通过多方案比选以及与各利益主体的协调沟通，最终达成共识：不能因增加车位而减少绿化面积，而是将中央主楼的底层改为架空空间，用于解决停车位不足的问题，共计增加了近 80 个车位，同时重新组织架空层的人行流线，就近停车问题也得到了妥善解决。

底层架空不仅改善了园区停车问题，也借此将被大体块主楼所分割的场地重新连续起来，场地的完整性得到了最大限度的提升。局部挑空空间和场地中的镜面水景，使得底层景观连续、视线贯通，进一步丰富了园区的空间感受。

此外，利用主楼高层视觉资源而设置的屋顶花园，提供了眺望黄浦江的观景平台。以地理位置的优势提升改造项目的价值和使用者的舒适度，重塑和提升了旧有园区及相邻街区的价值。

3. 立面更新，历史与新生融合

原建筑外立面均为涂料材质，质感平淡，面状剥落，保留意义甚微。为了匹配园区的新定位，在充分结合改造成本因素后，采用涂料颜色变化和结合窗洞的色块划分的方法，通过如“马卡龙”般轻快的灰白和蓝灰色彩搭配，并辅以局部穿孔铝板，丰富立面感官，也化解了大体量建筑对基地带来的压迫感。在园区入口的醒目位置，保留了两处旧有建筑中的立面质感——圆柱楼梯间和食堂体块上的红砖，在园区获得新生的同时，风化的红砖和穿孔锈板也映射了些许原址的时代记忆。

解决的实际问题

修缮后的园区功能及其配套都得到了巨大的提升和完善，管理上引入智慧园区的方式，景观上采用了海绵等技术方式进行建设；建成后的建筑淡雅悦目、景观环境宜人，老旧的工业园区焕发了新的生机。

赛特工业园区的改造被设计赋予了新的时代气息，承载了往昔岁月的些许痕迹；再次激活园区的活力和重新塑造所在街区的记忆和形象。

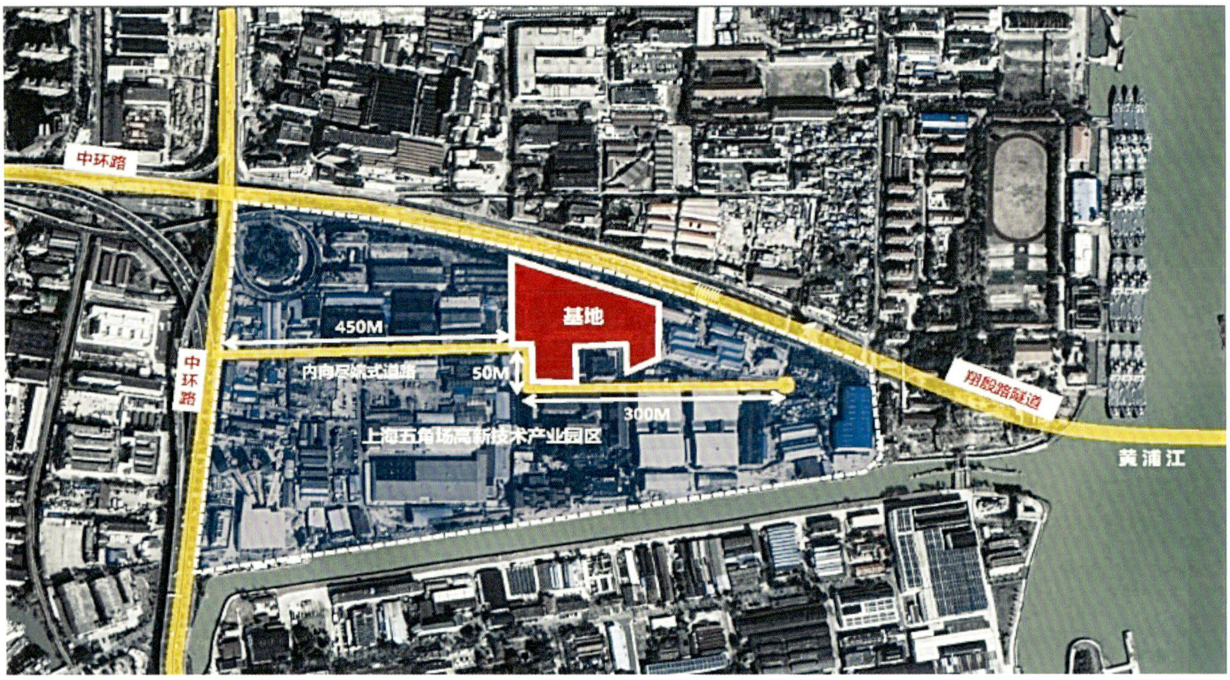

项目区位与改造前交通流线图

改造后总平面图

改造后架空层及景观效果

建筑透视图

设计单位：上海中森建筑与工程设计顾问有限公司
设计人员：高路、肖鑫丰、翁攀、韩朔、商显英、于振波、李樟、江怡璇
完成时间：2020 年
项目规模：建筑面积 25804 平方米

上海市嘉定区南翔公寓改造项目

背景与理念

项目位于居住社区旁，原项目商业缺乏活力，人气寥寥。

秉承谨慎式更新态度，充分尊重场地内原有构筑物与历史痕迹，从饰柱砖面保留拼接到对于废弃水景、原喷泉台阶的改造更新，重新赋予场地不同的表达方式，提供了场地多种可能性，让单一的场地呈现出不同时段不同用途的多功能组合，满足年轻人不同时段对环境的需求。

策略与技术

作为改造类项目，用色彩抵御平淡、用线条击破无聊，新旧更新间有穿插、重延续、设层次，以最轻巧的手法，发挥最有效的影响。

从年轻人的生活方式入手，提炼艺术互动的主题；充分利用场地滨河优势，为入住人群提供户外活动场地；从年轻人的精神需求出发，打造各类艺术空间。

解决的实际问题

在一年的 8760 个小时中，以时间为主轴，提供给青年人一个无障碍社交的、时刻互动交流的平台。创造 24 小时交互共享聚集地，打造一个有温度、有文化、有趣味的城市精英社区。

与常规公寓相比，赋予此公寓“三颗痣”，分别是：市集“廿肆”、屋顶“我家花园”以及装配式装修。其中，“我家花园”设计一改过去屋顶花园“中看不中用”的弊端，以场景化功能为指向，屋顶可以是露天剧场、烧烤露台，也可以是宠物天地、自助酒吧，自由不设限，一切以租客自发使用需求为导向。

装配式装修在公寓界已经逐步成熟，本项目突破了过去装配式设计感弱、施工配合难的问题，给人一种惊艳、极具设计风尚之感。

项目改造后实景图

项目改造后实景图

设计单位：上海中森建筑与工程设计顾问有限公司（参与施工图设计）、GF 设计（方案设计）

设计人员：徐颖璐、张阳

完成时间：2019 年

项目规模：用地面积 8336 平方米，改造总建筑面积 5240 平方米

CANS

上海市普陀区顾正红纪念馆扩建

背景与理念

顾正红纪念馆位于上海市普陀区澳门路 300 号，为庆祝建党 100 周年，普陀区对顾正红纪念馆进行了全面改造升级，通过对场馆建筑外立面、纪念广场、顾正红烈士殉难处等进行修缮改造，展现顾正红烈士生平事迹和“五卅”运动重大历史事件。

策略与技术

纪念馆左右两侧均为居住小区，原展馆及场地都很狭小，扩建之后依然不大，针对特殊的场地条件现状，设计采取了多种综合性的改造策略。例如将景观设计纳入整个展览流线中，以此扩展有限的室内展示空间。建筑设计的策略为红色主题与更新改造并行。建筑材料的选择上兼顾环保、生态、艺术感与文化意象。通过对建筑、空间、环境等的细致处理，再现党领导下的中国工人运动与英雄形象。

解决的实际问题

1. 将耐候钢板作为新馆的建筑材料，塑造了一组错动的立方体组合，利用结构内退四面悬挑的方式，既强化了体量的沉稳刚毅，又表现了形体组合的错落灵动，红锈色的质感烘托出顾正红纪念馆的肃穆气质，也寓意着可歌可泣的早期沪西工人运动。

2. 将原馆东侧一条狭窄的去往殉难处遗址的通道纳入整体的参观路径之中，将入馆前、馆内、馆外（殉难处北行渐窄的通道和反向南行渐宽的通道）这三个区域、四种行为串接成一条连贯的心理变化动线。去往殉难处越来越静，通过修剪的绿植使路径渐窄，给人越来越紧张的空间氛围。行至殉难处，绿植再度打开，给人豁然开朗的感觉。由殉难处往回走则是越来越动，与展示内容巧妙嵌合，并在红色革命主题与当代城市生活之间建立密切的对话。

3. 广场地面铺装采用了三种色彩与质感有微差的石材组合，在强调仪式感的同时也隐喻了红色之花。在规则的广场西侧，围绕一棵保留下来的白玉兰树，设计了一组简洁的休憩空间，这也是融合红色主题与公众日常生活的尝试——公共空间为人民城市服务。

4. 新建建筑紧邻旧馆，在新馆的一层平面设置入口序厅，由序厅进入二层，要经过一个带天窗的三跑楼梯，耐候钢板塑造的窄墙就似一幅鲜红的卷轴，隐喻革命中付出的艰辛与洒下的热血。二层东侧设计一个室外的直跑楼梯可通向屋顶，一条斜向的木制道路朝向国旗，给我们带来希望，屋顶可面向城市，俯瞰城市喧嚣，追忆往昔，静思回味。

顾正红纪念馆鸟瞰

顾正红纪念馆扩建升级后实景

锈蚀耐候钢板材质与错动的立方体造型隐喻百折不挠的革命精神

南侧礼仪广场与入馆先导空间

设计单位：上海中森建筑与工程设计顾问有限公司

设计人员：张男、张晓远、谢金容

完成时间：2021 年

项目规模：建筑面积 200 平方米

河北省承德市金山岭长城悦苑酒店扩建

背景与理念

金山岭长城悦苑酒店是在原有的金山宾馆原址上改扩建而成，基地原有几组合院和一个四合院都是十年前修建的招待所，当年建造标准太低，合院门窗都已脱落，屋面设施老化、渗水，经营困难。只有一个四合院和餐厅对外营业，景区的接待能力严重滞后。值得欣喜的是，原有基地上的树木郁郁葱葱，合院里的松树和龙爪槐形成宜人的环境。

策略与技术

设计出发点保持原有合院格局，保持原有的树木和植被，经过加建和改建，形成了传统胡同式的布局，靠景区主路新建酒店的接待大堂，一个二层四合院，一个二层三合院，围合成酒店的入口广场。总客房数达到 202 间（其中 78 间为旧客房改造），满足酒店的经营要求。

基地东北临道路两侧，有两幢三层的景区管理用房，建筑内部改造成为酒店的后勤用房和设备用房，并设计安排酒店的 SPA。在景区山门口设置了一个大型停车场，游客停车后换乘电瓶车进入景区和酒店。

在景观设计中从室外空间上确定了一条明确的步行流线和两个活动广场，将酒店和原有的配套建筑形成一个整体的形象。在酒店的建设中，对周边村民的雨污水排放及处理和道路进行了改造，极大地改善了周边村民的生活环境。

解决的实际问题

原合院客房开间为 3.6 米，进深只有 6 米，没有淋浴间，设计将房间往院内加建 1.5 米，同时维修旧的屋顶，增加了防水层，重新安装了铝合金窗和竹夹板门。景观样板间的翻建，也促成了设计中大量使用传统工艺的原则，新建的三幢两层建筑主体使用了钢结构外，其他的做法都是传统木构和瓦屋面的做法。青砖用水泥仿古砖代替，瓦面也是原有的旧瓦。新做的木构一律保留了松木的本色，只刷清漆，在灰色的砖瓦下，显现出自然温暖的色泽。整个酒店低矮的体量，散落式的布局，青砖灰瓦，林木葱茏，宛如长城下的一个村庄。

扩建改造后实景图

扩建改造后实景图

设计单位：深圳华森建筑与工程设计顾问有限公司

设计人员：岳子清、史旭、游健、林育涛、何树福、伍赞、梁振庭、卢海江、刘维翰、李智美、王书钵、闫璐、王远生、杨虎、曾传萱

完成时间：2018 年

项目规模：2 万平方米

获得奖项：2021 年度广东省优秀工程勘察设计公共建筑设计一等奖

江苏省无锡市梁溪区尔家雅寓改造

背景与理念

项目位于无锡市梁溪区通沙路 898 号的食科园 B 栋，原业态为酒店，建筑立面及内部的现状很难满足当下实际使用的要求，周边区域活力低下。在此背景下，为广益片区带来焕新重生的机会，提升社区品质、匹配功能、改善居住环境是亟待解决的问题。

在当下的城市更新浪潮中，尊重并强化场所精神，寻求历史与当下的有机平衡，始终是城市更新的灵魂。结合旧场地与新功能的特质，打造一处能重新聚集人气的场所，唤醒场所的活力与生机。

策略与技术

1. 轻盈的立面语言——引入“纱”“印”“刻”母题

整体造型以原建筑轮廓为基础，在统一的基调下将设计元素有机重组，以白色穿孔铝板为载体，“纱”“印”“刻”为母题，化解原本建筑的单调感，增加与城市相衔接的融合度，又维持与所处社区的黏合性。

对立面上铝板冲孔的方式和比例关系进行研究，选择波浪形的冲孔铝板。通过半透样式的覆盖层和灯光设置为整座建筑“减重”，以轻盈的“节奏”和跳跃性的体块分割迎接房间外的车水马龙。

与城中村内原有建筑的“对话”也突出了新与旧语言的对比，与周边建筑共生的状态强调了城市立面肌理层次的“拼贴”感。

2. 场地设计——“疏 + 导”场地策略

通过场地分析，确定了以沿河景观带为核心，并以此为源点组织周边建筑关系的场地策略。通过“疏 + 导”的设计手段，将原建筑一层空间打开，定义为室外灰空间，开辟室内与室外之间的视觉通廊，进而引入人流和活动，并植入“花巷观鱼、竹语木台、篮球天地”等空间场景，形成了充满生机的景观序列轴。

3. 细节与技术

旧改工程的特殊性，决定了项目从图纸到建成不是一蹴而就的。正是在结合实际现场不断调整直至设计落地实现的过程中，建筑才真正实现了新与旧的平衡。尊重原始质感与追求细节同样重要。原始遗留的粗犷墙体，根据保留结构条件调整立面材料分割的尺度，一切细节环环相扣，顺势而为，这正是建筑真实性的体现，也是旧改设计的魅力所在。

解决的实际问题

曾经的老建筑已经以新的角色重新融入人们的生活，成为周边居民散步、孩子玩耍的新场所，凭借现代简洁的设计，成为无锡又一旅居目的地。

立面展示

扩建改造后实景图

设计单位：上海中森建筑与工程设计顾问有限公司（建筑方案设计）
设计人员：高路、徐贤勇、肖鑫丰、韩朔
完成时间：2021 年
项目规模：8048 平方米

06 历史文化类

保护和传承城市建成区的历史文化遗产是城市更新的重要任务之一。一方面，在国家相关法律法规以及政府大量投入的遗产保护资金支持下，基于文化—生态—土地资源整合的遗产保护规划与工程设计，可令城市遗产的价值特征及其真实性完整性获得显著提升，为城市的文化建设与活力提供显著的支撑；与此同时，基于文化遗产保护的任务包含了对城市可持续发展需要作出努力，由此开展的丰富多样的城市功能区调整、建筑与景观环境设计、道路交通系统调整以及对城市生态系统的资源整合，可对遗产区周边的各种城市居民生活空间产生卓有成效的人居环境提升，赋予其新的活力与功能。故此，21 世纪中国的建筑师与规划师，可经由富有中国特色的城市历史文化遗产保护与传承实践，在城市更新方面大有可为。

陈同滨

陕西省西安市汉长安城遗址公园未央宫片区详细规划

山东省德州市大运河德州段保护利用总体规划

福建省泉州市城南历史街区保护规划与城市设计

福建省泉州市洛阳桥及周边传统社区环境提升工程设计

福建省泉州市天后宫—德济门遗址片区保护展示及环境提升工程设计

贵州省赤水市长征国家文化公园一期工程项目（两馆一渡）概念方案设计

吉林省长春市伪满皇宫近卫军营区保护修缮及营区环境整治工程设计

安徽省滁州市凤阳县明中都皇故城宫城环境整治（三期）工程设计

河南省洛阳市隋唐洛阳城遗址保护总体规划

天津市五大道近代建筑群文物保护规划

山东省济南市大辛庄考古遗址公园规划

山西省侯马市晋国遗址·盟誓遗址公园概念规划

山西省吕梁市柳林县明清街历史文化街区更新改造工程设计

江苏省昆山市陆家粮库活化利用项目新诚米厂旧址修缮设计

新疆维吾尔自治区克拉玛依市记忆之城代表性项目粮食局改造和黑油山石油文化园详细规划

陕西省西安市汉长安城遗址公园未央宫片区详细规划

背景与理念

汉长安城未央宫遗址位于陕西省西安市未央区，分布范围 4.8 平方公里。汉长安城未央宫遗址作为“丝绸之路：长安—天山廊道的路网”的重要组成部分，于 2014 年列入《世界遗产名录》，展现了丝绸之路发展初期西汉的都城城市文化特征和文明发展水平，见证了西汉对丝绸之路开创所发挥的决定性作用。

汉长安城未央宫遗址是我国统一王朝第一个建制完整的都城宫殿遗址，作为王朝权力中心和丝绸之路最早的东方起点，是汉通西域的决策和指挥中心，见证了汉代积极寻求对话与交流，促成了丝绸之路开辟的重要历史功绩，是中华民族多元一体统一国家的历史标志和象征。

未央宫遗址地处陕西省省会西安市的城市建成区内，属于不可再生的大型考古遗址，极易受到快速城市化的影响，需要持续面对社会经济持续增长过程中的建设用地扩张、景观环境变化、历史风貌错位等问题。

策略与技术

项目遵照国际文化遗产保护理念“真实性”“完整性”和“延续性”的要求，从遗产价值整体保护出发，建设考古遗址公园以实现统筹城市土地资源与文化资源的合理利用，探讨遗产保护、城市发展与居民利益之间关系的平衡。

遗址公园规划从未央宫遗址的遗产价值研究入手，结合考古研究成果和历史文献梳理，进一步深化分析和归纳各类遗产价值载体的类型、分布规模、形态特征和信息全面程度，辅以历史环境特征的专题研究，并以此为基础，确定展示内容和展示主题，构建遗址公园的阐释框架。

根据阐释框架策划遗址公园的功能分区，区分遗存格局清晰、遗存信息丰富，且经过系统考古工作可用于重点阐释遗产价值的遗址现场展示区、用于过渡现代城市和历史城市的空间过渡区、提供配套服务的入口服务区，以及未来随考古工作推进可适时转化为遗址现场展示区的考古工作现场区等。结合功能分区和展示内容，确定展示方式，设计满足城市和遗址公园交通需求的道路系统和可以满足不同游览时长要求的展示流线，结合符合时空特征的植物配置设计、沧池水环境修复设计等方式，将汉长安城未央宫遗址及其历史环境风貌等遗产信息完整的呈现给游客。

解决的实际问题

项目是探索通过文物保护利用助力城市发展的代表性规划案例，是对新时代文物工作方针“保护第一、加强管理、挖掘价值、有效利用、让文物活起来”的全面贯彻落实。

作为申报“国家考古遗址公园”的必备材料，《汉长安城遗址国家考古遗址公园未央宫片区详细规划》为 2017 年“汉长安城未央宫国家考古遗址公园”成功列入第三批国家考古遗址公园名单提供了有力支撑。2021 年 8 月，3.2 平方公里的一期范围已向游客全面开放，为市民休闲、游憩、健身等户外活动提供了环境美好、意义丰富的绿色空间。

此外，通过遗址公园规划的逐步落地实施，不仅实现了对公园范围内重要遗址本体、基础设施条件落后、建筑质量不佳且存在安全隐患的城中村的整体搬迁，并全面改善了村民的居住条件和生活环境，更有效改变了该区域长期卫

考古遗址公园总平面图

少府遗址（保护展示工程实施后）

设计单位：中国建筑设计研究院有限公司

合作单位：北京北林地景园林规划设计院、北京中元工程设计顾问有限公司

设计人员：陈同滨、蔡超、韩真元、王力恒、郭辛欣、张英琦、俞峰、赵涛、黎平、苏雪痕、陈笑、何伟嘉、宋肖肖、张跃、单永平

完成时间：2013 年完成设计，2021 年开园

项目规模：规划范围 858.37 公顷

山东省德州市大运河德州段保护利用总体规划

背景与理念

系统开展大运河文化的保护传承利用工作是深入贯彻习近平总书记关于弘扬中华优秀传统文化的重要指示精神的重要举措。在国家制定的文化保护传承利用工程方案、大运河文化保护传承利用规划纲要、国家文化公园建设方案等的指导下，通过深入挖掘大运河优秀传统文化精神内涵，加大文化遗产认知与保护展示力度，同时关注经济发展与社会进步的整体协调，让保护利用和城市更新、乡村振兴成果公平惠及人民，坚持小规模、渐进式的科学更新与建设，保护传承遗产系统与提升本地生态、生产、生活条件并行，为德州市增加新动力，逐步构建可持续发展的复合型社会—生态系统，创造可持续的经济、文化、生态效益。

策略与技术

以上位规划为指导，兼顾文化遗产引领能力提升及城乡社会可持续发展需求，设定五类保护利用分区：河道管理区、文化遗产保护利用区、建设引导区、风貌控制区、环境协调区。

遵照运河遗产保护利用分区的管理要求，策划四类主题功能组团。分别是：生态运河、文化运河、活力运河、科教运河。这些主题功能组团以运河生态绿色廊道为主干，相互串联，形成宜居宜游的滨水城市空间。

解决的实际问题

以振兴运河古城为目标，深入挖掘古代德州城河相生的历史智慧，基于遗产整体价值特征，以南北向蜿蜒的运河主干、沿河分布的系列漕运集聚组团、运河东岸蔓延生长的服务型城乡聚落为原型，规划“主干、集聚、蔓延”式发展布局，着力建设：

1. 以运河河道为核心生态绿色廊道（略）

2. 运河沿岸特色功能组团

首批德州运河保护利用示范区：漕运仓储文化展示区；沿运河东岸发展一系列特色文化、休憩公园；在德州码头区域建设标志性景观构筑物。

3. 与运河密切互动的城市社区与公共空间

建设一系列连通运河与城市的绿色廊道；建设古城核心十字街绿色廊道，通过口袋公园等方式呈现历史空间格局；更新改造或建设与运河系列公园便利连通及功能互动的一系列“运河新街坊社区”和“运河人家村舍”。

规划方案以文化为引领、以人民为中心、坚持可持续发展，以大运河文化的科学保护、世代传承、合理利用为宗旨，打造内外可用，宜居宜游的德州优秀传统文化保护传承利用示范区、城市滨水空间可持续发展示范区，为国家大运河文化带建设提供支撑，使之成为展示中华文明、彰显文化自信的亮丽名片。依据本规划，北厂漕仓遗址、小锅市运河聚落、九龙湾文旅融合园、东盟国际文化产业园、老电厂片区、四女寺水利风景区等重点片区城市更新设计及实施已有序展开。

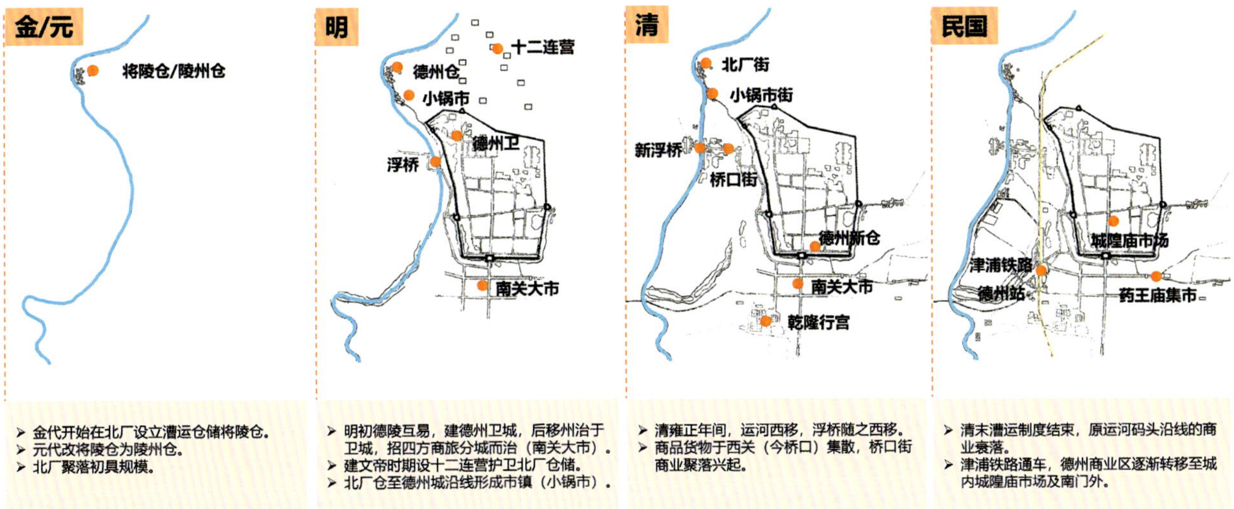

大运河德州段城河互动关系演变

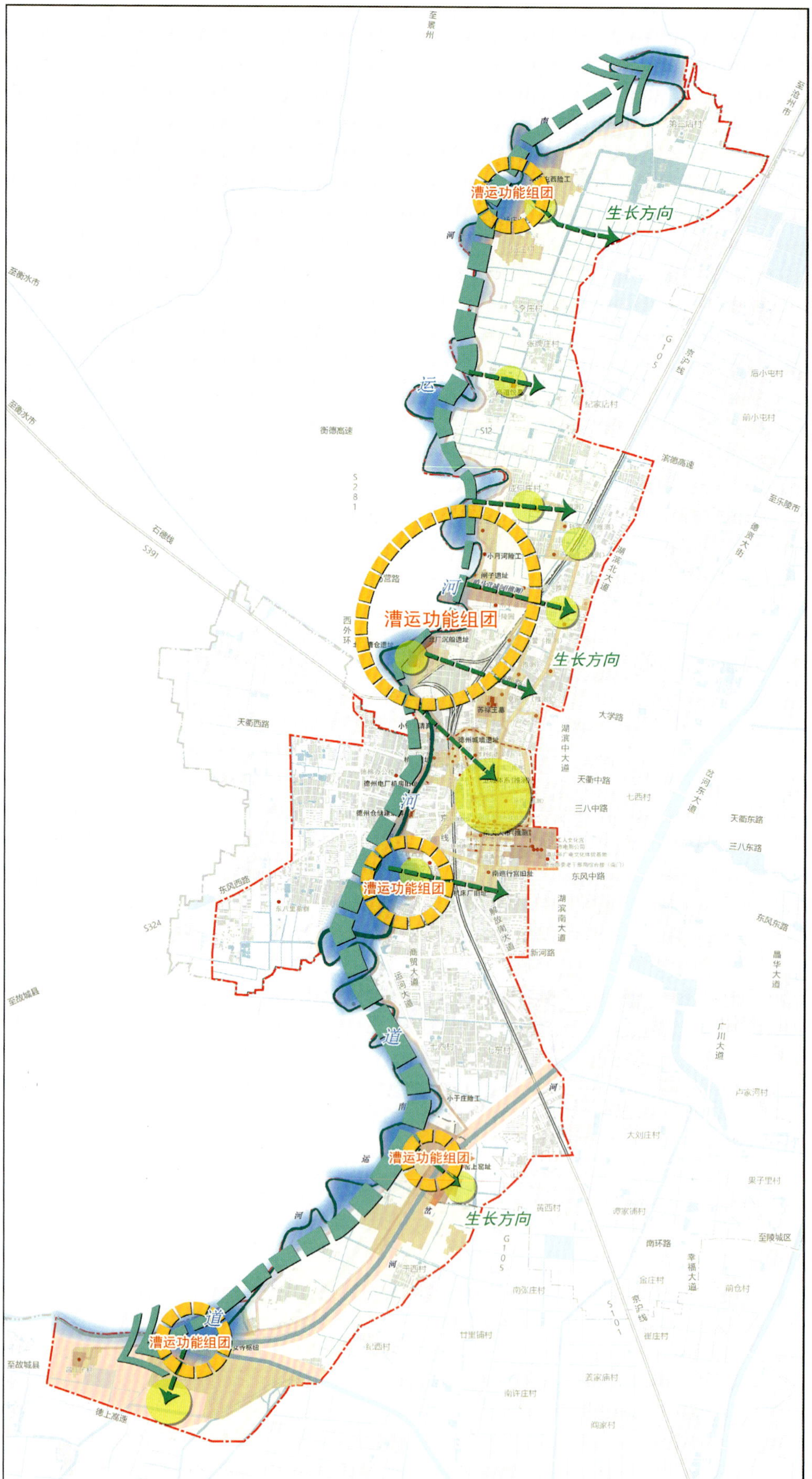

大运河德州段空间结构分析图

大运河德州段发展布局图

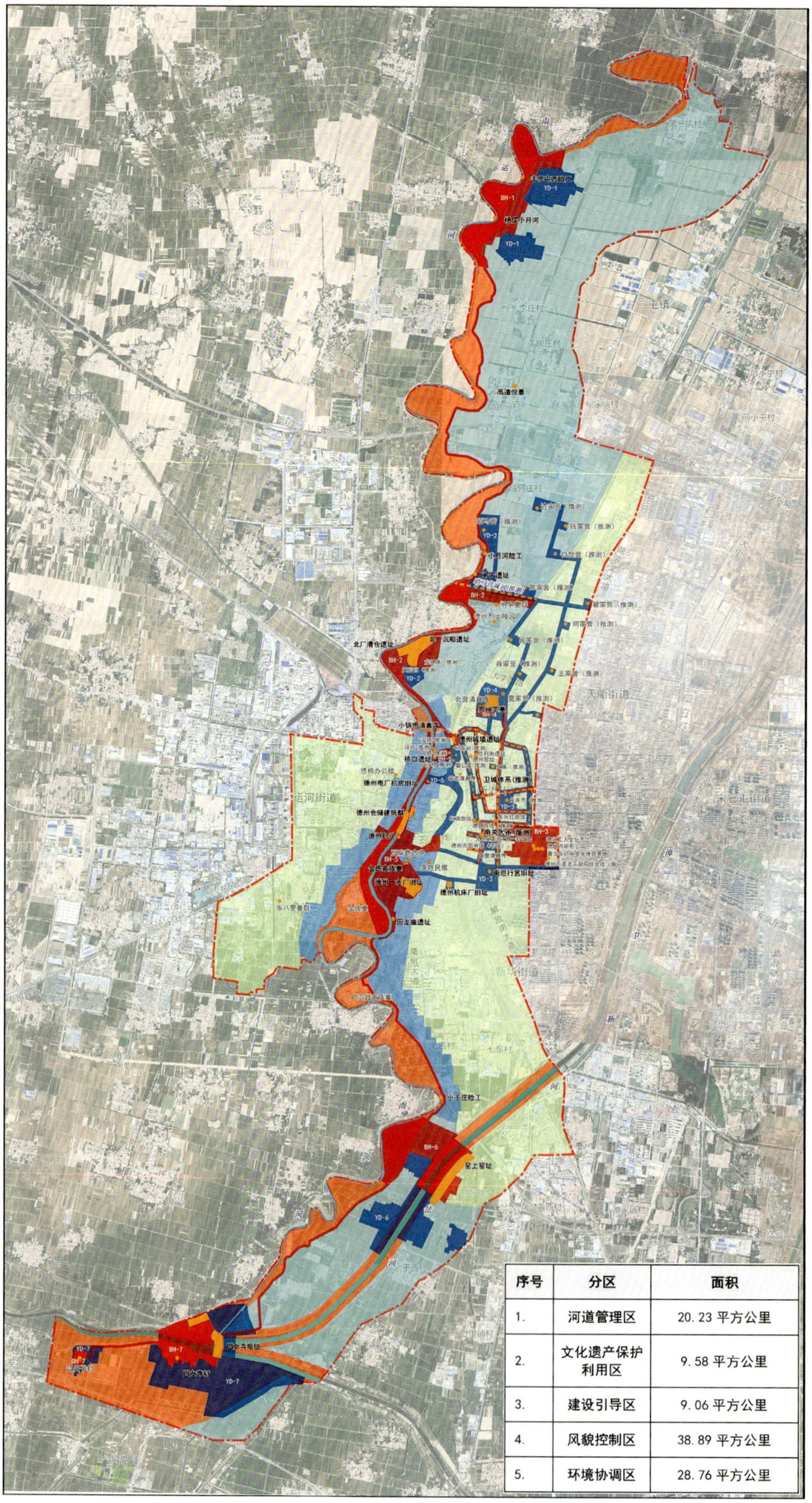

序号	分区	面积
1.	河道管理区	20.23 平方公里
2.	文化遗产保护利用区	9.58 平方公里
3.	建设引导区	9.06 平方公里
4.	风貌控制区	38.89 平方公里
5.	环境协调区	28.76 平方公里

保护利用分区图

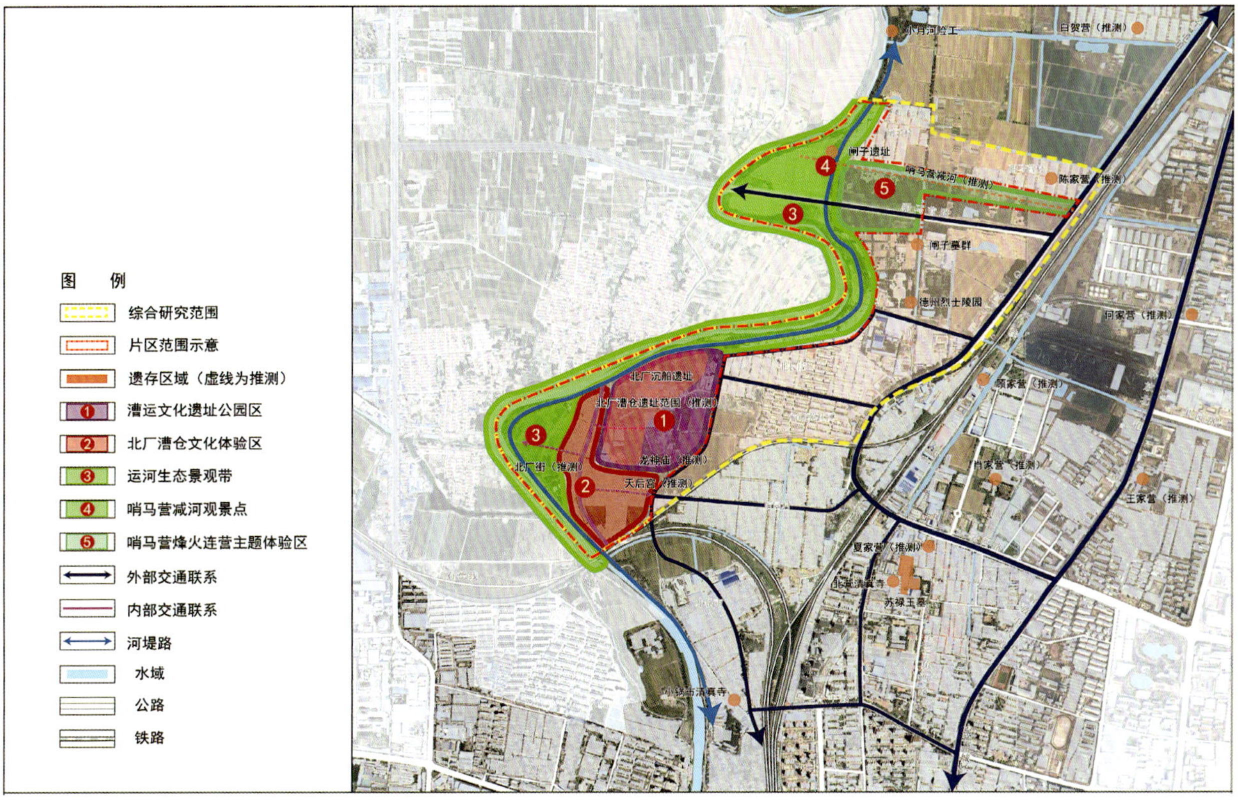

北厂漕仓片区保护与利用节点设计意向

设计单位：中国建筑设计研究院有限公司（建筑历史研究所）

设计人员：傅晶、李琛、梁中荟、张英琦、郜华、王奥怡、赵粉艳

完成时间：2022 年

项目规模：规划范围 87.88 平方公里

福建省泉州市城南历史街区保护规划与城市设计

背景与理念

泉州城南历史文化街区是福建省级历史文化街区，整体位于世界遗产“泉州：宋元中国的世界海洋商贸中心”的缓冲区内。城南街区伴随泉州古城的扩建形成于宋元时期，发展于明清、民国并沿用至今。街区传统城市形态肌理保存完好，各类传统建筑留存丰富，传统生活方式和文化习俗完好延续，不仅是泉州作为宋元中国的世界海洋商贸中心的见证，也是闽南地域文化和传统生活方式的典型代表，是历史文化名城泉州城市复兴发展的重要资源。本项目包括城南历史文化街区的法定保护规划、历史街区城市设计与重要节点设计等内容。

作为泉州古城、泉州世界遗产具有代表性的组成部分，城南历史文化街区的保护与发展是泉州世界遗产城市保护、传承与可持续发展的迫切需要。本项目系统策划了历史街区的整体保护体系，基于历史街区个性特征探索与新区不同的城市设计方法，并在重要街区节点开展实践应用。本项目坚持见人见物、整体保护、可持续发展的原则，传承、守护城南街区核心价值，完整保护街区要素体系，优化内在机能，全面提升街区人的发展和文化的传承创新，助力街区自造血能力培养和内生动力的激活，实现历史街区与人的持续互惠和共同发展。

策略与技术

清晰界定城南历史文化街区的价值及其要素体系，针对街区要素体系开展演变评估与需求分析，在此基础上分析得出街区总体发展定位与功能布局，确立规划措施体系。在保护规划基础上开展城市设计：明确界定对象特征，针对保护与非保护性要素实施差异化措施；兼顾价值传承与活力延续；以街区传统特征维护、强化为基本目标，将设计约束转化为设计依据；以街巷为单元进行综合、集约式设计。

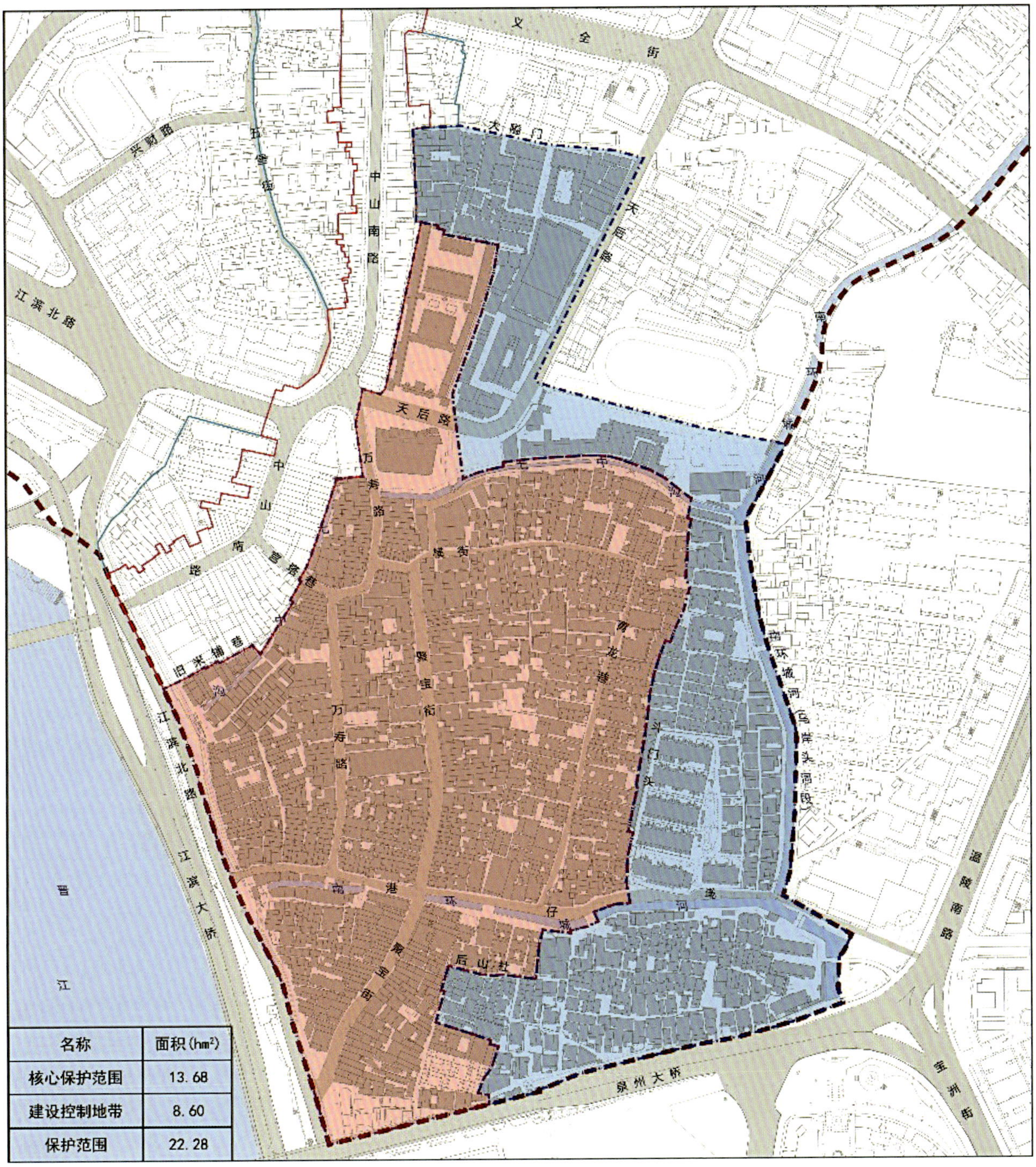

名称	面积(hm^2)
核心保护范围	13.68
建设控制地带	8.60
保护范围	22.28

城南历史文化街区保护区划

解决的实际问题

项目针对历史街区价值与保护对象不清的难点，研究建立了街区价值体系，明确了由形态格局与景观特征、传统建筑与场所、传统生活与传统文化等共同构成的整体街区要素体系与保护内容，划定了街区保护范围，提出功能引导、空间管控、景观提升、生态修复等要求和措施。针对传统街区与现代城市功能关联弱化的难点，依托古城整体策划了街区定位与发展目标，强化街区生活属性，优先满足本地居民需求，对利用主体、产业类型、功能布局及各类街区资源的适配性进行引导。基于历史街区传统特征对城市设计的限定要求，提出以定特征、找关系、适配法为核心的街区城市设计技术方法，对街巷空间与界面、建筑组团、公共环境要素等提出传统特征维护、负面因素治理、积极因素强化等设计引导要求。针对街区发展动力不足的难点，策划多处街区改造提升示范节点，促进街区活化与自主更新，加强街区与周边城区的融合与联系。项目重点开展了德济门遗址广场、车桥头滨水节点、宝海庵宗教文化综合体等节点设计，激发街区内在活力，促进街区功能、形式设计与城市可持续发展的有机衔接。

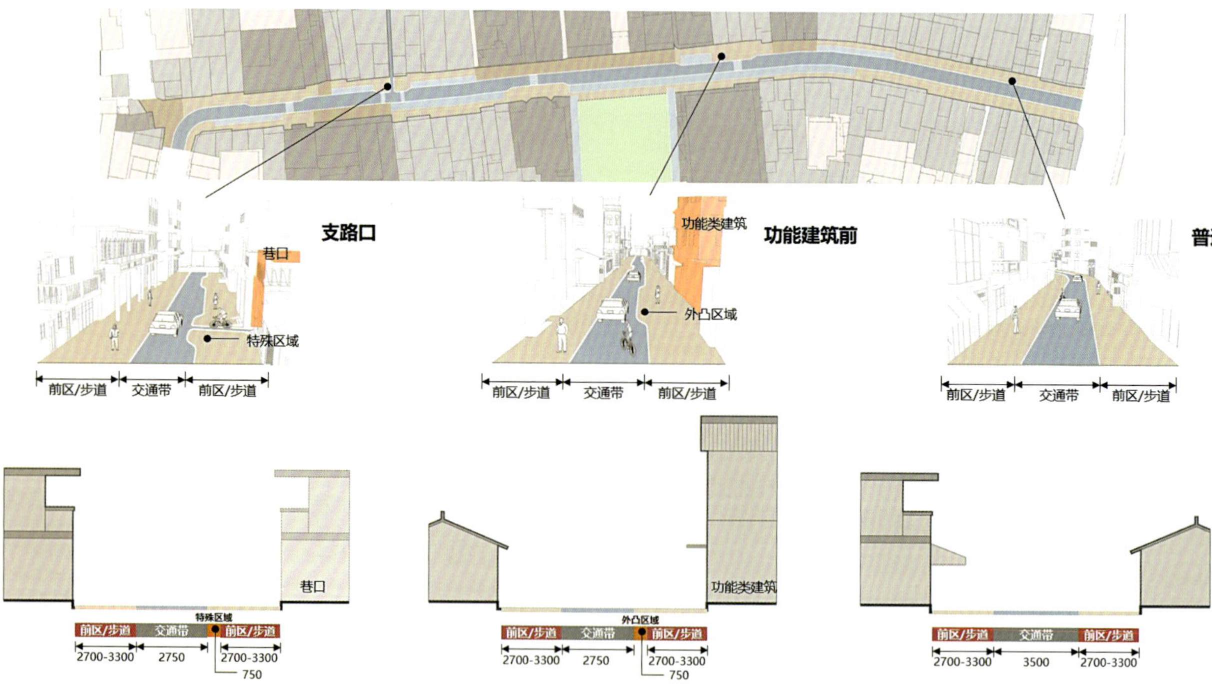

街巷空间与建筑功能适配

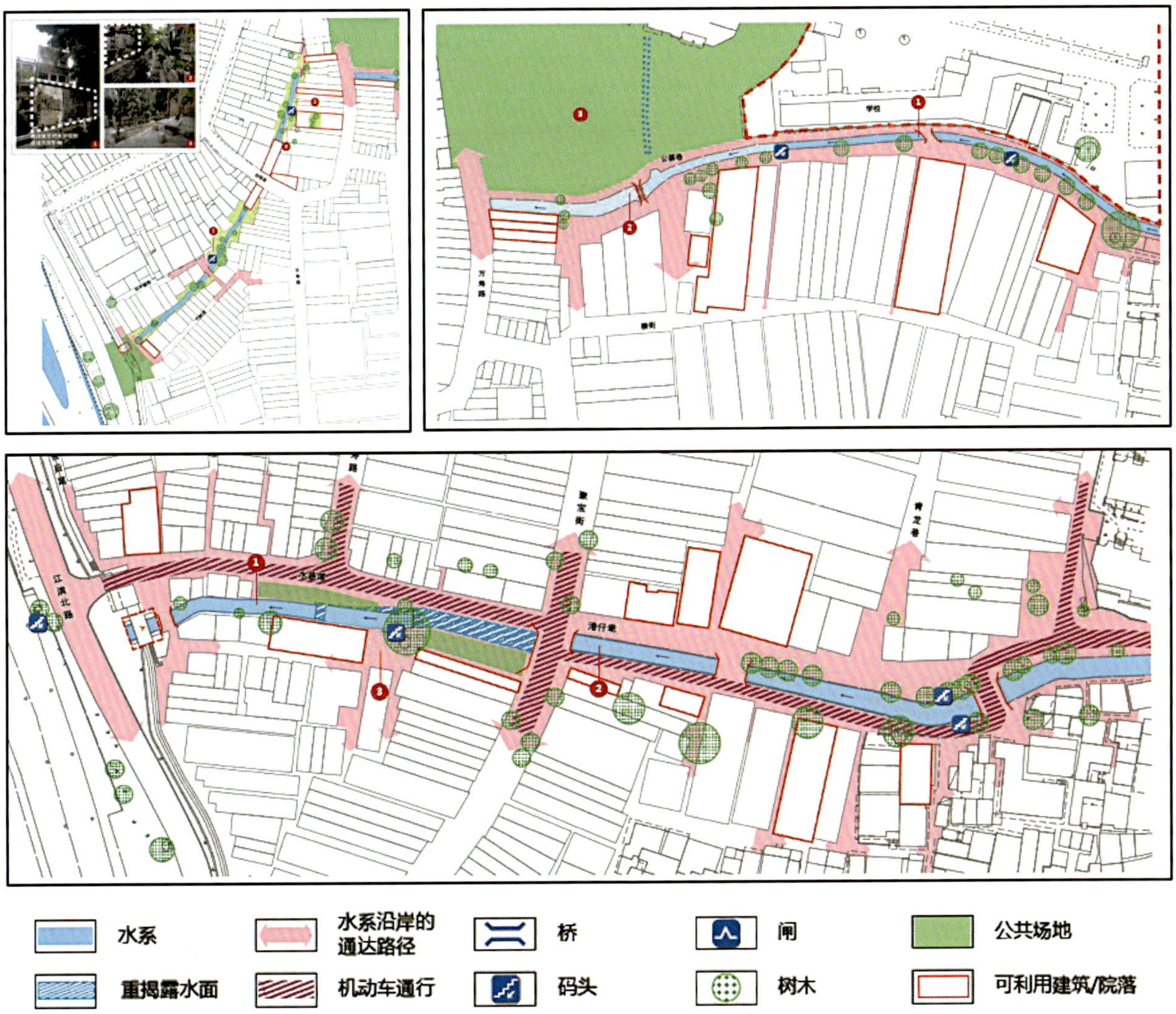

传统水系与滨水空间保护

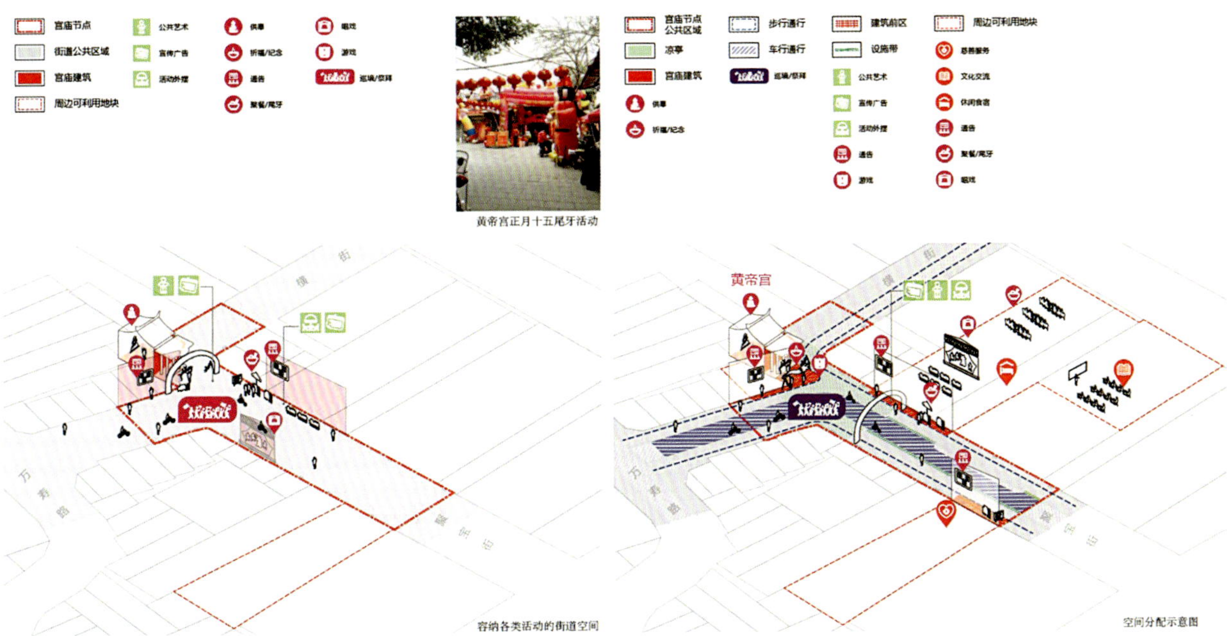

黄帝宫正月十五尾牙活动

容纳各类活动的街道空间

空间分配示意图

宫庙节点保护提升

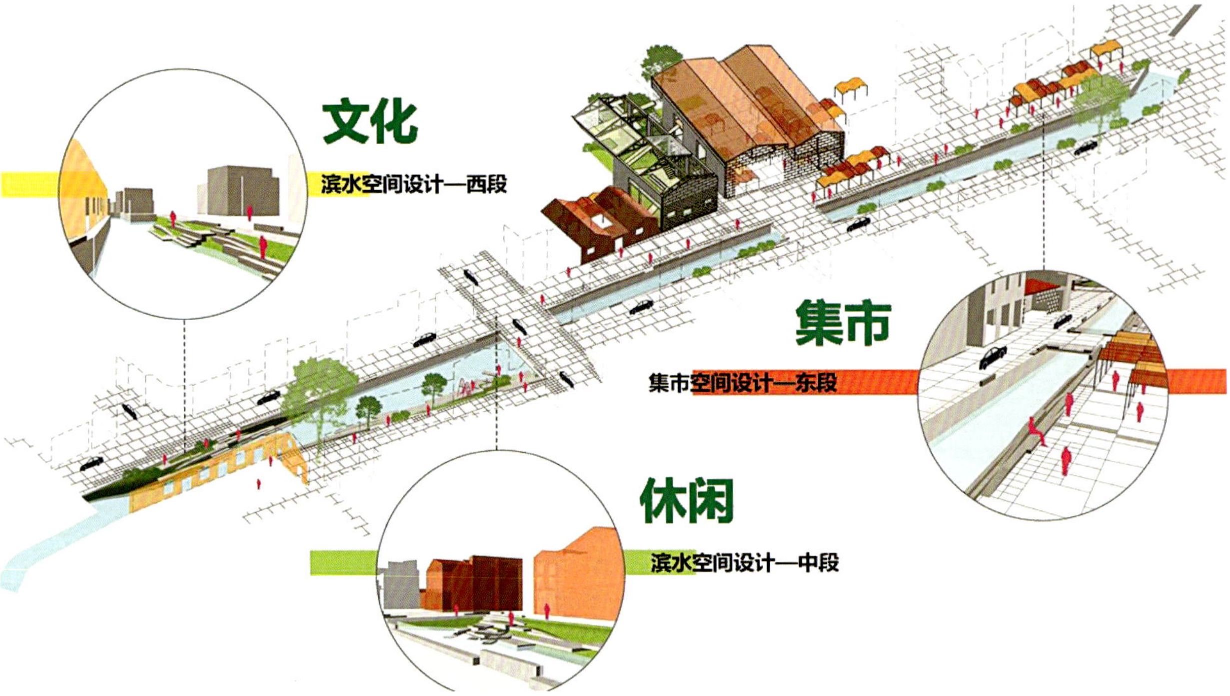

车桥头滨水节点设计

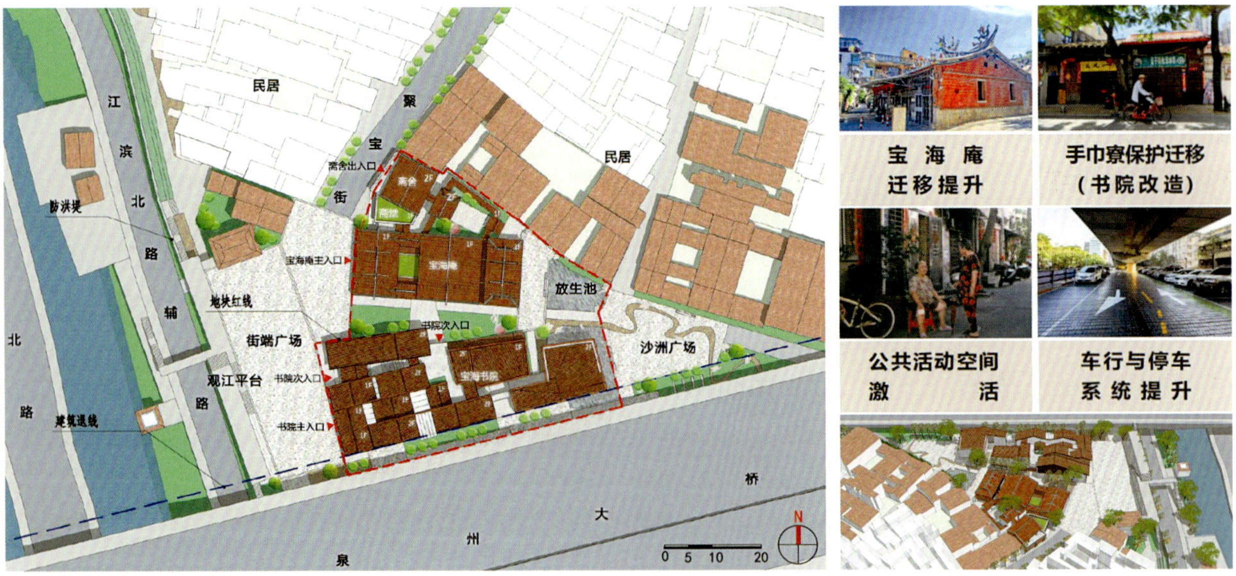

宝海庵宗教文化综合体节点设计

设计单位：中国建筑设计研究院有限公司（建筑历史研究所）

设计人员：傅晶、王敏、郜华、李皓、王奥怡、张英琦、孟菲、张龙、王超一

完成时间：2022 年

项目规模：规划范围 22.28 公顷

福建省泉州市洛阳桥及周边传统社区环境提升工程设计

背景与理念

洛阳桥是“泉州：宋元中国的世界海洋商贸中心”世界文化遗产的重要组成部分。本项目是面向世界遗产申报和遗产保护需求做出的洛阳桥及其周边传统社区的整体环境提升工作。项目工作对象具有复合性，包括洛阳桥千年古桥、桥南村和万安村传统村落、泉州湾河口湿地，面临着桥与村联系退化、社区衰败、水域淤积的状况，因此需要多维的专业角度实现文物保护、社区激活、生态维护三重目标。项目秉持可持续的遗产保护管理理念，探索遗产、社区和环境依存关系的修复途径，助力社区自觉守护遗产，致力于遗产价值传承和社区活力延续。

策略与技术

本项目研究遗产、社区、环境的传统依存关系，分析关系演变及趋势状况和原因，最终实现关系修复与发展。具体技术方法包括：重建历史交通关联，激活村落发展源动力；提升基础环境品质，修复社区对遗产的信任；以点状激活，驱动村落有机体自主更新与发展；以“重点修缮”代“表面整饰”，存续社区发展战略资源；强化关联信息，唤醒社区传统意识与自觉守护。

解决的实际问题

项目通过展示路线、停车场的重新组织设计，将社区、古街重新纳入古桥的交通系统；通过跨学科合作，从水动力、泥沙回淤情况等方面提出清淤方案，解决了红树林泛滥，实现了河道清淤和生态景观修复；改善排水、道路、社区公共活动场地等基础设施条件，提升居住便利、舒适、安全，实现了社区居民在遗产环境提升成果中的直接受益；进行桥南村社区入口、蔡襄祠、凉亭、家庙等重要节点的示范提升，从而驱动村落有机体自主更新与发展；实施传统建筑修缮与利用示范项目，并制定村落更新导则，为社区更新发展做出引导；通过在设计中引入传统条石、海蛎壳、红砖、与桥同宽的道路铺装等传统要素，强化地域性、传统关联性，提升遗产社区的身份认同感。

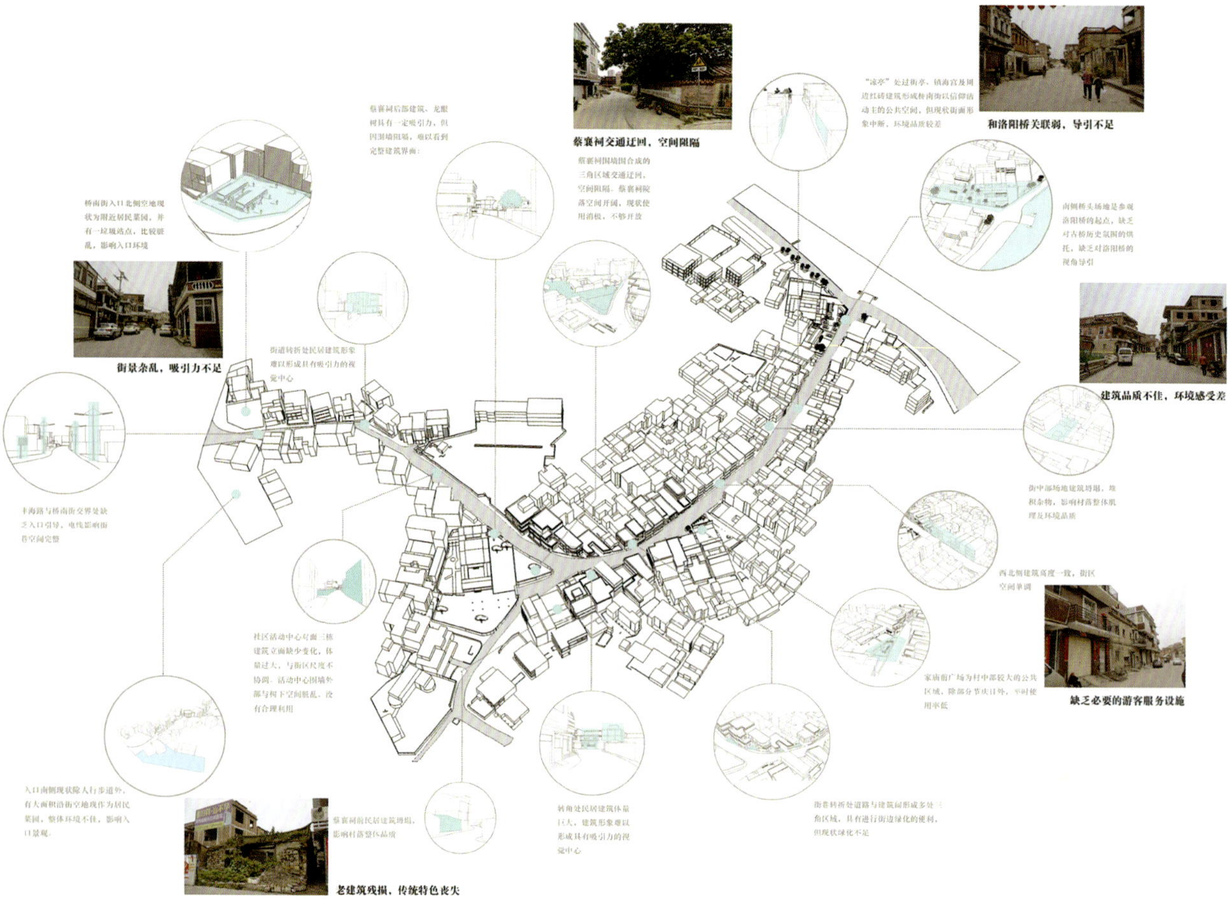

村落公共空间与景观需求分析图

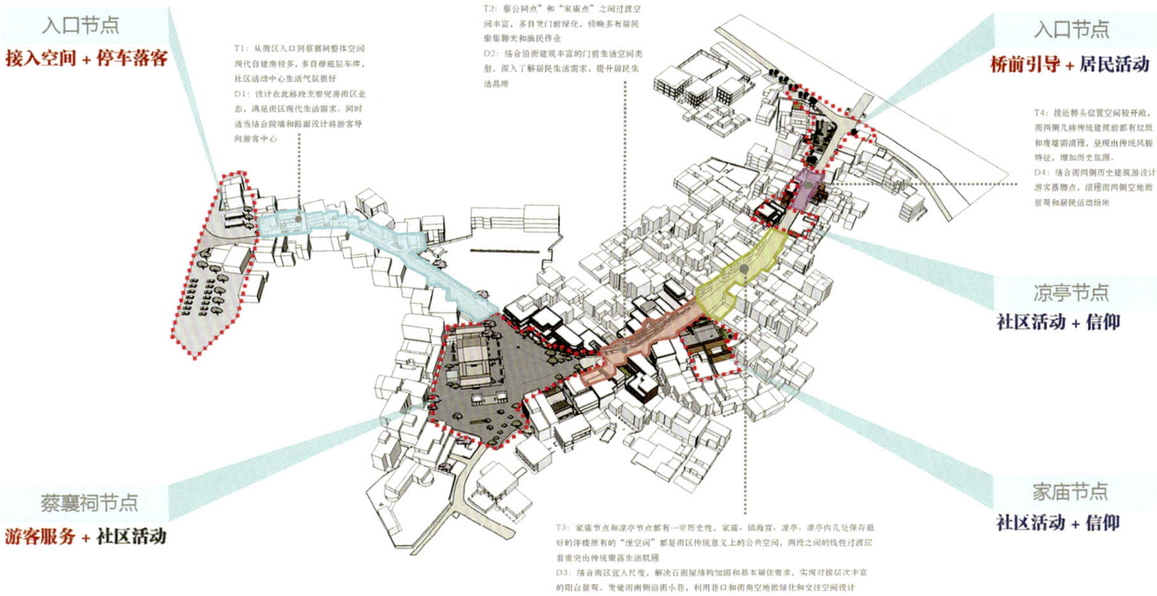

入口节点：利用入口两侧菜园地做硬化和景观设计，南侧作为大巴落客，北侧作为停车场解决游客临时停车和居民部分停车问题

蔡襄祠节点：拆除街角围墙，将蔡襄祠公共空间面向居民和游客开放，公共空间与周边民居建筑连为一体

家庙节点：恢复家庙和西侧大厝院落空间，承载家族和村落传统民俗活动。同时沿街配合景观设施引导游客和居民驻足

凉亭节点：对凉亭空间进行外观整治，在沿街立面上起到两街两侧洋楼作用，凉亭灰空间与西侧洋楼外廊相连，为居民和游客提供活动空间

桥头节点：引用传统元素烘托传统氛围，利用大面积空地为居民提供公共活动空间，为游客提供休息场所

村落公共空间与景观重要节点功能定位图

洛阳桥河口景观修复实施前后对比

洛阳桥头公共空间提升前后对比

传统建筑修缮与利用示范实施前后对比照片

设计单位：中国建筑设计研究院有限公司（建筑历史研究所、生态景观建设研究院）

合作单位：华侨大学建筑学院

设计人员：傅晶、王敏、陈志宏、任远、刘环、刘卓君、王力恒、梁中荟、孟菲、张稣源、陈笑鹏

完成时间：2017 年

项目规模：方案设计范围 6.86 公顷，环境控制与引导范围 286.68 公顷

福建省泉州市天后宫—德济门遗址片区保护展示及环境提升工程设计

背景与理念

天后宫—德济门遗址是“泉州：宋元中国的世界海洋商贸中心”世界文化遗产的重要组成部分。本项目是面向世界遗产申报和遗产保护需求开展的文化遗产综合保护、展示及环境整治工程。

德济门是因海上贸易繁荣而兴建的泉州古城南门，是进入城市南部商业区的交通要道，天后宫是中国最古老的海神“妈祖”的祭拜宫庙，二者均是泉州海港城市的重要见证，其以南的临江区域是宋代以来泉州城经由晋江开展远洋贸易的海陆转运枢纽，延续着根植于传统的居住、商贸、宗教等活动，形成了以德济门遗址为轴矮、向江边辐射，“面城临江”的传统街区形态。历经千余年的变迁，天后宫—德济门遗址所在街区的环境随时代演变出现了诸多“新旧碰撞”的现象，遗址周边注重机动车通行的道路与德济门遗址广场“孤岛式”抬升观景台割裂了原城门与街区的关联，街区未来发展方向定位不明，环境品质也出现了改变和衰退，不仅不利于遗产的保护和传承，也有碍于城市的健康、和谐发展。

项目秉持“安全、共享、活力、传承”的设计理念，通过遗址展示从“教科书式”向“参与共享式”的转变，遗产环境从“机动车交通空间”向“步行化生活空间”的回归，延续世界遗产城市泉州的城市记忆，保护与呈现遗产的历史文化特征，提升遗产及其所在街区的环境品质，助力城市可持续发展。

策略与技术

项目以处理好文物保护与城市发展之间的关系，实现历史、当前、未来的衔接为目标，以遗产环境古今演变机理分析为基础，采用尊重长期使用和发展需求，优化环境功能、提升内在品质、建设长期管理机制、保障可持续发展等技术策略，具体包括扩展广场公共空间，梳理遗产周边交通；整合更新景观环境设施，提升城市人工环境品质；整体设计服务设施和公共活动设施，提供交往交流的活力场所；结合地面铺装进行“内”“外”有别、“早”“晚”有序、“古”“今”一体的遗产信息展示；修缮沿街建筑彰显地域人文特质等方式。

解决的实际问题

1. 安全。通过设计机动车和人行交通道路、提供通畅的步行通行空间、设置可靠的照明灯景观环境设施，使步行空间连贯畅通，行人获得安全感。

2. 共享。通过集信息与围护多功能一体的设施更新、可透水地面、设置弹性街道空间分配和使用方式、提升绿化品质等方式，重新呈现场所的公共性、共享性，城市人工环境与自然环境健康共存。

3. 活力。通过保留街道首层的商业和服务等积极功能、提供便利的服务和公共活动设施、设置休憩节点，使社区获得开放、亲和、易达的空间环境体验，创意与创新体验，进行交往交流活动。

4. 传承。通过沿街建筑修缮、道路改建等设计，传承城市物质空间环境，并顺应时代发展，物质与非物质要素统筹保护，延续历史特色与人文氛围，整体呈现“场所精神”的魅力空间。

提升工程前天后宫—德济门照片

德济门广场交通调整分析图

德济门遗址广场设计总平面图

天后宫—德济门遗址提升后的鸟瞰照片

设计单位：中国建筑设计研究院有限公司（建筑历史研究所、生态景观建设研究院）

合作单位：华侨大学建筑学院、泉州市城市规划设计研究院

设计人员：傅晶、孟菲、王敏、刘环、刘卓君、郜华、张英琦、许有志

完成时间：2017 年

项目规模：设计范围 5.09 公顷

贵州省赤水市长征国家文化公园一期工程项目（两馆一渡）概念方案设计

背景与理念

贵州是红军长征途经的重要省份，赤水市更是因中国工农红军“四渡赤水”而闻名的国家历史文化名城，是贵州长征国家文化公园明确建设的核心展示园。本项目位于赤水市城区和城镇区域，是落实《四渡赤水（赤水）核心展示园建设保护规划》的重要工程项目，包括赤水革命陈列馆及烈士陵园改造提升设计、赤水长征数字体验馆及周边景观提升设计、元厚红军渡口展示设计等多个分项，是四渡赤水核心展示园建设的先行示范项目，旨在打造具有赤水特色革命文化的重要城市地标，为城市发展注入红色发展动力，实现革命文化与城市更新的有机结合。

策略与技术

1. 陵园纪念广场用现代设计手法营造室内外一体的叙事性体验线路，平衡纪念与休闲功能，构建融于城市的红色革命纪念场所。规划布局营造兼备复合功能的“城市性”开放空间；陈列馆建筑营造庄严肃穆具有“象征性”的前序空间。景观游径营造“叙事性”纪念景观，再现长征战斗场景，以室内外空间布局的起承转合，将百折不挠、自强不息的革命精神进行“现代性”转译。

2. 赤水船厂片区结合革命旧址和工业遗产，传承红色文化，延续工业记忆，引入多元业态激活城市旧片区。以“尊重历史、创造未来”的核心理念，保留船厂原有格局、构筑物及遗存，最大限度还原时间性与场所性，充分展示工业特色风貌。充分发掘空间价值，以“本土设计”理念充分尊重场地特点和地区气候、文脉特征，将船厂改造为集展览、活动、商业、办公、生活为一体的新型城市文化生活综合体，成为激活城市的引爆点。

3. 元厚红军渡口采用“红”“古”的发展模式，达到革命文物保护展示与古镇经济发展与文化传承相协同。克服复杂的现状条件，围绕遗址价值特征将匹配的展示方式系统性地应用到保护展示方案中，保证阐释体系尽量完整。引入游客服务及商业休闲功能，通过活动策划达到与古镇经济有机结合和共生发展。

解决的实际问题

项目以弘扬长征精神为目标，涵盖烈士墓、战场遗址、工业遗址等多种遗产类型，通过规划、建筑、景观、展陈的协同设计，统筹遗产保护与城市发展，展现了革命旧址、工业遗产在城市建设发展中所呈现的不同面貌，作为红色城市中革命旧址、工业遗产保护和利用的代表性案例，具有重要的探索意义。

赤水红军烈士陵园设计方案鸟瞰效果图

赤水船厂设计方案鸟瞰效果图

元厚红军渡口设计方案效果图

设计单位：中国建筑设计研究院有限公司（建筑历史研究所、一合建筑设计研究中心、生态景观建设研究院）

设计人员：刘剑、于海为、徐新云、李金蔓、于玢、盖若玫、吕文杰、魏亚文

完成时间：2022 年

项目规模：红军烈士陵园四渡赤水纪念广场 2.4 公顷、老船厂四渡赤水数字体验馆 2.6 公顷、元厚红军渡口 1.7 公顷

吉林省长春市伪满皇宫近卫军营区保护修缮及营区环境整治工程设计

背景与理念

项目通过长春的核心文化遗产伪满皇宫的一个局部——近卫军营区的空间、功能、景观改造提升，将其作为一个沟通点，打开一个城市与旅游者共享的窗口空间，从而保留和强化城市文化记忆，推动城市空间品质提升，优化城市公共服务。

策略与技术

调整空间关系和尺度，改善地面质感，调整植被营造的视觉景观环境。

解决的实际问题

原项目区域为已经衰落而停用的古玩街，原因主要包括：没有表达文物应有的历史文化价值，无法吸引游客进入和留下印象；空间营造不适合任何功能活动，原有的大量绿地和通过性道路使得整个空间无法给行人提供停留的心理暗示；空间环境舒适度不高，植物配置多为大株成团灌木和小乔木、分支低常绿针叶树，主要的行道树还有飘絮问题，不能形成舒适的林下空间供休憩；作为文玩零售商业定位存在问题，其院落规模对于此种类型的业态无法形成聚集效应，过大的建筑间距，又造成了进入者接近商店的障碍。

项目通过空间整理和建筑功能的重新配置，在修复历史场景的基础上，实现了融合展示、公共活动、交通、服务、文创商业为一体的功能性空间。主要的解决方式如下：

1. 原状式陈列的构建

选择尺度适宜的 4 号建筑进行室内外的原状陈列展示建设。门口空间恢复为与军营功能贴合的泥质地，建筑内部按照历史资料进行全真模拟的军营内景原状式展示修复，并辅助说明阐释背景和意义，这一展示是对伪满皇宫屈辱但仍然饱含抗争的历史的重要表达。

2. 鸟居门内历史空间的修复

鸟居门与“建国神庙”遗址属同一轴线，但之前中间插入了 7 号建筑（非文物），造成了鸟居门空间和后续“神庙”空间的关系完全被割裂。方案对 7 号建筑进行了部分拆除，消除了鸟居与“神庙”之间的阻隔，通过列植树木营造了轴线关系，并以绿地植被群落遮挡正对面的挡土墙，完成了自然形态的地形过渡，形成了轴线延伸感。

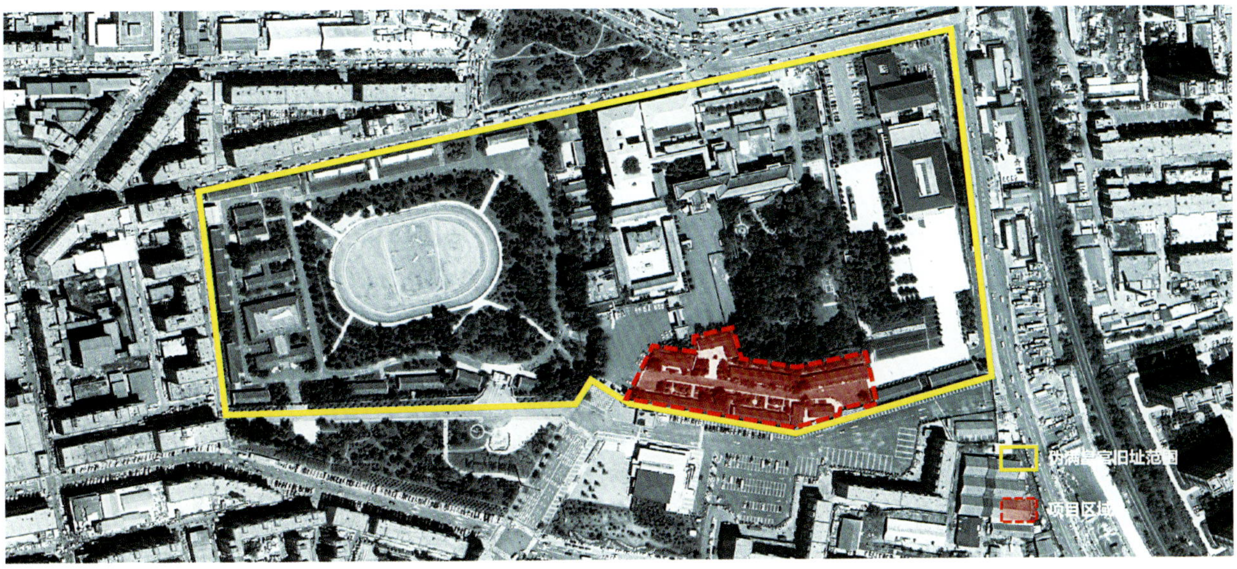

项目区域

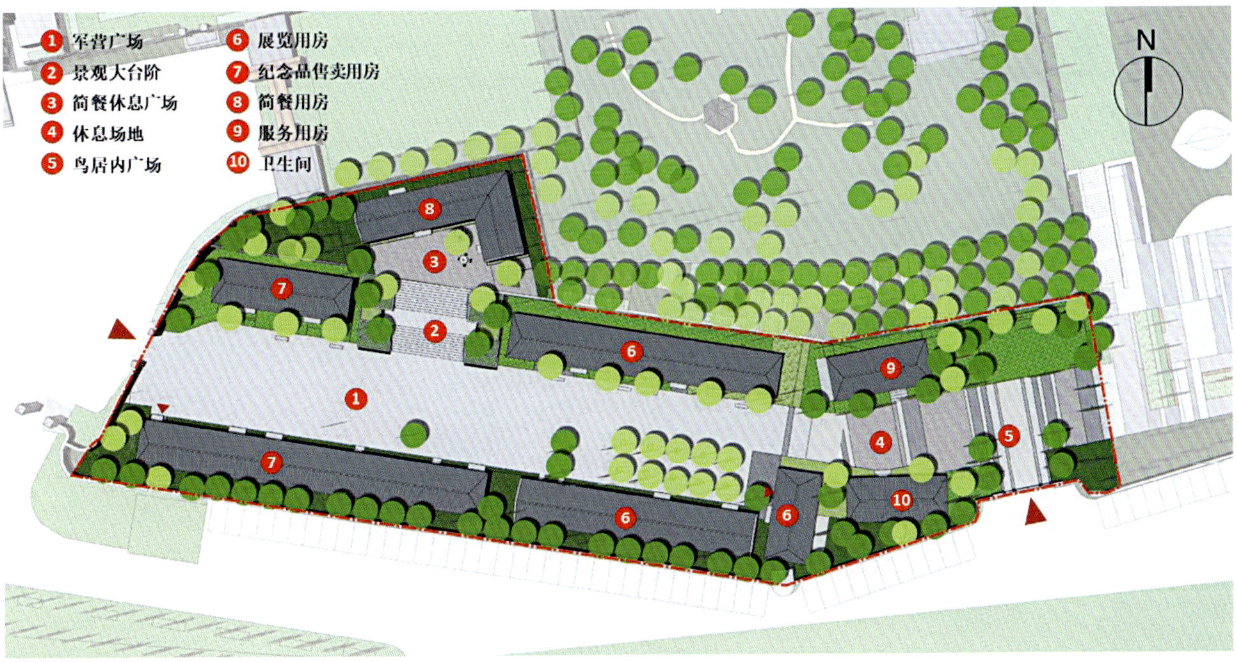

院落整体功能设计

3. 仪式活动空间的构建

入口处的 1 号、2 号、3 号、5 号建筑围合形成了最宽阔的院落区域，天然高差又带来了空间的层次和仪式感，大台阶原状已经不存，将边坡土坡替换为阶梯式花池的手法可以使其更庄重更具仪式感。此处可以形成一个供集体仪式性活动、演出活动的室外空间，是伪满皇宫区域的重要功能补充。

4. 服务和文化商业的植入

近卫军营区在伪满皇宫博物院的位置比较特殊，连接了主入口和新建博物馆，而且博物院其余区域目前还没有建设游客休息区，同时这一区域还将作为面向市民免费开放的区域，可以为城市提供服务，项目所确定引入的文化主题的休闲服务内容、配置高端而少量的文化商业功能，将伪满皇宫的文化概念，通过这一窗口传递到城市生活中。

大台阶改造前

大台阶改造后效果图

场地改造前

场地改造后效果图

设计单位：中国建筑设计研究院有限公司（建筑历史研究所）

设计人员：王力军、李琛、王力恒、于文洪、徐慧敏、段祎男、苏春雨

完成时间：2022 年

项目规模：涉及范围 8000 平方米，建筑修缮工程范围 2000 平方米，院落提升面积 6000 平方米

安徽省滁州市凤阳县明中都皇故城宫城环境整治（三期）工程设计

背景与理念

明中都皇故城位于安徽省滁州市凤阳县中心，是由明太祖朱元璋选址兴建的明代第一座都城，但未及完成即罢建。经过数百年历史变迁、城市建设，进入 21 世纪后明中都皇故城宫城成为城中村，经过近年两次环境整治工程后，宫城内民房已拆迁。

项目是“明中都皇故城国家考古遗址公园”建设工程，旨在整体保护遗址的基础上，按世界文化遗产标准展示明中都皇故城宫城遗址空间、阐释遗产价值，改善区域环境，提升城市空间景观质量和城市形象，满足遗产地社会经济发展需求，打造城市名片，为实现明中都遗产价值的可持续合理展示利用奠定基础。

策略与技术

1. 通过综合应用多种遗产认识方法（考古资料分析、遗产价值研究、对比分析、文献研究、模数尺度分析等），形成立体、系统的遗产认识，将明中都皇故城宫城内规模庞大、类型多样的遗存整合成格局清晰、层级明确的整体，为遗址公园打造了结构性展示的基础，以进行整体宫城格局展示。

2. 明中都皇故城宫城遗址作为重要的建筑群遗址，其考古研究工作将持续多年。为适应考古研究工作的持续性和不确定性，同时结合遗址规模大、遗存数量多的特点，项目在以考古成果作为设计依据时，充分考虑了展示方式的灵活性、可逆性，各类展示形式、构造做法、应用材料便于移除或修改，既为未来的考古发掘工作提供便利，也为未来新考古发现修正遗址展示提供了动态的变更可能性。

解决的实际问题

1. 促进文化遗产保护传承：明中都宫城作为明代第一座宫城，对明代南京故宫、北京故宫规划建设都有重要影响，但由于其未经正式使用，知名度较低，社会关注度不足。因此，明中都皇故城宫城遗址的对外展示是对明中都遗产价值极为重要的宣传与弘扬，让国内外公众了解和认识明中都，向社会传播明中都遗产价值，对文化遗产保护传承起到重要作用。

2. 改善城市景观环境：明中都皇故城宫城位于凤阳县城区核心，因属文物不可大规模开发建设，宫城内土地在城市建设过程中逐渐成为城中村，环境杂乱。经过此前两期环境整治工程，宫城内已完成民房拆迁、地表清理。此次工程是对宫城范围整体进行保护性展示，将大幅改善宫城内景观风貌，打造城市高品质空间，提升城市环境质量。

3. 推动城市旅游业发展：凤阳县作为明太祖朱元璋的龙兴之地和明中都故城所在地，近年来政府大力推动明代文化主题旅游。明中都考古遗址公园建成后，将成为该地区最重要的明代历史文化展示窗口之一，成为吸引国内外游客的旅游亮点，可推动城市旅游业发展，进而促进餐饮、住宿、文化艺术等相关产业的增长，产生经济收益。

4. 助力打造凤阳新城市名片："凤阳"得名于朱元璋，明中都也是由朱元璋选址、策划兴建的，因此明中都皇故城宫城遗址的保护展示极大有利于凤阳"帝王之乡"城市名片的构筑，展示凤阳县厚重、独特的历史文化底蕴，提高城市形象，打造"凤阳花鼓""小岗精神"之外的新城市名片。

5. 丰富市民活动空间：建成后的考古遗址公园可作为"城市客厅"，运营成为市民日常游憩、文化活动、青少年研学的场所，提升社区宜居性，丰富市民日常生活，增强市民的城市认同感。

6. 有助于历史文化教育和研究：建成后的考古遗址公园为游客、市民提供了生动的明代早期历史和考古知识学习的场所，也为明史研究者和爱好者提供了研究空间，并有利于提升公众遗址保护意识。

明中都皇故城宫城环境整治工程设计鸟瞰效果图

明中都皇故城宫城环境整治工程设计总平面图

内金水河复原设计效果图

奉天殿建筑组群遗址模拟与复原展示设计效果图（远期）

设计单位：中国建筑设计研究院有限公司（建筑历史研究所、生态景观建设研究院）

设计人员：陈同滨、任洁、刘翔宇、荣幸、王雅芬、甘宇鹏、周翌屹、刘卓君、张梦迪、张丽、刘子贺、李甲、何学宇、张堉斌、王志祥、薛建鹏

完成时间：2023 年完成设计，2024 年开工建设

项目规模：设计范围 79.84 平方公里

保护地位：全国重点文物保护单位

河南省洛阳市隋唐洛阳城遗址保护总体规划

背景与理念

隋唐洛阳城遗址位于洛阳市老城与城郊地带，是我国现存遗址规模最大、整体格局最完整、遗存要素最齐备的隋唐时期（7—10 世纪）都城遗址，对见证隋唐盛世有着不可替代的作用。

作为城市建成区叠压下的大型都城考古遗址，位于洛阳老城与城郊地区，遗址规模宏大、保存环境情况复杂，遗址范围内人口众多，遗址保护与城市更新、发展矛盾突出，是我国保护形势最为严峻且最具挑战性的大遗址，其保护规划是实现国家重大遗产“整体保护”目标最为困难、也最具示范意义的保护实践案例。

策略与技术

针对隋唐洛阳城遗址保护所面临的城市发展压力，围绕“整体保护”与“和谐发展”目标，从城市重大不可再生文化资源保护角度，通过对古代都城遗址构成要素的整体辨识，运用城市史研究与地理信息系统相结合的空间耦合手段，以及基于空间管控的城市建成区大遗址“整体保护”规划技术，在土地严重紧缺、人口与资源矛盾尖锐的条件下，统筹协调遗址保护与城市发展建设的关系。

解决的实际问题

规划在隋唐洛阳城遗址文化资源价值挖掘、实现遗址整体保护，以及协调遗址保护与城市建设矛盾等方面均有创新突破。

从文明发展史角度，突破以往对古代城市遗址局限于城墙之内的认知，将隋唐洛阳城完整的社会、文化与精神关联功能作为其遗产辨认依据，打破城内、城外的界限，首次提出该城价值由山水形势、城址、市场遗址、重要宗教遗迹、手工业遗址、水运水利和仓储设施遗址、城外宫苑等 7 大类型要素构成，实现了遗产的完整性认知，为“整体保护”规划目标奠定了基础。

通过将傅熹年先生的研究成果——隋唐洛阳城复原图与考古发掘点位结合，与现代城市地形测绘图、卫片、土地性质图等进行空间耦合，解决了深埋于城市建成区地下的大型都城遗址的整体空间辨识难题，在遗址整体分布范围不确定的情况下，为保存评估与保护管理规划措施提供了关键支撑。

将遗存分布空间形态分析成果与城乡不同建设强度的空间特点相结合，在传统保护区划类型的基础上，创立了“遗存可能分布区”对应的保护区划新类型“地下（含水下）文物（可能）埋藏区”，并对保护区划的分级分类区域制定差异化的空间管控要求，以此解决实现遗址整体保护目标下的用地类型调整、居民社会调控、道路水系调整、相关文物保护、资源整合利用等一系列城市建设发展需求难题，从遗址保护与传承入手，避免洛北遗址所在的老城区大规模开发建设，从而转向以城市更新为主的旧城微循环改造，对洛南遗址所在的城郊区域，结合农业与生态空间提升，以保护、展示里坊遗址历史格局为主，改善村镇居民人居环境，为洛阳产业转型与生态环境建设奠定基础。

遗址复原图来源：“河南洛阳隋唐东都平面复原图”（傅熹年. 中国古代建筑史（第二卷）. 中国建筑工业出版社，2004）。

城址复原平面示意图

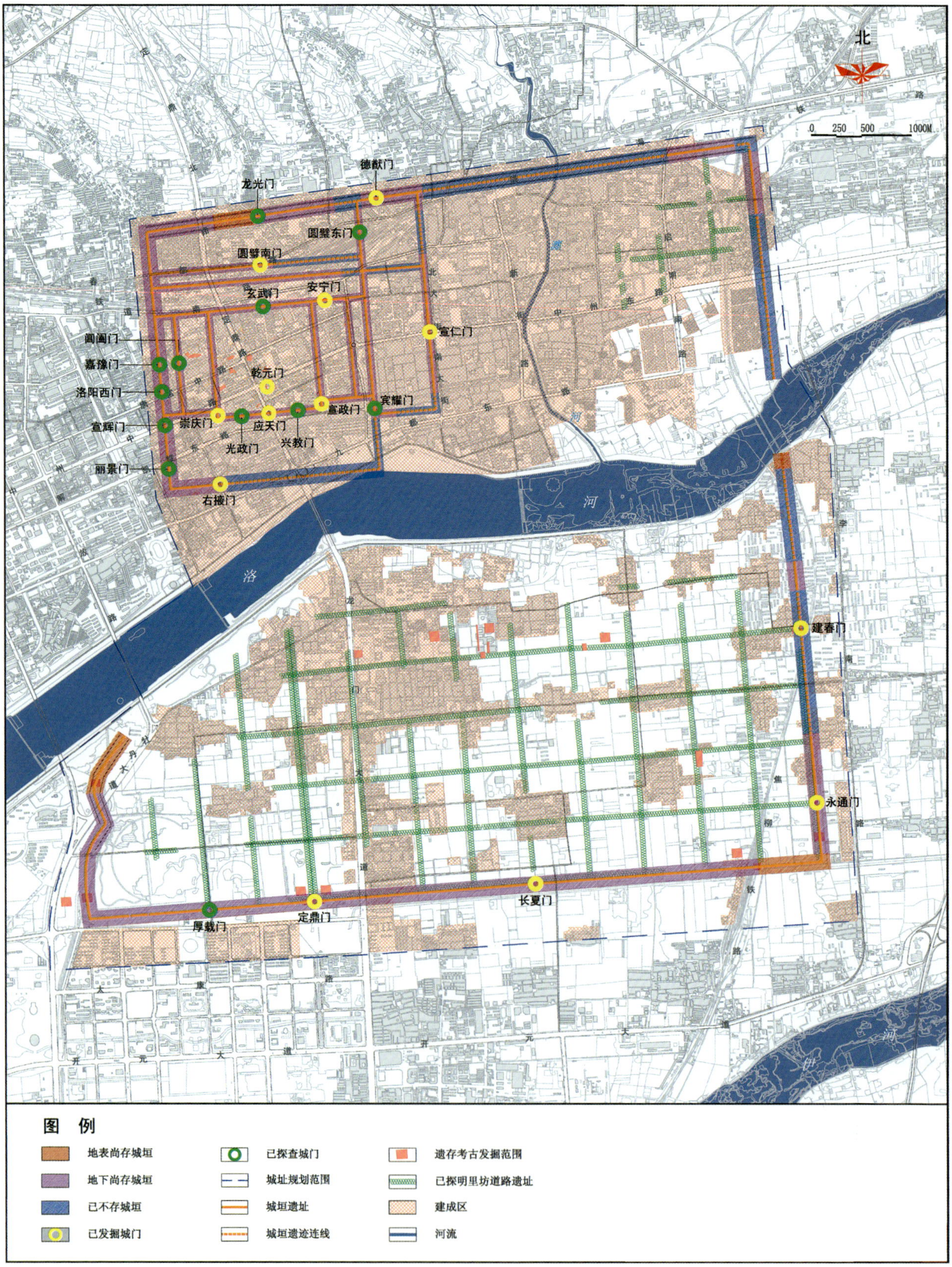
北
0 250 500 1000M
德猷门
龙光门
圆壁东门
圆壁南门
玄武门
安宁门
宣仁门
阊阖门
嘉豫门
洛阳西门
乾元门
宾耀门
宣政门
宣辉门
崇庆门
应天门
光政门
兴教门
丽景门
右掖门
洛
河
建春门
永通门
长夏门
定鼎门
厚载门
图 例
地表尚存城垣
地下尚存城垣
已不存城垣
已发掘城门
已探查城门
城址规划范围
城垣遗址
城垣遗迹连线
遗存考古发掘范围
已探明里坊道路遗址
建成区
河流

城址保存现状评估图

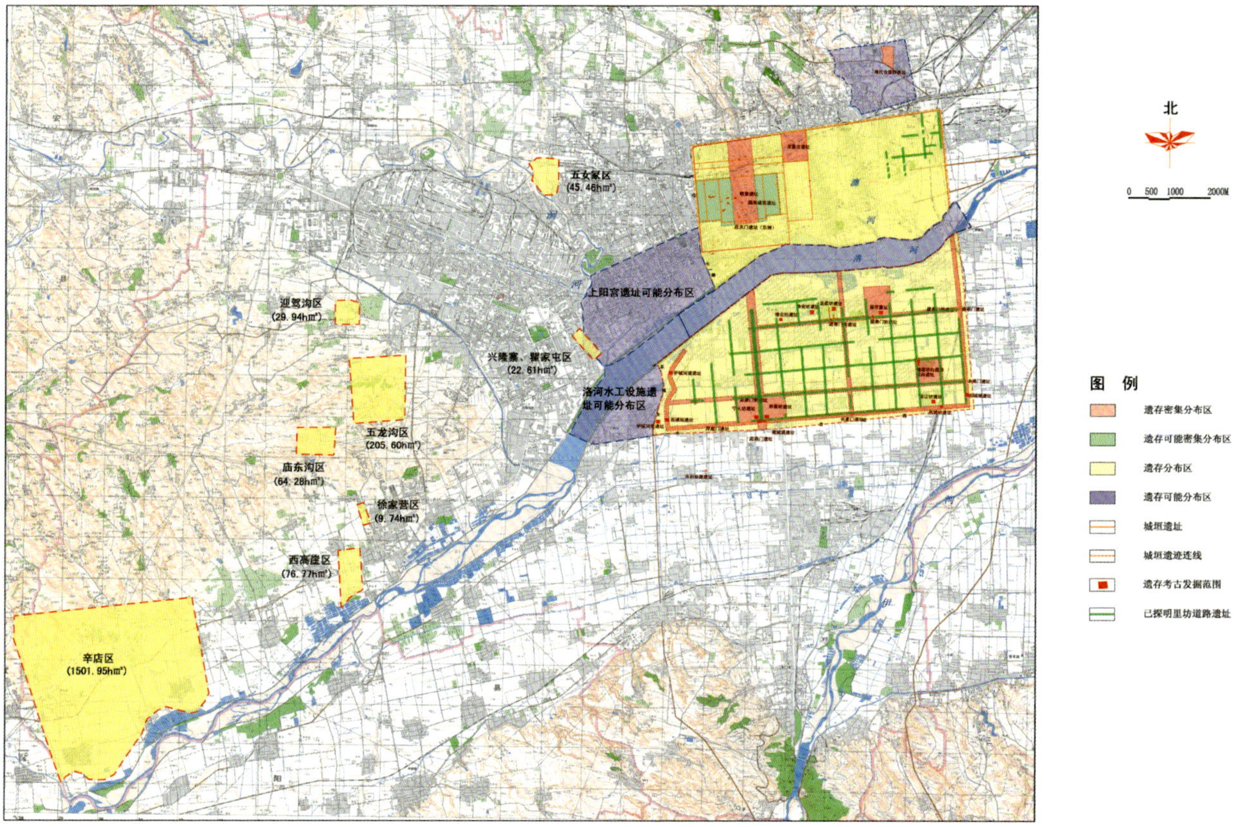

遗存分布分析图

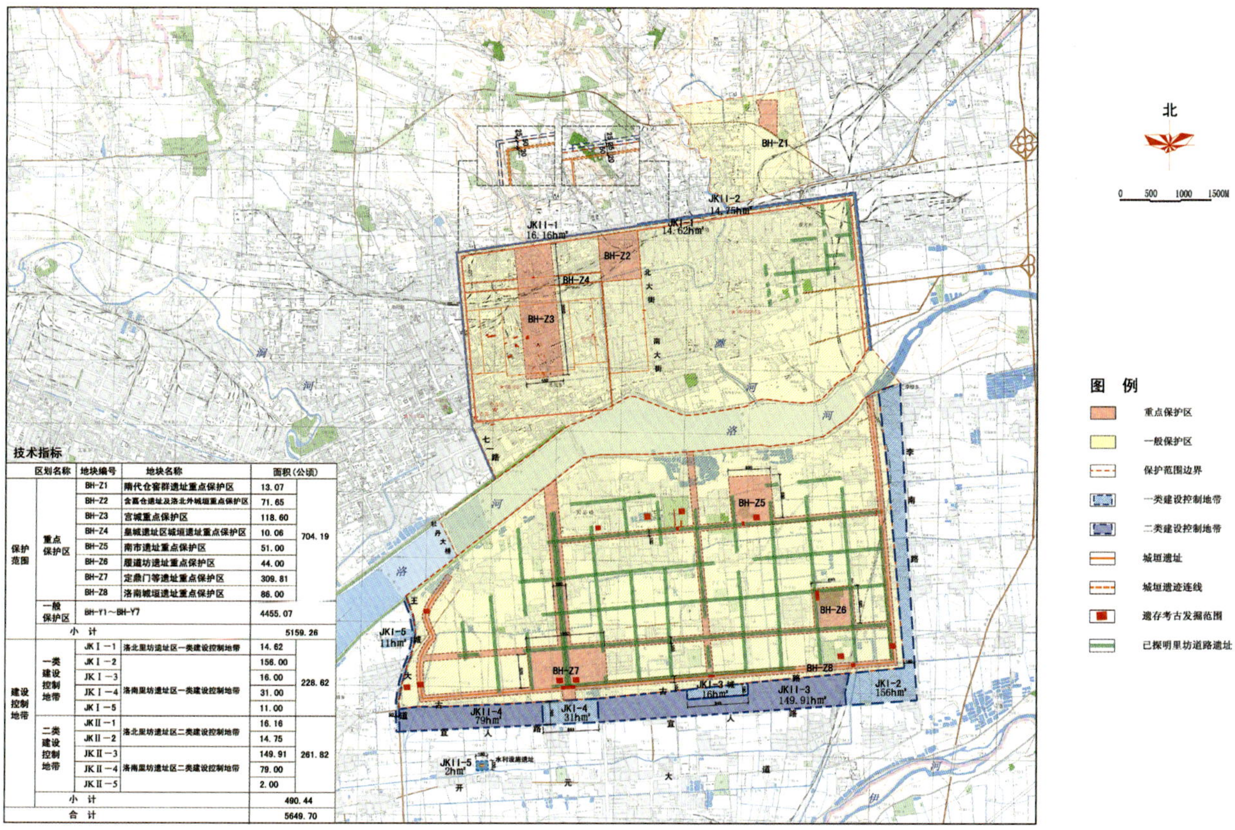

技术指标

区划名称		地块编号	地块名称	面积(公顷)	
保护范围	重点保护区	BH-Z1	隋代仓窖群遗址重点保护区	13.07	704.19
		BH-Z2	含嘉仓遗址及洛北外城垣重点保护区	71.65	
		BH-Z3	宫城重点保护区	118.60	
		BH-Z4	皇城遗址区城垣遗址重点保护区	10.06	
		BH-Z5	南市遗址重点保护区	51.00	
		BH-Z6	履道坊遗址重点保护区	44.00	
		BH-Z7	定鼎门等遗址重点保护区	309.81	
		BH-Z8	洛南城垣遗址重点保护区	86.00	
	一般保护区	BH-Y1～BH-Y7		4455.07	
	小 计			5159.26	
建设控制地带	一类建设控制地带	JKⅠ－1	洛北里坊遗址区一类建设控制地带	14.62	228.62
		JKⅠ－2	洛南里坊遗址区一类建设控制地带	156.00	
		JKⅠ－3		16.00	
		JKⅠ－4		31.00	
		JKⅠ－5		11.00	
	二类建设控制地带	JKⅡ－1	洛北里坊遗址区二类建设控制地带	16.16	261.82
		JKⅡ－2		14.75	
		JKⅡ－3	洛南里坊遗址区二类建设控制地带	149.91	
		JKⅡ－4		79.00	
		JKⅡ－5		2.00	
	小 计			490.44	
合 计				5649.70	

城址保护区划图

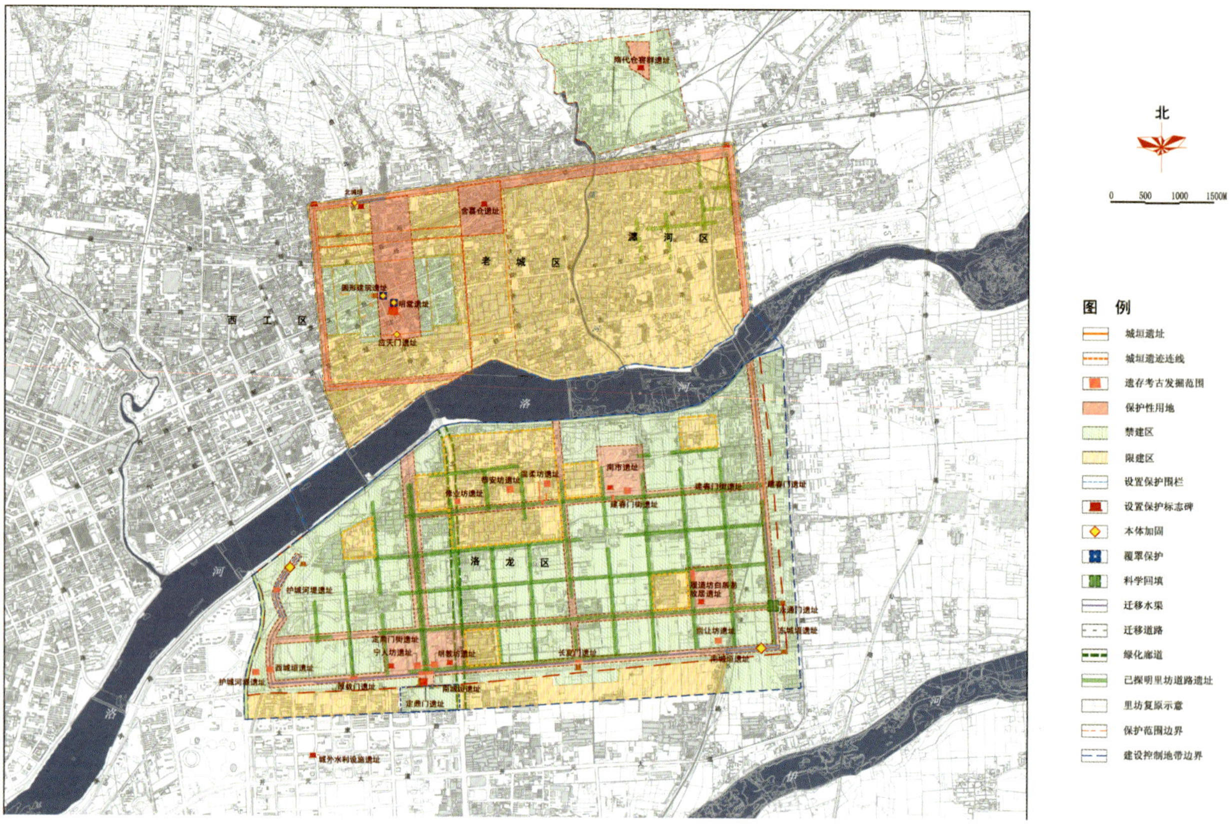

城址本体保护规划总图

设计单位：中国建筑设计研究院有限公司（建筑历史研究所）

设计人员：陈同滨、钟艳华、冯铁宏、吴东、俞峰、黄晓

完成时间：2009 年

项目规模：重点规划范围 56 平方公里，总规划范围 2150.48 平方公里

获得奖项：2015 年新加坡规划师学会金奖

天津市五大道近代建筑群文物保护规划

背景与理念

五大道近代建筑群是位于天津市中心城区五大道历史文化街区内的全国重点文物保护单位（以下简称“国保单位”），包含了 39 处代表性的建筑院落。其保护和利用工作与天津市的整体城市文化形象及城市的建设发展息息相关，保护规划的编制需要处理好城市文化与遗产价值的互动关系、历史街区与国保单位的双轨管理关系、院落整体与单体建筑的层级关系、有效保护与活化利用的协调关系，对于探讨近现代重要史迹及代表性建筑保护规划工作具有重要意义。

策略与技术

通过对国保名录中同类租界建筑群开展对比分析，明确五大道近代建筑群整体的价值特征定位；通过历史档案查阅、无人机航拍建模、现场走访调研分析，系统梳理 39 处列入国保单位的建筑院落文物构成要素，制定真实性、完整性的评估指标；创新近现代建筑类型文保单位的价值研究和要素评估技术，为保护措施的分级、措施对象的分类提供科学支撑，为各建筑院落的保护利用提供精准指引。

解决的实际问题

通过保护规划的价值评估解决了国保单位价值定位和构成要素的认知问题。围绕租界高级居住区（主要为花园洋房、公寓等）的定位，针对 39 处建筑院落分析其价值支撑度，为国保单位名单的扩展和移除以及动态管理提供了途径。围绕各建筑院落的要素构成，将原保护对象“文物建筑主体”扩展为“建筑院落各类历史构成要素”，包含主体建筑、附属建筑以及围墙、绿化、铺地等。

建筑院落分布航空影像图

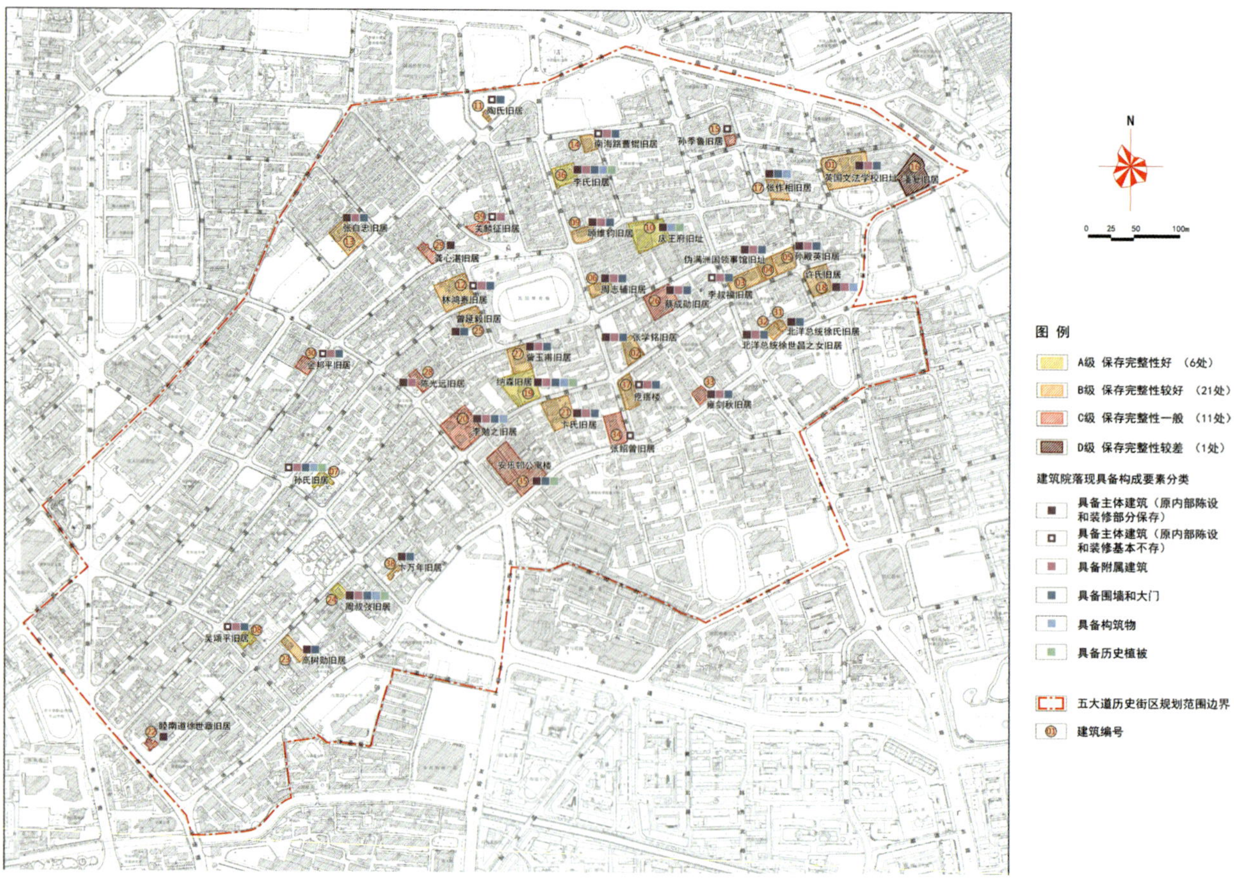

建筑院落本体保存完整程度评估图

通过保护规划的规划措施解决了历史街区保护和文保单位保护工作标准衔接问题。规划区分出整体层面的历史文化街区保护衔接要求，和规划重点对象39处国保单位建筑院落的保护管理要求。统筹协调文物部门、建设部门、产权者、经营管理者、使用者间的管理权责，统筹协调文物建筑与历史风貌建筑保护相关法规要求、技术规范。

通过保护规划的利用专项规划解决了近代建筑群国保单位的利用策略问题。规划结合新时代文物工作方针和近代建筑群文保单位的类型特点，在限制性措施之外提出引导性措施建议，并针对每处院落编制了综合导则，加强了规划措施的可操作性。提出延续高品质居住区历史功能的策略，衔接街区地块功能与各建筑院落功能；在保护的前提下合理、灵活利用。

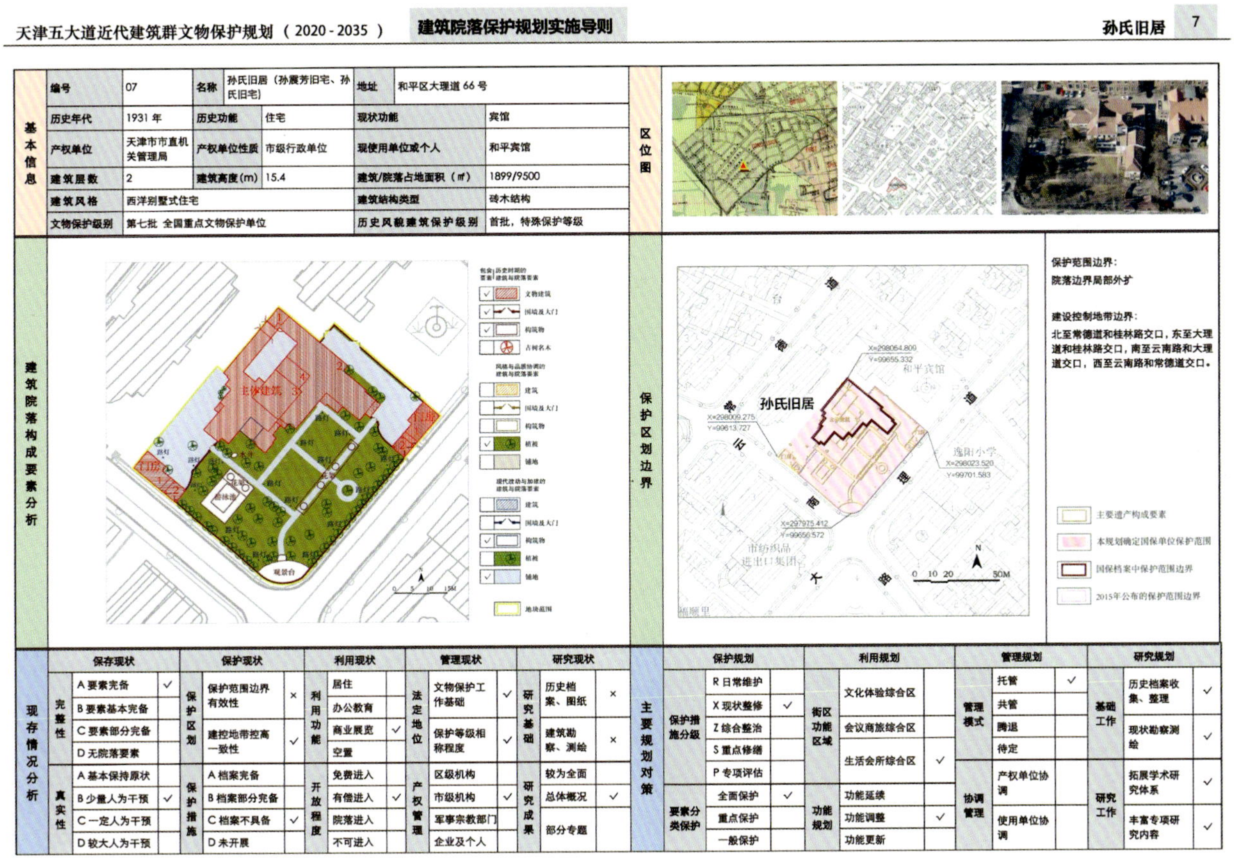

单体建筑院落规划导则

设计单位：中国建筑设计研究院有限公司（建筑历史研究所）

设计人员：陈同滨、徐新云、吴嘉宝、吴东、唐薇、王力恒、于文洪、张英琦、杨垠莹

完成时间：2020年

项目规模：研究范围191.7公顷，重点规划区域120.3公顷

山东省济南市大辛庄考古遗址公园规划

背景与理念

大辛庄遗址位于山东省济南市历城区王舍人街道办事处，是目前山东省已知面积最大的一处以商文化为主体堆积的古聚落文化遗址。大辛庄遗址是商王朝经略东方的统治中心，在商代考古与历史研究中具有极其重要的价值。大辛庄所在区位是济南城市副中心，其面临着城市化、区域社会经济发展与遗址保护的矛盾：遗存分布区域被铁路公路切割，周边以居住和商务商业为主，建设发展压力大；在已有的控制性详细规划中，遗址所在地块形态不规整，未包含可能的遗存分布区域，这些都限制了公园建设的范围；同时，处于城市核心区域的居民对绿地及公共空间有强烈的需求。

价值重要性和现实需求性的双重背景要求尽快编制、实施专项规划，加强对大辛庄遗址的有效保护和展示利用。本规划期内目标是探索城市型国家考古遗址公园的建设发展模式，公园建设以完整保护遗址本体为根本，以考古研究为基础，以商文化综合展示为核心，建设成为考古研究教育的基地，承载游憩功能的城市绿肺，城市文化旅游新地标，为区域经济发展贡献推力。

策略与技术

本规划基于文献和考古研究，开展遗产综合研究，提炼大辛庄遗产价值。以有效保护和全面阐释遗产价值为目标，整体策划遗产利用、宣传体系，根据遗产保存状况和开放条件、可观赏性，分期开放展示，最终实现遗产价值的全面展示。为充分发挥土地的综合效益和大遗址的社会效益，将规划用地范围划分为价值利用和相容使用两大类。价值利用部分以综合阐释展示大遗址价值为目标，相容使用部分通过设置城市绿地、公共开放空间、商业配套设施等为周边居民及游客提供休闲、游憩、餐饮、旅宿等功能。

解决的实际问题

1. 兼顾文物保护与城市生活的利用方式

大辛庄遗址公园规划用地分为价值利用和相容使用两大类。

价值利用的部分为大辛庄遗址公园主体，总体结构为“一馆四区”的空间格局，包括遗址博物馆、历史模拟展示区、遗址现场展示区、考古科普体验区和遗址环境展示区（考古预留区）。充分考虑扩展居民使用空间和时间的需求，以保障遗址安全为前提，通过管理运营手段实现扩大开放。遗址公园内的历史模拟展示区靠近入口及博物馆，位于现行保护范围以外，对遗址的干扰较小，且互动体验活动丰富，因此在该区域外围设置隐形围栏和卡口，开放夜间游览项目，丰富周边居民的夜间休闲娱乐活动。

相容使用的部分包括向城市开放的市民休闲区和提供文化体验项目的文化商业街。考虑到遗址周边新增的居住组团，规划在公园北侧适当留出公共绿地，为周边市民提供交往、休憩、娱乐、健身活动的场地。将公园西侧无地下遗存的区域设置为文化商业街，结合公园出口布置，提供餐饮、住宿、休闲娱乐等商业设施。文化商业街为游客及居民提供全方位的生活、休闲服务，也通过打造具有文化特色的产品和服务加强大辛庄遗址价值内涵的传播效果。

2. 深挖遗址价值内涵

价值内涵归纳出商朝“文字之始、青铜文明、神权政治、巫祝文化”四个典型特征，并对商时期其他聚落遗址如殷墟、郑州商城、盘龙城等进行对比分析，研究商时期聚落的形态和建筑形式、组合方式，为场景模拟提供依据。通过遗址的环境考古研究成果，尽可能丰富地还原历史时期大辛庄区域的自然环境状态以及居民的生业模式、先民对动植物资源的利用情况，比如种植、酿酒、纺织、食用、药用等。

3. 以科技丰富展示手段

遗址现场展示结合室外互动型的解说设施、现场虚拟现实技术的运用以及室内多媒体的综合展陈等，作为辅助本体展示的手段，使观众更直观、生动地认识遗址。由于遗址现场展示信息有限，为进一步阐释商文化价值，在公园内设置历史模拟展示区，综合运用基于考古研究与建筑历史成果的建筑场景再现、基于环境考古学孢粉分析研究的环境模拟、基于商文化主题故事的夜间光幻游览体验等手段以实现遗存价值阐释的叙事化，打造沉浸式体验方式。

4. 打造互动式情景体验

在历史模拟展示区设计“鲁北商邑”“奠基祀墙”“衅物以固”“祈雨求年”四处反映大辛庄聚落形态、政治军事、巫祝文化、工艺制造和农业生产的展示场景。基于场景主题设置与之适配的互动剧场、情景演绎场地等。在考古科普体验区为公众提供体验商时期大辛庄地区农业生产、建造技艺、手工业制作、甲骨文文化的互动体验活动和模拟考古调查、勘探、发掘的趣味体验活动，以此方式向公众阐释大辛庄遗址的价值内涵，传达科学考古、遗产保护的先进理念，实现遗址公园的文化服务和美育功能。

大辛庄考古遗址公园总体鸟瞰图

大遗址利用规划图

入口广场及博物馆建筑效果图

历史模拟展示区效果图

遗址现场展示区效果图

设计单位：中国建筑设计研究院有限公司（建筑历史研究所）

设计人员：刘剑、唐薇、盖若玫、杨垠莹、刘婉婷、徐新云

完成时间：2023 年

项目规模：规划范围 48.91 公顷

山西省侯马市晋国遗址·盟誓遗址公园概念规划

背景与理念

侯马晋国遗址·盟誓遗址是以春秋战国时期盟誓文化为主题，在我国具有代表性的东周时期祭祀遗址，具有突出的保护与展示价值。1965年被发现并发掘，1995年被评为新中国成立以来十大考古发现之一。历经数十年的城市发展，盟誓遗址上原有电厂废弃后，如今身处城市建设新区，该地块承载了展现遗产价值、保留公众记忆、助力城市发展的三重意义。对其开展有效保护及合理利用，能够在传承和弘扬中华优秀传统文化、优化大遗址所在城市建设发展、提升侯马市文化软实力水平等方面起到重大的作用。

策略与技术

为真实、完整的保护盟书遗址的遗存本体和相关环境，准确、充分地揭示盟书遗址的遗产价值，大力宣传展示盟书遗址的历史文物信息，丰富盟书遗址所在区域的社会文化功能，提升该区域景观环境品质。本项目综合遗址展示、工业遗产利用、城市文化等要素，试图依托遗址创建位于城市发展中心区充分展示“晋国古都文化、东周盟誓文化、盟书书法文化”的科技型考古遗址公园。

解决的实际问题

1. 真实完整保护遗址整体格局和全部价值载体。包括对遗址本体的保护措施，如拆除占压建筑、清理占压植被等；对遗址环境的保护措施，如遗址区内建设管控、去除深根植被、限制周边新建建筑高度等。并合理利用现状建筑用于博物馆及配套服务，减少建设活动。

2. 全面系统阐释遗址价值，突出反映晋文化主题。完整揭示遗产整体和各遗产要素类型，紧密围绕遗产价值构建阐释体系。多方法、全方位综合运用展示手段，构建全面认知、深入理解、持续传递的系统展示框架。按照“一馆三区”总体格局，全方位阐释盟誓遗址的价值内涵。

3. 升级遗址展示手段，打造沉浸式情景体验。除传统展示手法外，在遗址现场运用互动型解说系统、虚拟现实技术，配合多媒体综合展示，在环境模拟区打造情景体验场景，如基于考古研究成果的历史场景再现、基于盟誓文化主题故事的夜间光幻游览体验等。

4. 兼顾园区周边市民生活，提供公共活动空间。除了遗产展示、科普教育等功能外，遗址公园还兼顾周边一定区域内市民娱乐休闲及文化活动的需求。规划在园区周边适当留出公共街区和绿地，为周边市民提供交往、休憩、娱乐、活动的场地。博物馆及配套服务设施也可兼顾文化旅游及日常活动需求。

5. 利用工业厂房，引入文化产业协调发展。除大遗址价值利用外，在遗址周边规划大遗址相容使用内容。以保留工业厂房为空间载体，营造灵活的建筑空间，引入盟誓遗址及晋国遗址相关文化产业，同时展现城市工业遗产公众记忆，使考古遗址公园与地方社会发展相辅相成，协调发展。

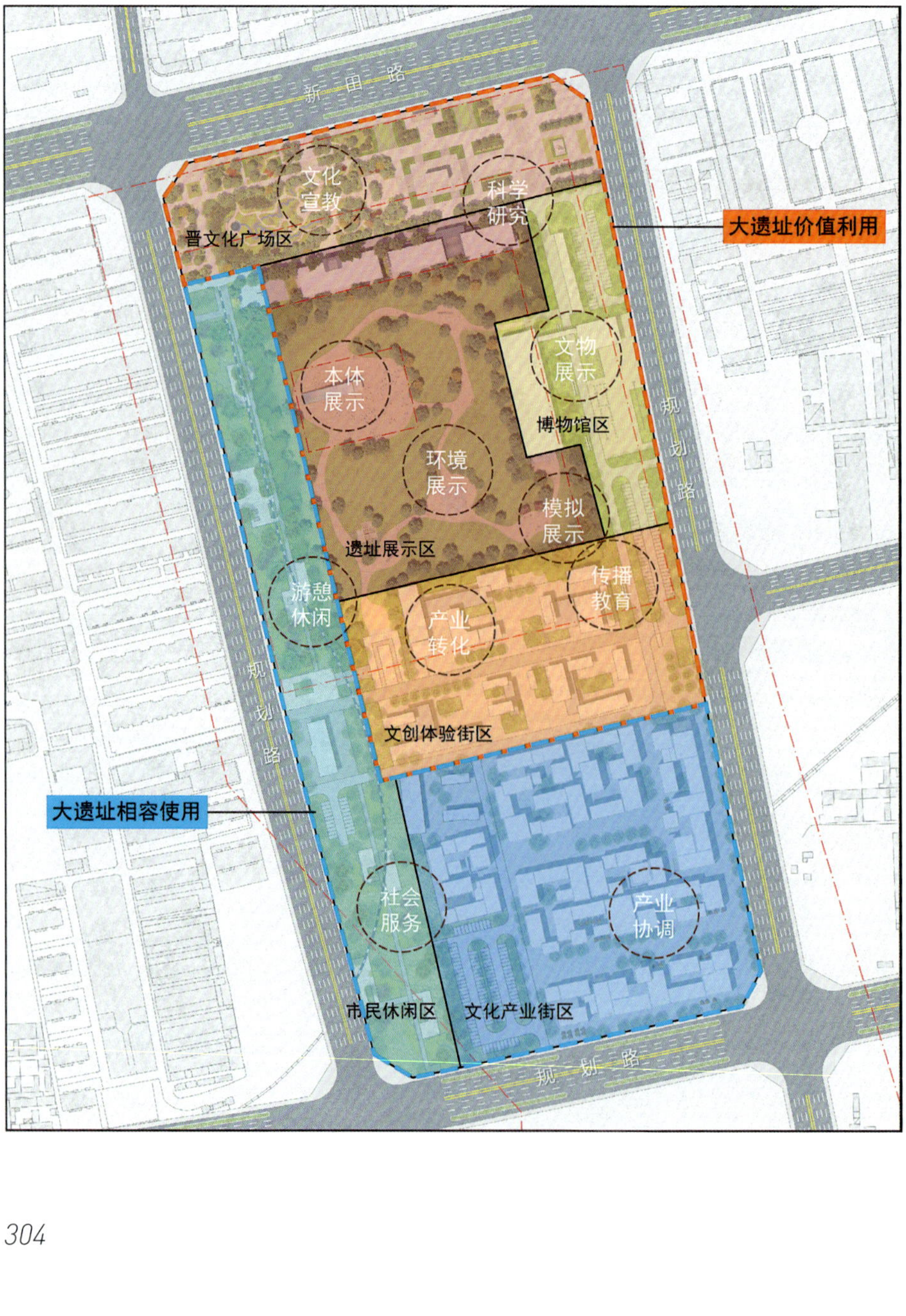

盟誓遗址公园大遗址利用规划图

盟誓遗址公园概念规划鸟瞰效果图（西北角）

盟誓遗址公园入口名称石碑效果图

设计单位：中国建筑设计研究院有限公司（建筑历史研究所）

设计人员：刘剑、盖若玫、张宝方、钟彦华

完成时间：2022 年

项目规模：17 公顷

山西省吕梁市柳林县明清街历史文化街区更新改造工程设计

背景与理念

“柳林明清街历史文化街区”为山西省首批历史文化街区，位于柳林县旧城区范围内，包括国家级、省级、市县级文物保护单位几十处，包括传统街巷空间与传统民俗风貌，包括柳林历史的传统文脉与传统特色。

几百年的积淀使得柳林明清街历史文化街区有着“山西门户、秦晋通衢”的区位优势，“街巷蜿蜒、店铺云集”的商业盛景，“民俗荟萃、人才辈出”的悠久文脉。本次历史街区更新项目，将在改善柳林城市人居环境，推动城市转型，科学保护和有效利用街区内的历史文化遗存，促进街区的可持续发展等方面起到重大作用。

地块位于柳林明清街历史文化街区核心区，占地面积约 1.3 万平米。地块内的不同种类不同年代建筑多元并存，空间肌理呈现一种拼贴叠加状态。本次设计借鉴国际最新历史城市的保护理念，运用城市历史景观（HUL）的保护方法进行街区的保护规划与更新工程设计。

策略与技术

将设计地块试做一个完整的文化景观单元，在充分研究和调研的基础上，对地块内的所有历史层积要素进行梳理，确定保护对象，制定保护对策，并在此基础上开展设计工作。除了保护文物建筑之外，特别注重对建筑历史演变过程的保护和展示。

解决的实际问题

实现了街区内整体的提质增效，构筑了一个展示柳林历史记忆的文化之窗，一个彰显城市现代活力的休闲客厅。

1. 保护了街区内各个时期的遗存见证：保留修缮了街区内的清代民居、民国住宅、新中国成立初期商场等不同年代不同风格的历史建筑，修缮面积合计七千余平方米。

2. 实现了对历史遗存相关的自然环境、文化环境等要素的整体保护：项目在分析研究的基础上，保护了遗产关联的空间环境要素如建筑高度、建筑密度、街巷空间特色等；项目为非遗文化“柳林盘子”提供了空间场所。

3. 激发了街区活力：设计疏通场地流线，将多元遗产联系起来，打通各层级遗产的连接并建设小型开放广场空间，使得街区更为开放；项目策划在街区内混合零售、展览、文创、民宿等多种业态，吸引原有居民回到该街区工作与生活。

4. 赋予街区新时代的气息：项目新建市民活动中心、文化展览馆、服务用房等公共建筑四千余平方米，新建小型文化广场一处，为市民活动提供场所，提升街区市民生活品质。

山西省柳林县明清街中区五号地块设计鸟瞰图

街区内广场人视图

更新前后对比

设计单位：中国建筑设计研究院有限公司（建筑历史研究所）

设计人员：刘剑、陈笑鹏、吴东、吴嘉宝、刘婉婷、张宝方

完成时间：2022 年

项目规模：建筑面积 1.3 万平方米

江苏省昆山市陆家粮库活化利用项目新诚米厂旧址修缮设计

背景与理念

“保护第一、加强管理、挖掘价值、有效利用、让文物活起来”的新时代文物工作要求为做好新时代文物工作指明了方向，提供了根本遵循。作为工业文化的重要载体，工业遗产见证了不同工业化阶段的历史特征，带有城市记忆和发展足迹。在不断变革的时代中，一些废弃的工厂和工业场所逐渐式微甚至消失。如何通过保护和再利用延长工业遗产的生命，如何更好地推动区域产业转型和城市复兴，如何更好地与城市文化和生活相结合，成为许多城市所面临的共同问题。加强工业遗产的保护和再利用需要充分认识其中蕴含的多重价值，在保护好文物建筑的前提下，通过创造性的转化和创新性的发展，注入新的业态与活力，实现工业遗产资源的再利用，“以用促保”，满足社会文化需求，更好地继承和发扬中华文化。

策略与技术

新诚米厂旧址位于昆山市陆家粮库场地内，整个片区遵循存量更新、减量增绿、生态修复、功能织补的原则，旨在为市民、儿童打造一座独具特色的“童趣绿岛”，新诚米厂旧址的三栋米仓建筑的修缮设计是其中保护利用的一项。项目前期充分进行现状勘察，分析文物价值，确定损伤和病害成因，以得出修缮措施。在修缮完成后，置入展览馆、小剧场等功能，为周边社区提供服务。

解决的实际问题

对新诚米厂旧址三栋米仓建筑采取揭顶不落架维修，包括现状整修和重点修复。现状整修主要是规整歪闪、坍塌、错乱和修补残损部分，清除经评估为不当的添加物等，如重新铺设屋面瓦，更换老化防水层，恢复室外原有地坪，拆除后期添建的入口大平台，疏通建筑原有通风口。重点修复包括恢复文物结构的稳定状态，修补损坏部分，添补主要的缺失部分等，如整修加固糟朽、开裂的木柱及梁架，更换腐朽严重不能承重的木构件。

同时为延续新诚米厂旧址的社会价值，使其持续让社区受益，修缮后将对新诚米厂旧址进行利用设计，后续 1 号、2 号建筑拟用于临时展览，3 号建筑拟用做小剧场。由于建筑后期使用功能变化，从节能角度考虑，在满足结构荷载的保护前提下增设保温层，以满足后期日常使用，平衡保护与利用需求。

新诚米厂旧址现状航拍图

新诚米厂旧址 1 号建筑现状

新诚米厂旧址 2 号建筑现状

新诚米厂旧址 3 号建筑现状

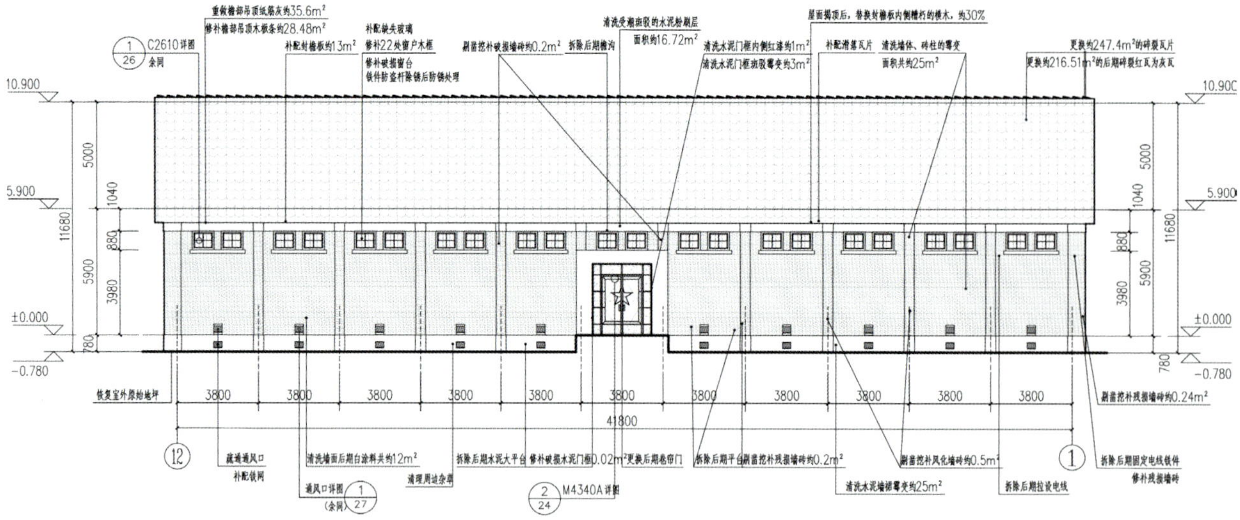

1 号建筑修缮立面图一

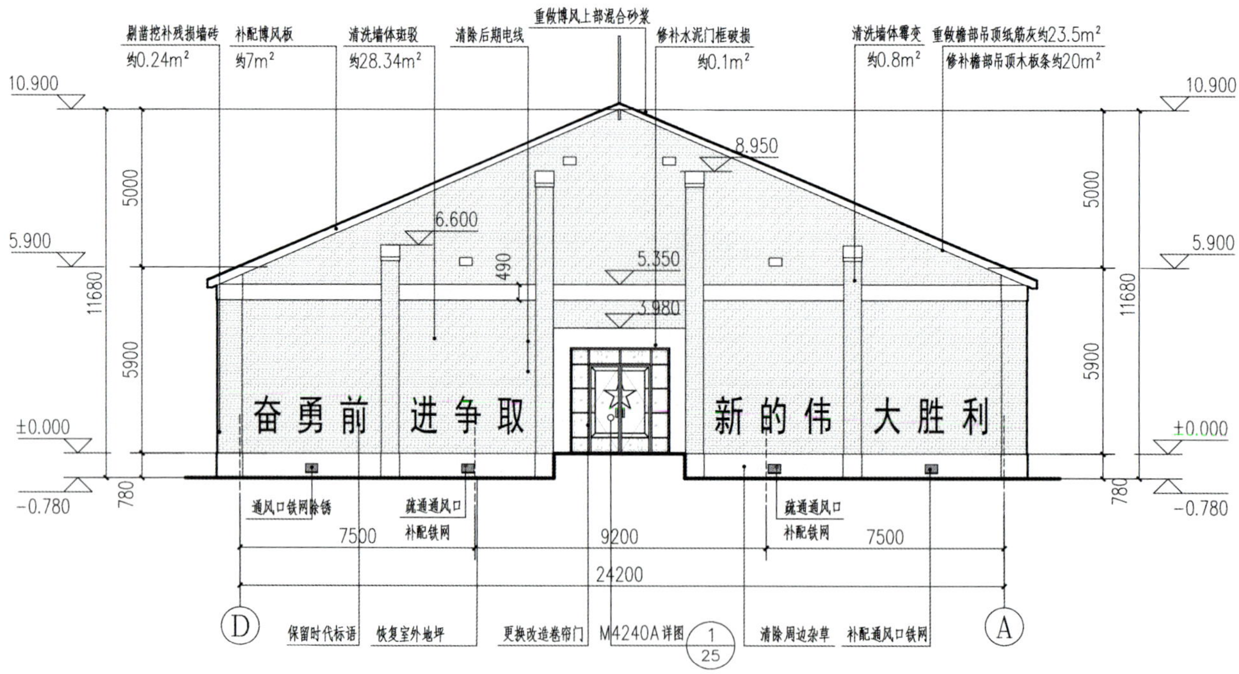

1 号建筑修缮立面图二

设计单位：中国建筑设计研究院有限公司（建筑历史研究所）

设计人员：王奥怡、郜华

完成时间：2023 年项目确认待实施

项目规模：修缮设计规模 3062.99 平方米

新疆维吾尔自治区克拉玛依市记忆之城代表性项目粮食局改造和黑油山石油文化园详细规划

背景与理念

围绕建设具有世界影响力的石油城市、丝绸之路经济带上的重要节点城市等战略方向，克拉玛依市委市政府提出建设“记忆之城”“匠心之城”“诗意之城”以及“健康之城”为一体的典范城市发展目标。项目围绕克拉玛依城市源头的黑油山片区和克拉玛依老城工业遗产区之一的粮食局片区展开，是为克拉玛依建设“记忆之城”编制的城市记忆遗产保护规划系列项目中的重点实施项目。项目以保护优先为准则，对于探讨城市文化景观和工业遗产的活化利用工作具有重要意义。

策略与技术

黑油山片区规划以打造石油博览园为核心主题，以城市生产的油之源与城市生活的水之源引出的空间轴线为骨架，划分有入口服务区、石油小镇、石油广场、博物馆、黑油山展示点、石油设备博览园、石油游乐园等 13 个展示片区。通过聚焦石油主题，切实找准功能定位，力图实现黑油山区域保护与发展的共赢。

粮食局工业遗产区规划设计以音乐主题特色产业园为核心主题，将工业遗产的城市记忆载体属性与当代市民文化活动需求融合。项目基于现状评估，对工业遗存分级分类实施更新改造设计。通过策划六大功能片区，将游客服务、市民生活、城市展览、艺术基地和商业零售融为一体，最大程度地激发音乐产业园的业态活力。

解决的实际问题

基于遗产保护理念，规划解决了黑油山片区和粮食局片区的保护问题。

对于黑油山片区，通过限定场地规划范围内建设规模、高度和区域环境风貌，使黑油山周边的戈壁环境得以充分保留。运用低调、消隐的设计方法，实现对核心区域外围景观、建筑的弱化。对于现有的矿史陈列馆区域，进行适度更新改造。

对于粮食局片区，通过充分评估建筑的历史价值、现状风貌、保存情况，对建筑制定了拆除、保留、改造、扩建等具体的利用策略。尊重城市和园区的历史文脉，最大限度地保留粮食局工业遗产片区的独特风貌。

规划以市域范围的业态评估和调研为基础，解决了两大园区主题确定和落地性的问题。

在规划中坚持文化传承、集约节约、因地制宜的设计原则，切实结合场地现状，采取新建与改造相结合的措施，实现城市空间织补。根据评估结论，在黑油山区域策划多元石油主题项目，充分发掘丰富石油博览园这一定位内涵。特别是坐落在水边的石油游乐园，填补了克拉玛依市该类型娱乐设施的空白。

依据前期运营策划和城市总体需求，在粮食局区域策划音乐主题特色产业园，将工业遗产与音乐主题充分融合。功能上遵循音乐创作、产品、演绎、文化等产业链条，融入衍生的“衣食住行”等商业文化功能，以实现园区吸引人、留住人的目的。

黑油山石油文化园鸟瞰图

黑油山石油文化园石油小镇鸟瞰图

黑油山石油文化园总平面图

粮食局片区鸟瞰图

设计单位：中国建筑设计研究院有限公司（建筑历史研究所、一合建筑设计研究中心、生态景观建设研究院）

设计人员：刘剑、刘环、于海为、路璐、徐新云、郭正同、吴嘉宝、陈笑鹏、郭辛欣、吴东、孙文浩、孙昊、季欣、刘丹宁、魏晓玉、曾睿之、冯晴

完成时间：2018 年

项目规模：黑油山规划面积约 402.4 公顷；粮食局规划面积约 9.5 公顷，建筑面积 3.5 万平方米

07 景观生态类

城市更新是一个既古老又现代的概念，随着人口城市化率增速的减缓，很多国家都经历了从大规模增量建设到存量更新的发展阶段。在我国，城市更新的提法也由来已久，只是当下越来越引起普遍关注，成为一个新课题。因此需要结合不同城市的特点来思考和实践。

在城市更新行动中，景观设计应该发挥更大的作用。因为从广义上理解，城市作为一个有机体，随时都在发生变化，这种变化最直接的体现就是在景观环境中。景观设计师应该发挥统领作用，协同多专业一体化推动城市更新行动。

对景观设计师而言，有三个原则要特别引起关注。一是适用性的人本需要。设计应该遵循适用、经济、以人为本的理念，尊重既有环境、尊重场所中的使用者。小微更新与大规模新建的不同之处在于更了解场地的具体使用对象，这就需要做更深入的研究，弄清楚场地内外环境的现状以及使用者的具体需求，这样才能真正做到以人为本，做出适应性的设计，避免主观臆断的过度设计。二是创新性的文化追求。城市更新不是简单的功能修补，在设计中还要发挥设计师的主观能动性，体现创新思维和设计价值。要尊重所在区域的历史文化，延续文脉，在此基础上求得创新，营造具有时代感的艺术氛围，创造美好的环境。三是生态化的自然关怀。可持续发展是当今世界的共识，也是时代发展的主题。景观设计师要传承道法自然、人与天调的理念，以自然为本，让自然做功，同时关注生态技术、低碳技术和碳汇技术，让人类生存环境健康可持续发展。

城市更新是一个永续的过程，从人居环境整体上看，一切新建皆为更新，因为新建是局部的行为，每一个新建都是对原有环境的一次更新；同时，一切更新皆有新建，即使再小的更新，也有对原有环境延续之后的新行为。在城市更新中，景观设计师要有辩证的思维，充分平衡人与自然的关系、主观与客观的关系，象为自然，与心相应，构建心象自然的美好人居环境。

李存东

河北省张家口市崇礼主城区空间品质提升

北京市海淀区京张铁路遗址公园全线贯通方案

北京市西城区阜成门内大街一期更新改造工程设计

北京市石景山区模式口历史街区城市更新景观环境整治规划设计

北京市西城区德胜街道整体规划设计（街区整理计划）

北京市大兴区生物医药基地慢行系统和景观系统规划设计

北京市西城区杨梅竹斜街环境改造及社区营造（胡同花草堂）

北京市大兴区亦庄经济技术开发区 28 号地块街角绿地景观设计

北京市东城区龙潭中湖公园改造项目

安徽省合肥市第十四届中国国际园林博览会展园规划设计

湖北省荆门市中心城区城市生态修复城市修补总体规划

重庆市丰都县长江—龙河滨水空间城市设计

重庆市丰都县王家渡滨水空间提升改造工程

重庆市丰都县龙河东滨江景观改造提升项目

广东省江门市人才岛潮头公园设计

河南省开封市一渠六河连通综合治理工程勘察设计

山东省威海市金线顶公园景观工程

新疆维吾尔自治区阿克苏地区拜城县喀普斯浪河东岸滨河景观设计

贵州省赤水市造船厂景观改造设计

河南省开封市古城墙环城公园七期景观设计

湖北省宜都市“大宋山休闲公园”景区总体规划

云南省临沧市下班老回归纪念园更新工程设计

山西省太原市五一广场改造工程设计

山东省淄博市临淄区桓公路景观风貌提升改造城市更新

河北省张家口市崇礼主城区空间品质提升

背景与理念

项目位于河北省张家口市崇礼区，总规划面积 423 公顷。作为 2022 年冬奥会雪上项目的主竞赛场地之一，崇礼走上了冬奥的舞台，吸引了世界的目光。在这千载难逢的历史机遇中，崇礼也面临着风貌凌乱、缺乏特色、品质低下、城市与自然割裂等多重挑战。冬奥品质标准与小镇现状之间、脆弱山谷生态与城市发展之间、便捷交通网与生态自然完整性之间、极寒气候特点与四季景观之间的四大矛盾亟待解决。

策略与技术

崇礼主城区空间品质提升项目秉承“心象自然”设计理念，通过认识自然、解读自然、心象自然的方式协调人与自然之间的平衡关系，将城市融入自然山水之中。在总体规划中，整体打造崇礼主城区“十景、一河、两路、多点”的城市风貌空间结构，实现冰雪之城与森林之城交相辉映的设计愿景。

解决的实际问题

通过生态修复、城市更新、全民共享、设施集成四大实施路径，开展各项城市设计和风貌管控工作，突出崇礼地域特色，延续山水肌理与文化脉络，让城市镶嵌于自然之中。

1. 生态修复

了解全域自然基底，明确生态修复需求，建立适合当地极寒气候和地理条件的植物库，大量种植经济作物，降低维护成本，为动物提供栖息地。种植 20000 余棵耐寒抗风的本土植物品种，修复被城市建设破坏的自然山体。在城区中增加遮阴覆盖率，为市民营造良好的生活环境。采用以乡土植物为主的自然式乔灌草复合型种植，通过针叶林与阔叶林的搭配保证四季景观效果，营造良好的河岸生境。

2. 城市更新

现状公共空间具有难以利用、缺少特色、缺少人气的问题，通过引入新功能、新技术、新形象激活消极空间，焕发城市活力。新功能：引入儿童公园和运动场，将闲置空间转变为新型的共享公共空间。新技术：首次应用了水下碲化镉光伏技术，实现近零能耗的探索，解决碳排放量高的问题，创造具有社会价值的可持续奥运遗产。新形象：在施工中大量选用本土铺装材料，呈现城市景观的新面貌。

3. 全民共享

崇礼居民缺乏活动场地和娱乐设施，该项目在 10 分钟的生活圈内提供聚集空间，打造 14.8 公里的无障碍道路，服务于所有年龄段和所有群体，确保人人共享城市。为社区创造便于到达的运动场、公园、广场、儿童游乐场等社交空间，成为附近居民户外活动的目的地，为城市带来活力。为老人提供便捷生活的条件，为儿童创造更多与自然接触的机会。

4. 设施集成

根据当地道路交通条件，因地制宜提出设置综合设施带的设计理念，提升整体街道风貌，为行人提供良好的慢行空间。分设无障碍、绿化及设施专用道，减少互相干扰，为未来设施增设预留空间。整体把控设施小品风格，契合小镇风貌，展现崇礼特色。

项目建成后为崇礼增设公园广场 12 公顷，更新开放空间 15 公顷，覆绿裸露山体 20 公顷，栽植树木 20000 余棵，整体打造出“十景、一河、两路、多点”的城市风貌空间结构，呈现出生态友好的人居环境和城景交融的小镇风貌。城市面貌的变化与更新，带动崇礼全域经济复苏，从旧城转变为幸福活力小镇，给崇礼留下绿色可持续的冬奥遗产，向世界展现崇礼的地域魅力和时代风采。

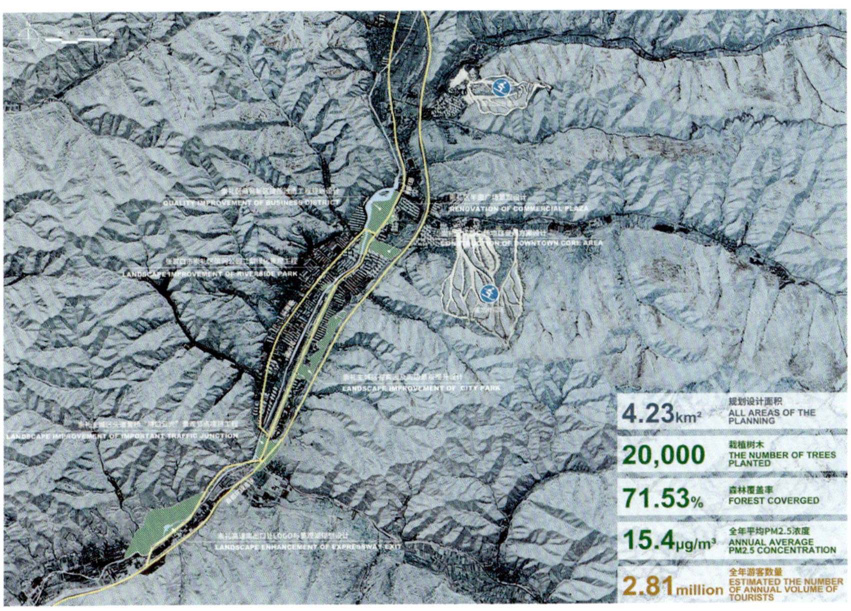

总规划图

项目实景图

崇礼主城区夜景

设计单位：中国建筑设计研究院有限公司

设计人员：李存东、路璐、刘玢颖、邸青、冯然、张云璐、赵金良、任威、刘奕彤、黎靓、徐元卿、薛强、赵林、李奕譞、孟令扬

完成时间：2021 年

项目规模：423 公顷

获得奖项：2022 年国际风景园林师联合会亚太地区风景园林奖杰出奖、2022 年园冶杯国际竞赛城市设计组金奖

北京市海淀区京张铁路遗址公园全线贯通方案

背景与理念

京张铁路于1909年建成，由詹天佑主持修建，是中国人在积贫积弱中奋起，自主勘测、设计、施工的第一条国有干线铁路，是中国民族精神的里程碑，它的新旧更替见证了祖国综合国力的飞跃。随着城市的发展，由于轨道和铁路的阻隔，割裂城市空间造成城市机能衰败，项目深入挖掘京张历史，利用周边高校云集的资源优势，为市民提供多样的共享空间，实现全频段共享的多元生活。

策略与技术

项目提出“锦绣京张——三线织锦，绣美京张”的设计理念，以三线织锦塑造绣美京张，提出三条主线——历史线、生活线、创新线贯穿全园。

1. 历史线——纪念

针对京张铁路遗址提出静态保护、文化演绎、活化体验三大设计策略，旨在复兴京张大历史，重现京张遗址价值，传承其精神文化内涵。

2. 生活线——共享

秉承全民公园和全时公园的理念，针对真实的社区生活需求进行规划设计。

3. 创新线——新生

提出创新雨林、科创胶囊、智慧公园三大创意，将未来的科创空间，向传统行业、日常生活渗透。

解决的实际问题

通过历史线、生活线、创新线三线对场地的编织、串联，将各大主题功能片区、节点融入京张铁路遗址公园的画卷中，集铁路遗址保护和现代城市生活需求于一体，凝聚创新的力量载体，展现丰富多彩的多元生活场景。

1. 历史线

（1）静态保护，指对京张铁路历史建筑和要素的保护及再利用。规划保护和修缮西直门老站房、焊轨厂、清华园站等建筑，形成各类京张历史展陈空间，与区域范围内的大钟寺博物馆、笑祖塔院等文保单位相呼应，同时设置多处社区文化点、高校文化点，形成京张文化网络，成为推动城市发展的新文化势力。

（2）文化演绎，指针对京张铁路遗迹点的文化重现。规划重现部分道口、信号机、专线、苏州码子等一系列京张铁路遗迹元素，通过文化演绎的方式，增加参与性，更好体验其历史文化价值。打造京张大 IP，结合文创开发，完善收益模式，提供永续活力。

（3）活化体验，指在遗址公园内通行詹天佑号观光设施的可参与式体验。近期规划 9.3 公里南北贯通的历史骑行廊道，串联起沿线的遗迹点，保留铁轨、信号机等系统要素，远期可开通水产市场至清华园站詹天佑号清洁能源的观光设施，实现置身其中的活化体验。

2. 生活线

（1）全民公园。接通 20 条断头路，提供 2.65 万平方米的运动场地，增加 79 万平方米的绿地和花园，提供 6 个菜市场，增加超过 9.3 公里的步行道和骑行道等便民服务设施。

（2）全时公园。突出四季植物景观，在动静分区的基础上实现昼夜景观兼顾，全时段共享的多元生活。

3. 创新线

（1）创新雨林——规划有针对性的植入灵活的众创空间、国际化的人才公寓，以及丰富而前沿的文体设施，完善创新生态链中缺失的环节与功能，培育高要素浓度的创新生态雨林。

（2）科创胶囊——在用地沿线灵活布局科创胶囊。通过模块化组合的方式，搭建复合、灵活的共享科创空间。为跨国交流、跨界交互、创意交易、专业培训、创意传递提供了丰富的场所选择，24 小时支撑全球运行的不间断创新活动。

（3）智慧公园——规划利用大数据、云计算等新技术，自动检测设施运行状态、场所使用频率、人流、车流动向、安全隐患、植被长势，从而对各类信息实现智能感知、数据分析，及时调整公园设施运行和维护策略，打造智慧生态公园新典范。

夜景鸟瞰图

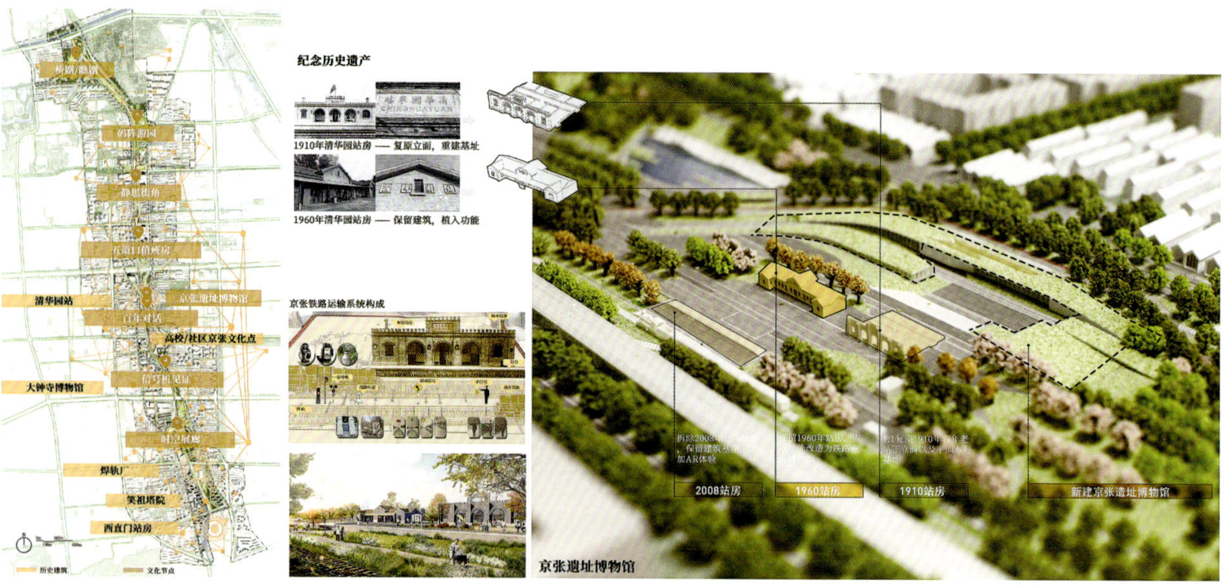

历史线——静态保护

历史线——文化演绎

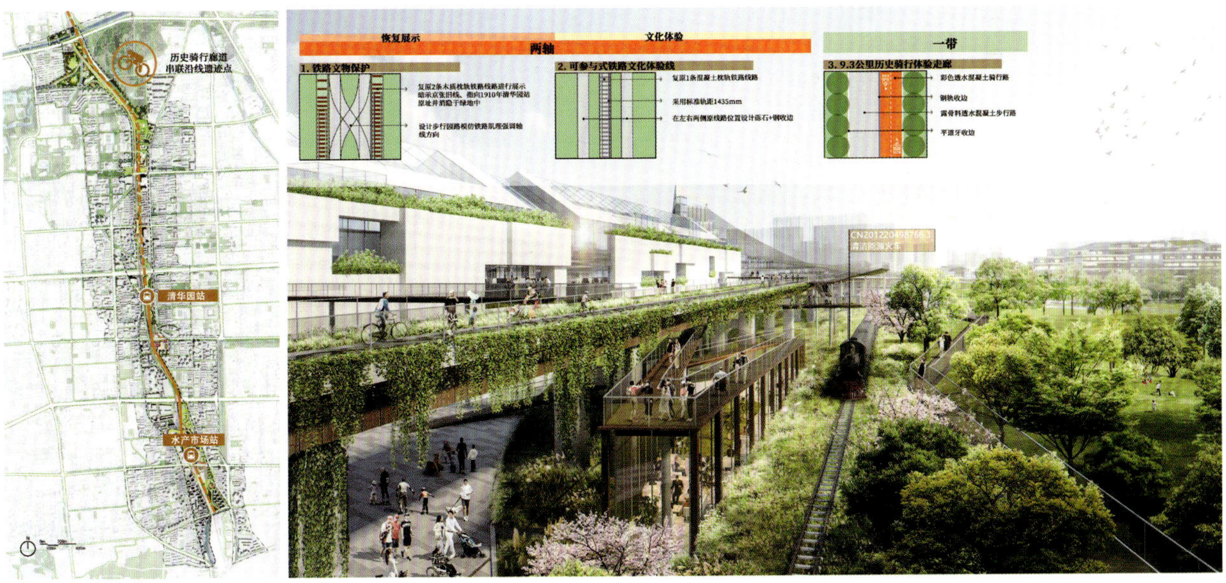

历史线——活化体验

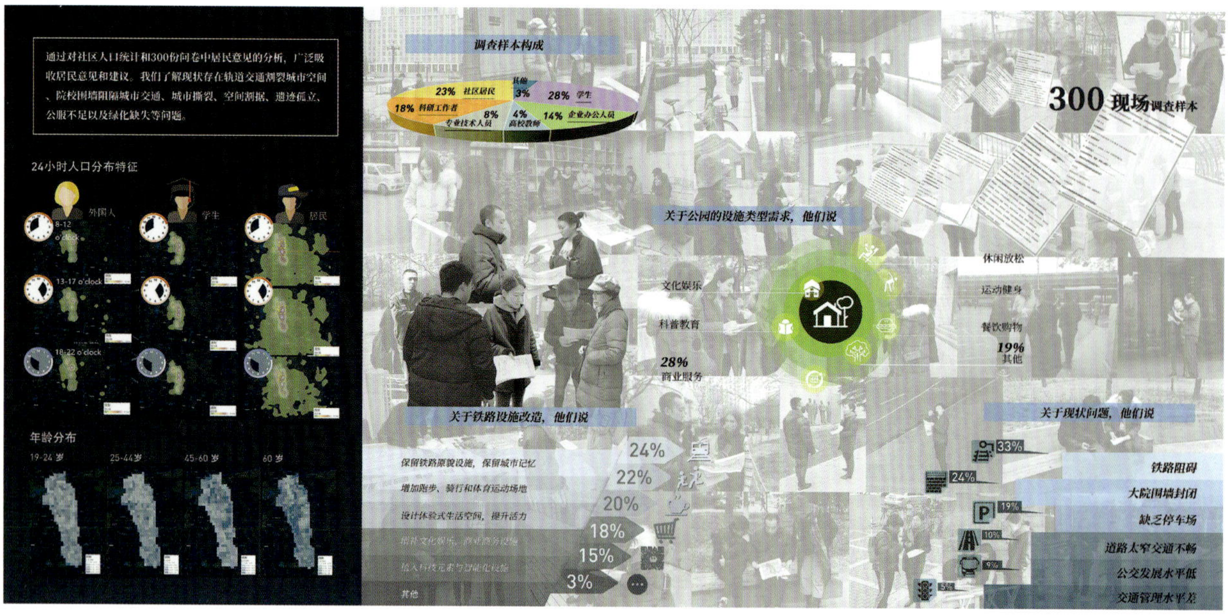

生活线——问卷调查及数据分析

生活线——全民公园

生活线——全时公园

创新线——创新空间大数据分析

创新线——创新雨林

创新线——智慧公园

设计单位：中国建筑设计研究院有限公司

设计人员：杨一帆、李楠、史丽秀、赵文斌、关午军、张帆、冯霁飞、张长滨、刘千伦、郭慧、邓龙、杨凌茹、刘阳、李旸、魏晓玉

完成时间：2020 年

项目规模：3.3 平方公里

获得奖项：第七届新加坡规划师协会（SIP）城市设计遗产保护类金奖、2022 年国际风景园林师联合会亚太地区风景园林奖（IFLA APR）荣誉奖、2022 年园冶杯方案类金奖

北京市西城区阜成门内大街一期更新改造工程设计

背景与理念

北京市西城区阜成门内大街，西起二环阜成门桥，东至西四路口，全长1.4公里，是首都核心区内一条已有700余年历史的老街。街道两旁的建筑和街巷里坊，如白塔寺片区、历代帝王庙、广济寺、果郡王府等，历经元、明、清、近现代的风雨洗礼，具有极高的文物保护及文化研究价值。

伴随着首都城市的高速发展，交通流量翻倍、人口激增、产业转型升级，老城街区原有的空间已经难以承载当代复杂多变的功能需求，生活体验变得越来越差。北京市和西城区政府提出“阜内大街整理复兴计划”，以保护和彰显古都风韵、提升人居环境品质、保持低维护条件下的良性发展为目标，开展街区更新探索实践。一期工程为阜成门桥—赵登禹路口段，全长680米，于2019年顺利竣工。二期工程为赵登禹路口—西四路口段（720米），2023年启动实施。

策略与技术

1. 搭建开放共治的交流平台

街道是城市公共空间，使用需求复杂多样，是导致建成后产生管理矛盾的根源。阜内大街改造项目在启动初期便搭建起“街区联合共治平台”，由决策方（政府和专家团队）、实施方（协调单位和各参建单位）和使用方（产权单位和广大民众）共同组成，分为五大板块，可以在整个建设过程中保证各方之间信息的高效传达和交流互通。

2. 确立问题导向的治理路径

解决在城市发展过程中积累的各类问题，是首都核心区城市更新的一大目标。该项目以问题为导向，将现状问题按照交通、绿化、尺度、设施、文化、立面等进行分类整理，按照街道的功能定位和设计师的价值判断，有针对性地制定解决方案，并通过共治平台与专家及主管单位进行协商。

3. 创新设计手法，因地制宜制定更新方案

老城街区现状条件复杂且局限性很大，不同历史时期积累的问题叠加杂糅在一起，而现行标准规范多针对新建项目制订，承载了重要文化价值的首都核心区历史街区，不能简单的照搬套用、一拆了事，而应该尊重历史、实事求是、因地制宜地制定更新方案。

（1）优化配置非机空间

通过非机动车道局部内绕，调换路边临时停车区域和非机动车行驶区域的排布方式，保留医院门前必要的临停功能，避免交通动线的交叉，确保行人车辆各行其道、安全行驶，最大限度实现有限空间内功能的优化配置。

（2）多杆合一

利用“综合杆”整合街道必要的设施设备，减少对有限公共空间的占用。该项目实现了路灯、交管、城管、电车、公安、街道、公交等市区两级多产权主体管辖下的多种设施设备的整合，获得实用新型发明专利一项。目前“多杆合一”已成为城市更新的规定动作。

（3）退让公共空间

将严重挤占步道空间的院墙依据规划进行退让，大型变电箱迁入临街房屋，优先保障宽敞舒适的步道空间，这标志着城市更新理念由追求单一经济效益向社会综合效益的重大转变。

（4）突破界线渗透更新

与地铁运营公司合作，对地铁出站口周边环境进行整理。打破用地红线，拆除非必要围栏，释放边角、夹道空间，与周边环境渗透融合，一体化设计。腾退出新的安全疏散通道，杜绝进出站乘客因交通不畅违规穿越公交场站的现象。营造口袋公园和非机动车停车场等便民服务场所。

改造后的街道风貌

（5）注重边界处理

采用铺装变化、围护设施、绿化隔离等多元方式，优化完善空间的边界，对人和车辆的活动形成明晰、及时、有效而又友好的管控和指引，保障安全合理的骑行空间、步行空间和停放空间，提升绿视率，缝合 U 形界面，重塑街道尺度。

（6）精准设置公交站点

通过蹲点记录公交车辆进出站频次，掌握运营规律，以此为依据对距离过近、停靠车次不饱和的相邻公交站点进行整合，减少公交车辆进出站变道对交通的影响。提升站台环境品质，服务候车乘客和站台管理人员。

（7）时光留痕

尊重并平等地看待历史的每一个阶段，特别是在对非文物建筑的整理过程中，避免按照某一时期的风格来定义街道，尽可能地将不同历史时期街道演变历程中有价值的风貌特征原真地保留、传承下去。

解决的实际问题

街道空间品质显著提升。阜内大街基本实现林荫步道连续畅通、行人车辆各行其道、无障碍设施全线可达、公共空间大范围拓展、配套服务设施进一步完善的设计愿景。据统计：改造前后，单株乔灌木数量由 116 株增长为 287 株（增加 147%），绿地面积由 0 增加至 1344 平方米，街道绿视率局部区段达到 50% 以上（提升 30%），线杆数量由 183 根减少至 55 根（减少 70%），新腾退公共空间 1263 平方米。新增加的公共空间多用于公共绿地建设，为未来街区功能的进一步升级预留发展空间。

改造后的街道风貌

管理实现低负担运维。建成后两年中，在管理成本较之前没有增加的情况下，建成效果与竣工验收时相比没有明显衰退，新栽大树更加郁郁葱葱。特别是街道秩序，已经能够按照初步设想，自觉得到维护，车辆、行人各行其道，设施摆放有序，交通事故率有所降低。

示范引领作用明显。阜内大街一期已被作为典型案例录入北京市和西城区街道设计导则，该项目提出的很多设计手法，在2020年颁布的《首都核心区控制性详细规划》中获得了政策支持。

设计单位：中国建筑设计研究院有限公司

设计人员：史丽秀、赵文斌、刘环、贾瀛、孙文浩、孙昊、张文竹、牧泽

完成时间：2019年

项目规模：街长680米，面积1.5万平米

获得奖项：2020年国际风景园林师联合会IFLA亚太区荣誉奖、2019—2020中国建筑设计奖园林景观专项奖二等奖

北京市石景山区模式口历史街区城市更新景观环境整治规划设计

背景与理念

项目位于蟠龙山、馒头山南麓，西接京西古道上的模式口隘口，南望金顶街，呈东西走向，是北京市第二批15片历史文化保护区之一，拥有丰富的文物古迹，其中全国重点文物保护单位2处，具有极高的艺术价值。

策略与技术

1. 古今对话

保护及尊重文物原真性与环境提升并举的设计策略。对模式口整体文化元素进行提取及梳理。将驼铃古道、东方美学、生活场景等文化要素进行系统规划，以景观为载体传承文化精髓，以艺术介入营造古韵生活情境。

2. 山城相依

模式口地区良好的山水环境为千百年的城镇发展提供绝佳的生态本底，也形成了依山建镇、山镇融合的格局。在规划中注重在保育背景山林的前提下，提出“引绿下山”的策略，将山林景观逐渐融入街区；同时最大限度保护院落、街道的每一棵现状树，形成山林—街道—院落完整的绿化系统结构，以“留白增绿、见缝插绿”为手段修复山与城的破碎关系。

解决的实际问题

1. 人与人的相洽

设计将历史文化保护传承与“惠民乐居”工程相结合，从以人为本的角度，构建关照全人群、全年龄段的环境空间，提升游览及生活品质。将生活场景与游览场景相结合，达到生活与游览共生的效果。同时通过调查问卷、座谈、邻里访谈等多种方式加强公众参与度，充分听取原住民意见与建议，使社会共治的过程成为方案落地的前提条件。制定尊重历史、面向未来、以人的交往生活为核心的规划。

2. 时间与空间的渐进

为了更好的使城市空间随时间演变健康成长，团队制定了《模式口历史文化街区有机更新手册》作为未来街区有机更新的蓝本以指导该区域持续更新。手册主要针对模式口历史文化街区内街道 U 形空间和院落空间的有机更新提出指导意见。主要面向政府管理人员、街道单位、市民公众、城市相关设计人员等，同时也是普通市民了解街道的资料性读物。提出四大策略，分别为减量高质策略、生态策略、文化艺术策略、生活策略。通过 16 个核心要素对街道 U 形空间、院落空间进行整体管控。从管理层、设计师、公众三个方面，提出联动保障机制，确保街区建设管理工作的可持续发展。

3. 科学技术

在功能复合的街区实现全时段的规划。尝试将夜景照明作为激活街区公共空间的手段，利用数字媒体再现历史图景及人文，通过数字媒体交互技术加强空间的场所感与表现力。结合模式口街区节事活动庆典的传统，进行全年的节事策划，将夜景灯光进行动态调整，全年全时段形成不同特色的夜景体验。

东入口夜景

节日街景

龙王庙节点图

设计单位：中国建筑设计研究院有限公司

设计人员：史丽秀、关午军、李楠、王悦、程洪伟、张宇晗、王韵双、张楚晗、王子晴、卢莹

完成时间：2021 年

项目规模：4.10 公顷

获得奖项：IFLA- 荣誉奖、新加坡规划师协会 SIP 银奖、中国风景园林学会科学技术奖

北京市西城区德胜街道整体规划设计（街区整理计划）

背景与理念

德胜街道位于北京市西城区最北端，紧邻北二环的旧城腹地，与朝阳、海淀、东城三区接壤，辖区面积 4.14 平方公里。“一座城、一条路”“丁字口、车不驻”“老北京、无识物”“群英会、众多户”是目前德胜门最突出的印象，过高的人口密度导致交通拥挤、资源紧缺、环境质量恶化、建设量无序增长、土地利用不合理等一系列城市病。

为改善生态环境质量、补足城市基础设施短板，保护城市历史风貌，提高公共服务水平，打造和谐宜居、富有活力、独具特色的现代化城市社区，2017 年西城区启动街区整理计划，将德胜街道环境综合整治工作列入计划。

此次规划提出“共享城市”的发展理念，通过推进文化共享、空间共享、绿色共享、设施共享，以共建、共治、共享的方式，实现历史遗存与时代发展的融合共生。

策略与技术

规划通过对德胜街区区域资源研判—总结现状问题—提取区域特色—提出规划目标—制定规划策略—城市设计引领策略落地实施，为西城区乃至北京市其他街道的街区整理城市设计工作提供了新的思路。

通过对现状研判和资源梳理，以问题和目标为导向，构建街区范围内的实施计划和项目库，指导下一步的街区更新与城市设计工作。

通过绿化改造、路网优化、设施完善、共享共治等措施，创造一个新的城市公共空间的共享模式，并建立一个可衡量可复制的宜居环境指标体系，在西城区乃至北京市推广。

解决的实际问题

1. 在文化景观上——提出立足护城河和八达岭高速两个基准点，构建“T”字形北京“文化遗产廊道”，在景观上弱化高速公路的交通功能，强化作为遗产廊道的景观功能，通过跨越几百年的文化和景观序列，实现“从高速路到遗产廊道的华丽转身”，并将整个德胜地区打造为德胜“露天博物馆”，通过“T”轴引领整个博物馆的核心展示空间。

2. 在科技创新上——规划打造一条“院士之路”，建设北京首个科技绿道，通过绿道串联文化、科技、生活、绿色四大社区，并与市级区级绿道形成对接，实现老城与新城链接与过渡，打造“都城一体”。

3. 在民生保障上——通过绿化改造、路网优化、设施完善、共享共治等措施，创造一个新的城市公共空间的共享模式，并基于德胜街道建立街道尺度宜居社区评价标准体系，作为一个可衡量可复制的宜居环境指标体系，在西城区乃至北京市推广。

4. 在具体实践上——将裕中西里作为试点，打造“公园里”典范，通过社区级绿道增强绿地的联系，提高空间整体性。现状绿地功能改造提升，发挥其现有空间的潜力，将其打造成集生态、景观、功能为一体的高品质社区公园绿地。

规划图

社区公园

设计单位：中国城市建设研究院有限公司

设计人员：林鹰、郭佳、赵秀霞、严利洁、袁建奎、黄云恺、吴婵、严俊、张赢月、贾茵、王玉洁、赵珍、考睿杰、刘畅、石伟

完成时间：2018 年

设计规模：4.14 平方公里

获得奖项：2019 年北京市工程咨询优秀成果一等奖、2021 年中国风景园林学会规划设计三等奖

北京市大兴区生物医药基地慢行系统和景观系统规划设计

背景与理念

北京大兴区生物医药基地是北京南城最能代表科技创新中心的重要载体，绿隔地区是创造良好工作环境的激发地，大兴新城是最具发展潜力和可塑性的组成板块。通过设计促进街道与街区融合发展慢行系统串联商业、生活服务或景观休闲的功能；借势绿隔助力基地提质，赋予绿地空间主题意义；将人群分类，分析其行为特征与空间需求，关注人尺度下的公共空间和城市界面。

策略与技术

通过三个面向未来的设计策略满足产业人群的专属需求，八个绿色持续的支撑系统构建科学完善的发展框架。采用框架明晰的总体布局：十字双轴引领，确立迎宾主轴；五带延展渗透，构建片区骨架；一环串联互动，增强新区活力；多点特色联动，凸显场所特性。同时采用了 3C 负碳技术路径以及海绵城市系统等策略与技术。

解决的实际问题

项目重新梳理了大兴区生物医药基地的发展动力和方向；思考了如何在现有建设的基础上提质升级，切实可行；如何满足不同特征人群的需求，关注人的尺度。打造亲近自然生境的城市新区、生物科创活力的园区典范，舒适工作生活的宜居家园。

人视效果图一

鸟瞰效果图

人视效果图二

设计单位：中国建筑标准设计研究院有限公司、CPG Consultants Pte Ltd

设计人员：李存东、马会、孟庆诚、童可嘉、张恒岩、史亮、何广美、徐浩杰、孙璁、姜浩然、王辉

完成时间：2023 年

项目规模：规划面积 22.5 平方公里

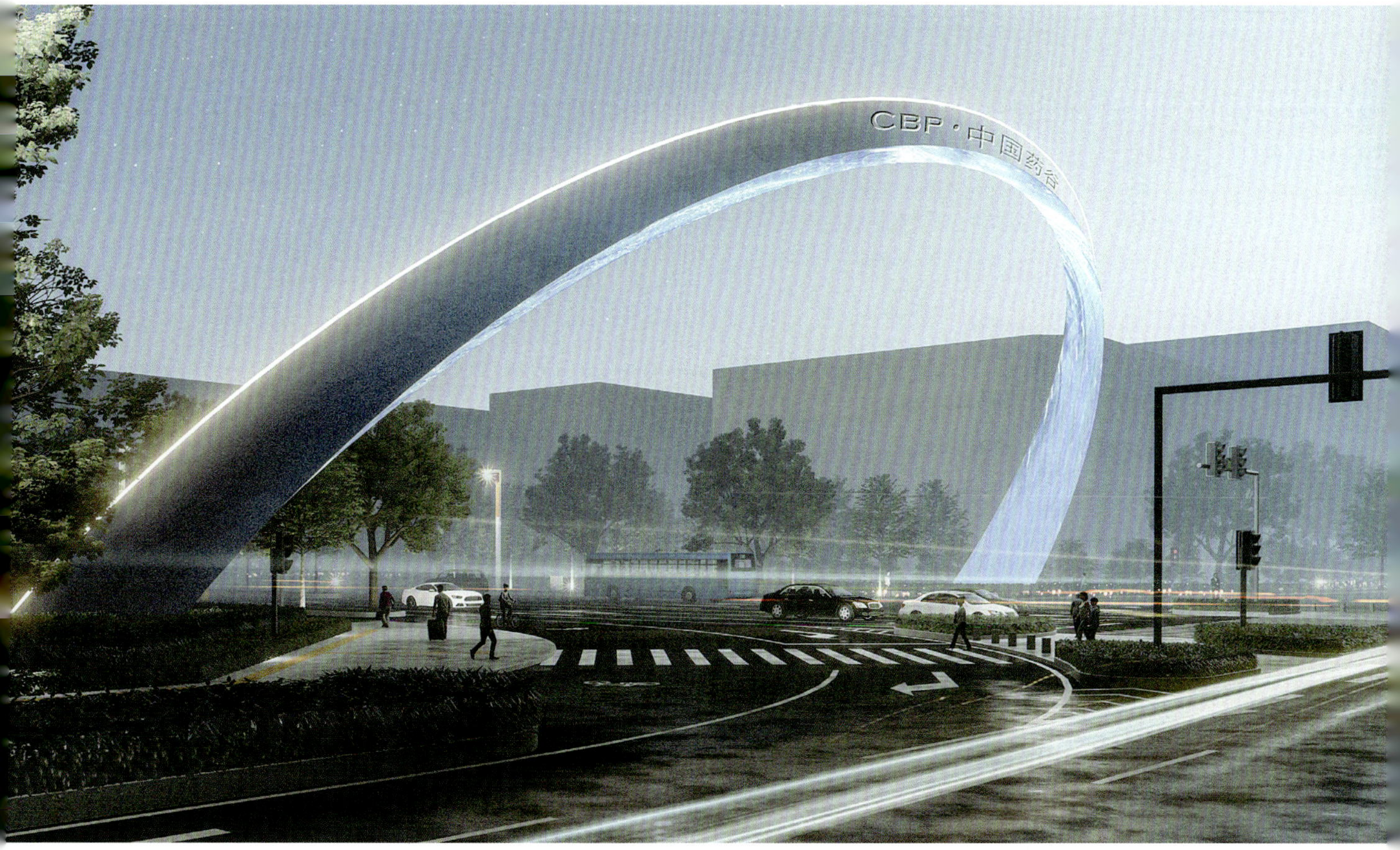

人视效果图三

北京市西城区杨梅竹斜街环境改造及社区营造（胡同花草堂）

背景与理念

杨梅竹斜街位于北京大栅栏地区，长约 400 米，是一条具有典型代表性的老城区街道。一期杨梅竹斜街环境改造的任务，是厘清并保护胡同街区中固有的文化基因，并通过设计弥补其基因缺陷。在不改变胡同肌理的前提下，使时尚元素、新商业业态与居民原有的生活和谐共生。二期杂院公共空间营造是一期的继续延伸，思路实现在街巷深处居民“生境”的改善上，以此探索老城区改造的路径，项目后续延伸的部分，入选了 2016 年威尼斯国际建筑双年展。至今，营造活动仍在持续进行中。

策略与技术

“基因修复”式的胡同环境改造：厘清并保护胡同街区中固有的文化基因，并通过设计弥补其基因缺陷。为了保证街道景观修缮与更新的全面性，列出了包括街道立面、交通、绿化、铺装、市政设施、照明等十三个设计系统。设计将拆违留下的空间处理为带有绿化的公共空间，通过花池、台阶的修砌将胡同公共生活与建筑联系起来，为胡同生活保留并扩展了舞台。团队将设计工作落在改善居民日用设施上，以微创与介入式为胡同中的住户提供针对性的设计，逐户整修老人日常休憩的门前台阶，并采用透气透水的铺装材料，改善小气候，暑天不热蒸。

解决的实际问题

“安住”为基础的社区营造：建立“共享花草堂”作为友好中介空间，缓解老旧街区居民“暂居”老社区的焦虑，通过美好的生活分享体验到对社区的归属感。完成街道改造的一期工程后，二期工程中更向公益的方向延伸。杨梅竹斜街 66—76 号院夹道是一个由数百年间各种建筑“扩张与挤压”而形成的一条长 66 米的不规则空间，实际上是一个为 5 户居民共享的通道。为夹道 5 户 20 余位居民建立共享“花草堂”，通过对花草种植的共同爱好打破邻里藩篱。

持续的社区营造：杨梅竹斜街 66—76 号夹道改造是迄今为止对北京老旧街区进行的最深层级的景观社会学实践。为阐释此实践概念而做的大型综合艺术装置“安住——平民花园”（HOME.Communal Garden）入选 2016 年第 15 届威尼斯国际建筑双年展中国国家馆展览。参展项目所依托的，正是杨梅竹斜街五户人家共用的狭小夹道。在这样的空间营造诗意、改善居民生活环境的，是居民共同参与的种植活动。其结果不是最终的，需要持续地投入、经营，在时间中生长。该项目的创意也正在于此：共同参与、共享，修复与重建老北京胡同文化中遗失的意境。

该项目将公共空间视为促进人际交往、和谐共处的重要媒介。通过为住户提供的有针对性的设计，为快速城市化、商业化造成的居民生活质量、生存境况的落差提供有效补偿。后续举办的以胡同居民为“主角”的种植展——“胡同花草堂”，使设计师的角色从“为居民设计”转变为“引导居民自发营造”，从而提升居民个人尊严，重建社群联结，增强居民的幸福感与归属感，使当地居民从“不安”到“安住”，促进社会公平公正，引导社会关系的良性发展，实现环境与社会福祉的双重提升。

胡同一隅

杨梅竹斜街改造前

杨梅竹斜街改造后与胡同花草堂居民种植展

设计单位：中国城市建设研究院有限公司

设计人员：谢晓英、张琦、张元、周欣萌、王欣、李萍、吴寅飞、王翔、李银泊、段佳佳、李宗睿、曲浩、杨灏

完成时间：2012 年至今

设计规模：400 米

获得奖项：2021 年，入选里约世界建筑师大会（UIA2021），同年，入选联合国亚太城市可持续发展目标优秀项目库（SDGs）；2022 年，获得北京城市更新最佳实践优秀案例奖；2018 年，被评为十条“北京最美街巷”之一

北京市大兴区亦庄经济技术开发区 28 号地块街角绿地景观设计

背景与理念

项目位于北京市亦庄开发区 28C3 地块，延续亦城财富中心的设计理念，将 28 号地块既作为荣华中路十字路口节点的形象展示，同时作为公共绿地服务人群使用，也为周边办公用地提供扩大配套使用绿地。空间形式采用外圆内方主题，格局采用负阴抱阳的场地骨架。借景透线，将财富中心的屏幕借外部使用，保证财富中心大屏幕的视野，方便园区内活动人群观赏。形成主题鲜明的特色公园，能体现楼宇经济，并从中体现商业价值。

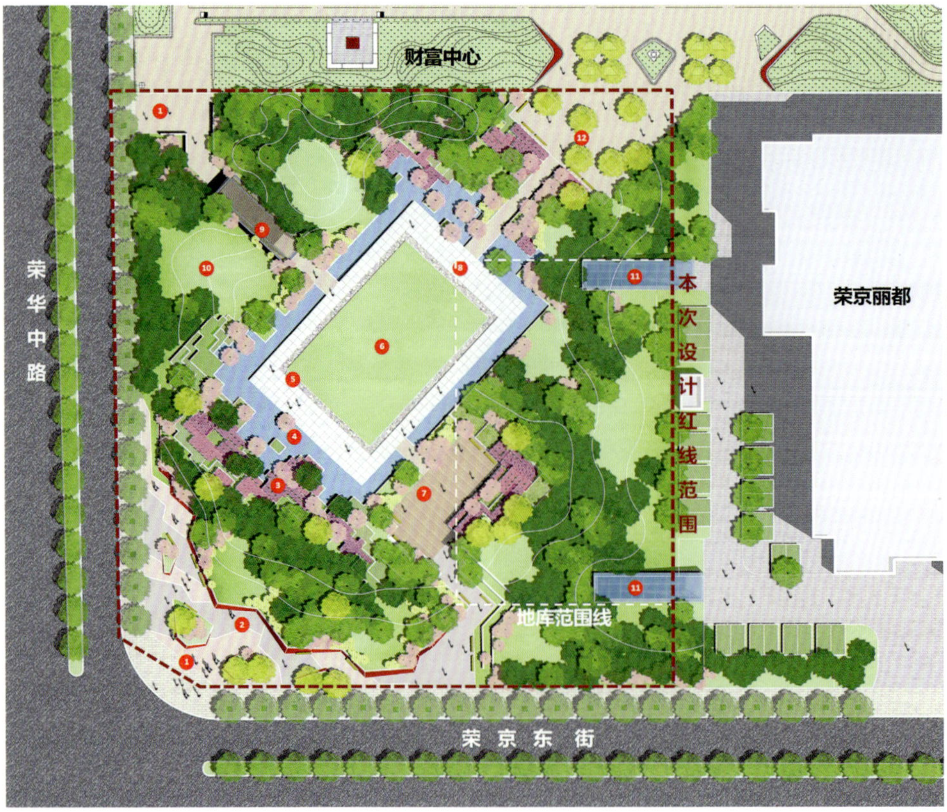

经济技术指标

用地分类		用地面积（m²）		占地面积比例（%）
景观设计面积		23303		
硬景面积	透水砖面积	15726	12266	67
	非透水砖面积		3460	
绿化面积	下凹绿地面积	7577	3878	33
	非下凹绿地面积		3440	
	水景面积		259	

1 入口广场
2 入口折墙
3 层叠花池
4 镜面水池
5 卵石铺地
6 景观草坪
7 木平台
8 散步广场
9 遮阴廊架
10 微地形
11 地库出库口
12 移动树箱

总平面图

策略与技术

1. 景观组织：三处主要入口连接东西北三处入口，南侧沿道路设置为开阔式广场，供市民活动使用。方形草坪、方形卵石、方形散步道、方形水池，四层景观元素向外扩展，层层叠叠、高高低低阶梯状台地花园，加上 9 棵迎客松，配以景观喷雾，形成烟雾缭绕、世外桃源般的一处静谧空间。

2. 景观设计：围绕财富中心文化的内涵，设计趣味涌泉水景、主题雕塑、特色景墙、特造灯、特色坐凳等，营造出品位高雅的文化环境，严谨开放的交流环境，催人奋进的工作环境，和谐统一的生态环境。

3. 种植设计：植物配置在覆土较少的情况下最大限度地种植不同类型植物，种植银杏、马褂木等季相不同的珍贵树种以及狼尾草等具有趣味的观赏草。绿地中心为空阔的草坪绿地，场地四周种植搭配了 20 多种当地秋色叶植物，形成周边密林，中间开阔的种植空间格局，秋季将形成彩叶各异的秋色景观。9 棵迎客松种植在视线焦点处，姿态各异，俯仰生姿，宛如 9 棵放大的造型盆景。

4. 海绵技术：景观设计根据新规范设计下凹式绿地，下凹面积不小于绿地面积的 50%，下凹深度均为≥ 60 毫米。下凹式绿地可以临时蓄积雨水，遇到暴雨的时候，即使一时来不及渗透，也可以积蓄近 10 厘米雨水，然后慢慢渗

效果图

建成照片

入地下。下凹式绿地具有补充地下水、调节径流和滞洪以及削减径流污染物的作用。

解决的实际问题

中间开阔的方形绿地，为冬季溜冰场预留了场地。夏天为观赏草坪，可举办庆典派对等活动，冬天可改造为小型冰场，对外游憩活动。根据项目特点，参照仿真冰和可移动真冰场两种形式进行以后相关设计和预留工作。设计中配合水、电、设备等专业考虑预留工作，为今后企业文化和品牌展示功能预留了活动拓展空间，形式变化灵活。

设计单位：中国建筑设计研究院有限公司

设计人员：赵文斌、董荔冰、杨陈、杨钰、刘子渝、陆柳、王晓、范思思、高晓宇、周亦白、袁泽、孙平天、沈楠、于凡迪、王亚迪

完成时间：2018 年

项目规模：0.98 公顷

获得奖项：2016 年美国绿色建筑 LEED 金级标识认证；2017 年中国勘察设计协会、全国优秀工程勘察设计行业奖三等奖；2017 年北京工程勘察设计行业协会、北京市优秀工程勘察设计奖二等奖；2021 年北京市优秀工程勘察设计奖、园林景观综合奖三等奖；2020 年北京园林优秀设计三等奖

北京市东城区龙潭中湖公园改造项目

背景与理念

龙潭中湖公园位于北京首都功能核心区，曾是北京最早的大型现代化游乐园，也是几代人心中的甜蜜回忆。游乐园运营结束之后，政府开展了近 30 万人次参与的民意征集工作，最终将这寸土寸金的区域定性为城市综合公园。改造后的龙潭中湖公园成为城市绿色发展、城市文化传承、生态文明建设的典范。

策略与技术

对自然生态本底、历史人文本底、发展建设本底进行了深入调研和全面分析，制定“理水、营林、柔湖、丰草”等十大生态策略，并形成指导落地实施的各项工程措施，包括保护现状大树、恢复原有水系、留存场地记忆、利用拆除固废等，扩大生态容量并连通京城水系，强化了生态系统的完整性和联通性。

改造后功能分区和景点布局图

解决的实际问题

1. 生态修复的区域联动

龙潭中湖是北京城区二环内地势最低的汇水点。本次改造实现了龙潭中湖与东、西湖的连通，整体调蓄能力达 152331 立方米，恢复了龙潭湖地区作为北京内城重要蓄洪区的功能。同时，公园通过改造实现绿地增量 16.69%，建筑减量 40.84%，其作为环二环绿地系统的重要节点，不但盘活了存量空间，扩大了生态容量，而且对于改善区域生态环境也起着重要的作用。

改造后恢复蓄洪能力的湖体

与周边公园连成片形成大型城市森林

2. 场所精神的巧妙延续

尊重 1952 年建园之初设立的“一池三山”山水格局，根据对风环境、日照环境等条件的模拟分析，对局部区域进行了微调，使得整体格局更加科学合理。注重对场地内现状的评估，包括建筑、桥梁、道路、植被和游乐园时期留下了大量设施的场地，融入有机更新的理念和方法，在满足民众使用需求的同时也充分延续了市民对特定场所的认同感和归属感。

保留加固后的摩天轮与广场结合形成观演广场

原貌修复车行桥，形成记忆打卡点

3. 全龄友好的功能布局

延续场所精神的同时，将适合不同年龄的各类活动场地巧妙地安置其中，功能与场地特点充分契合，如在 2.6 公里的环湖路上布置健康慢跑道，配合智能打卡桩与周边的公园联合成为可记忆的联动健身体验；在原有建筑拆除后的基址上设立的健身活动场地；在原“空中自行车”设施处设立空中栈道；等等。节约投入的同时让人们感受到熟悉的空间尺度和氛围。

结合建筑基址形成的健身场地

翻新环湖路成为联动的智能健身步道

4. 固废弃物的再次利用

在公园的改造过程中，最大限度地利用原有材料，包括精细化低成本改造4000 多米长的生态驳岸；现场拆除违章建筑所产生的近千立方固体废弃物破碎之后作为园林景观材料进行循环使用；场地内伐除的坏死树分类处理，作为铺装材料、树池围挡等被就地再次利用；等等。在多方的共同努力下，龙潭中湖公园实现了低碳环保的初衷。

设计单位：中国建筑设计研究院有限公司

设计人员：赵文斌、于海为、孙文浩、王洪涛、谭喆、齐石茗月、刘卓君、潘文、韩聪、孙洪波、何学宇、刘子贺、曹诚、陆柳、路建旗

完成时间：2021 年

项目规模：39.6 公顷

获得奖项：IFLA-APR-2022 荣誉奖

安徽省合肥市第十四届中国国际园林博览会展园规划设计

背景与理念

第十四届中国（合肥）国际园林博览会是以习近平新时代中国特色社会主义思想为指导，贯彻落实新发展理念和以人民为中心的发展思想，以“生态优先、百姓园博”为主题，综合展示国内外城市建设和城市发展新理念、新技术、新成果的国际性展会。合肥园博园选址在城市新发展中心亟待更新的骆岗机场，把最好的资源留给人民。合肥园博园的建设是盘活存量土地，以绿色空间带动城市更新、推动城市高质量发展的典型范例。

策略与技术

合肥园博园提出“强生态基础、补服务短板、惠百姓民生、留城市记忆、增科技亮点”的建设目标，结合城市更新，营造具有时代特征、活力持续的园博会。充分评估场地，因地制宜划定功能分区，制定分区更新策略，力求实现展期、展后两个时期空间与功能的衔接。坚持战略留白，对于无法确定用途和清晰功能的跑道、停机坪，以及遗存建筑，保持规划方案落地过程中的动态性和持续性。

解决的实际问题

1. 实现了园博园与城市的有机融合。将园博园与城市形态融为一体，园内交通组织与城市的交通发展紧密衔接，穿园而过的水系、道路，串联园博园与城市蓝绿空间廊道，园区不设围墙、不卖门票，开园即人民共享，三大展区实现城市生态功能、园博展览功能、片区服务功能。

2. 推动了城市片区的活力重现。采用城市更新手法建设园博小镇，对原有可利用建筑改造、活化，植入新功能，拓展文创、体验、游购、科普等服务功能，补齐所在片区缺少综合类参与性功能空间的短板，策划演出、游玩等多项文艺活动，丰富片区业态，推动实现园区自我造血的可持续发展目标。

3. 突破了传统园博展陈方式。本届园博会以城市为背景，遗存建筑为“馆”，城市展园为“园”，城市发展中绿色生态、城市更新、百姓生活等新技术、新成果为“展”，以馆、园、展一体共塑园博全域展览空间，以展促建，为合肥留下城市公园、城市道路绿化、城市建筑环境共同组成的高品质城市开放空间。

4. 传承了骆岗机场的城市记忆。对场地遗存全面评估，机场跑道及草坪让百姓参与“设计”，营造弹性多元的百姓舞台，航站楼改造成以城市建设为主题的园博园主展馆，大机库改造为多功能共享空间，具有航空功能的航信塔打造成园博园地标。真正做到用好每栋老建筑、不建一处新场馆、不出一方土、留下每棵老树木。

5. 创新了城市更新项目的工作模式。建立以“1+N”设计总承包管理为基础，总师统筹为引领，跨专业高水平团队强强联合，提供规划、建设、管理和运维全过程一体化解决方案的工作模式，助力实现永续园博。

鸟瞰效果图一

实景图一

实景图二

实景图三

设计单位：中国城市建设研究院有限公司
设计人员：王磐岩、白伟岚、林鹰、袁建奎、刘玉军、张琰、郑剑云、赵秀霞、姜娜、郭佳、牛萌、王国营、何俊超、刘琳、张显成等
完成时间：2023 年
设计规模：3.23 平方公里

湖北省荆门市中心城区城市生态修复城市修补总体规划

背景与理念

2015年中央城市工作会议提出开展城市生态修复，要加强城市设计，提倡城市修补工作，住房和城乡建设部2017年提出全面部署开展“城市双修”工作，为全面落实中央、国家部委，以及湖北省委省政府提出“将荆门建设为区域新增长极”的总体要求，实现荆门作为典型工业型城市在城市建设和产业发展的双转型，自2017年起，荆门市全面启动城市双修工作。本项目形成了“总体规划统筹→重点片区设计→更新行动推进”的全面系统化思路。着力于深化规划方案的系统性，重点通过“场地摸排、本底评估，问题识别、原因解析，目标分解、策略制定，片区设计、综合保障”等系列技术措施。

策略与技术

1. 评估诊断

基于生态环境和城市功能进行综合诊断，建立适用于荆门工业型城市特点的指标评估体系，重点对生态环境、景观风貌、居民生活进行定量、定性的精准评估。

2. 规划路径

总体目标定位为新时代工业型城市生态宜居的典范。生态典范：将荆门打造成为山川秀美的鄂中门户，有效保护荆门中心城区范围内的湿地、水系、森林等生态系统和资源；民生典范：落实群众最关切的民生问题，集中力量补齐民生事业发展短板，全面开展荆门老旧小区改造、街边绿地建设、城市慢行交通改造等百姓身边的惠民工程；特色典范：重点将以荆门市山城相嵌、水城相融的城市肌理与城市景观形象进行融合，挖掘山水资源的绿色潜力，将工业遗址景观与城市生态景观相融合。基于城市特有山水格局和功能分区，提出“两山护城、四水八湖、五区五片、多心多轴”的规划布局。

解决的实际问题

通过总体规划并结合城建计划，梳理出城市双修三年行动计划，落实生态修复类 17 项、风貌提升 17 项、民生提质 21 项，并筛选了南门片区、读书台片区以及城南新区三个片区作为示范片区进行双修重点示范引领，行动计划明确了项目的建设内容及责任单位，通过三年的双修工作以及示范项目的引领，荆门的城市双修建设在短期内形成良好的效果，提高城市的综合实力以及居民满意度。

以典型城市更新单元片区详细设计推动全市更新双修建设项目落地，结合总体规划目标及公众调查结果，筛选城市矛盾最突出、存在问题最复杂、百姓需求最普遍的连片区域作为城市双修典型片区，为全市城市双修做出典型示范。

1. 中天街南门片区。以中天街商圈更新为抓手，南门历史街区保护展示为方向，打造延续古今的市级历史文化商业街区。优化区域内的主题功能分区，引入客流贡献型的商业形式，提升南门片区中天街的商业核心地位，成为城市对外展示的名片。

植物园废弃地改造前后

竹皮河综合整治鸟瞰图

2. 读书台片区。依托读书台文化名片，重构荆门历史文化脉络。通过逐步疏解片区内的居住用地，有机调整片区用地类型，增加开放空间，连通山城绿道，塑造具有新时代风貌的城市文化休闲核心片区。

3. 城南片区。基于老工业城市居住社区特点，以微改造为理念，修复“城市疤痕”用地，有机融入社区服务功能提升。通过功能混合，提高社区公共空间使用效率，整合形成城南新区“综合服务核”和“商业服务核”，综合提升片区居民的获得感。

设计单位：中国城市建设研究院有限公司（风景园林规划设计研究院）

设计人员：李洪澄、白伟岚、牛萌、达周才让、白嘉、熊筱、遇琦、李明明

完成时间：2019 年

设计规模：273 平方公里，城市双修更新单元

获得奖项：中国风景园林学会科学技术奖（规划设计奖）三等奖

重庆市丰都县长江—龙河滨水空间城市设计

背景与理念

两水四岸的规划设计，是丰都城市更新、生态修复和生态园林城市创建的重要窗口和示范标杆。项目遵循谋划、策划、规划、计划四划协同思路，提出“丰盈之邑，尚善之都”的文化定位与“山水客厅，人文画卷”的规划愿景。从全局谋划一域，打造一个胜景丰盈的山水客厅，成为“长江文化公园的巴渝样本，重庆郊区新城的两高示范”，以一域服务全局，打造一个大美尚善的人文画卷，呈现“丰都山水智城的休闲客厅，丰都文化名城的活力阳台”。

策略与技术

项目分三个层面解决发展痛点——总体城市从宏观解决基本面、两水四岸从中观解决系统线、重点地块从微观解决特色点的问题，提出“生态筑底，山水融城”“品质提升，魅力营城”“还江于民，铸岸塑城”和“以文化人，文旅兴城”四大策略，并制定 14 项具体措施，解决 64 个具体问题。

解决的实际问题

设计强化两水四岸“塑一心・展两翼・连三轴・接四岸”的核心功能，形成“北景、南城、中幽峡”的丰都总体空间功能格局，构筑“四岸八段十二景”的滨水空间结构，网织蓝绿基底、优化景观风貌、链接功能组团、完善公共服务、提升文化内涵；布置 8 大地标性公共设施，带动周边区域形成复合型公共空间形态，引领各级特色资源，串联丰都 12 张文化图景，提升滨江区域蓬勃发展的生命力，真正实现还江于民，还岸于民。

项目亮点

四大城市策略筑就城市发展本底，面向未来，打造四大主题亮点：

亮点一：一个“山水人文客厅”

作为三峡库区整体搬迁的城市之一，两水四岸黄金地段，横山纵水汇毕于此，凤尾洲点睛其中，胜景新城拥江展立，故址新地叠江守望，是丰都县山水人文客厅之所在，是丰都全面展示文化、生态和发展的新舞台。

亮点二：一幅“滨江立体全景画卷”

立于北岸，观南城烟火音美如歌，产—城—景—人深度融合；立于南岸，观北岸环境水墨烟峦，热爱生活的人群不断聚集。

亮点三：一本“六线十二景”导览手册

按照知行合一、以人为本的城市哲学要求，用好生态、文化两个宝贝，围绕人流组织和场景呈现，锻造凝聚情感的日常空间，创造沉浸文化的生活场景。提炼一本导览手册，生活丰都映入眼前。

设计围绕人流组织，规划 6 大特色主题游线，围绕 12 大场景呈现，锻造

两水四岸总体鸟瞰图

10 情感空间，策划 26 余项全时活动，16 余项节事活动。全线打通 22 个断点，增加 1 处跨河设施，打造 52 公里滨江步道成环，形成生态道、风景道与运动道。

亮点四：一套“生态红宝书”技术巨著

按照尊重自然、顺应自然、保护自然的生态文明理念，抓住“水”和“土”两个核心要素，运用“护山、理水、营林、疏田、清湖、丰草”六大策略，织补 1 处山地、10 条河流、5 处湿地、4 条林带、2 片农田蓝绿底色，联通 10 条一级区域山水绿廊、15 条二级城市游廊与多条三级组团活力绿廊，通山达江融城，丰富 3 大主要生境类型，联通 16 条生物迁徙廊道，系统性地开展自然恢复与生态修复，丰富生物多样性。

丰都港效果图

呈和居效果图

从北岸看南岸

从南岸看北岸

设计单位：中国建筑设计研究院有限公司

设计人员：赵文斌、刘环、李楠、夏晶、褚天骄、景泉、谭喆、贺敏、黎靓、张楚晗、赵林、李晓东、张宇晗、张宏桥、冯然

完成时间：2022 年

项目规模：片区详细城市设计面积 43.01 平方公里，重点地块详细设计面积 8.88 平方公里

重庆市丰都县王家渡滨水空间提升改造工程

背景与理念

为落实重庆市政府提出的建设丰都城市更新、生态修复和生态园林城市创建的重要窗口和示范标杆的要求，王家渡组团滨江岸线作为丰都县长江—龙河滨水空间 8 处特色滨水功能段中的老城烟火生活段，是丰都县一系列滨水城市空间更新的先行示范区段。

策略与技术

王家渡组团滨江空间紧邻长江，对岸为名山风景区，是三峡库区整体搬迁后的丰都县首个移民安置区。通过打造国际线——门户形象展示，文化线——历史文化、移民文化、市井文化展示，生活线——区域激活串联、市民生活场景呈现，打造三线交织的烟火江岸。

解决的实际问题

项目依据城市功能布局和竖向特点将王家渡滨水空间分为一路＋三段的整体功能分区：音乐艺术廊（西段）、丰都港（中段）、花园生活坝（东段）和滨江西路——滨江东路街道空间。项目系统性地从优化滨江游憩带、释放林下空间、整合城市公服等方面出发，加强江城联动，完善城市客厅功能，解决路网不畅、业态不足、江城人景分离等问题，实现整体王家渡滨江公园的提质增效，打造赋活新生的老城水岸画卷。

王家渡滨江公园游憩带在东西方向打造多层级的交通体系，打通步行断点，贯穿 5 条重要骨干交通脉络，其中包括最具特色的 180 滨江步道＋骑行道＋丰都特色文化导览线和滨水 174 步道，5 大层级交通体系完整串联滨江多样的活动场地；节点分级方面，布局3类城市到滨江的南北向的通江缝合空间，包括一级节点广场 6 处，二级公园入口 9 处，纯步行公园入口节点 7 处；项目保留现状乔木 3100 余棵，优化城市微气候的同时增加互动参与式的林下主题公共活动空间 26 处。中段综合了移民广场及地标汉阙、港口码头、177—180 观江大台阶、文化和服务院坝等功能空间，形成一体化更新后的丰都港，旨在打造未来王家渡的城市地标；西段音乐艺术廊包括观江驿站、朝华阳台、乐境剧场等；东段花园生活坝包括院坝展示廊、观江阳台、林下课堂等。中段、西段、东段滨江公园共同支撑起丰都县王家渡未来最重要的城市文化和滨水开放空间。项目助力王家渡老城烟火江岸展示国际范的门户形象、丰都味的历史传承、烟火气的共享客厅。

中段丰都港平面及分析

丰都港滨江步道效果图

丰都港文化院坝效果图

丰都港大台阶效果图

设计单位：中国建筑设计研究院有限公司

设计人员：赵文斌、李楠、刘环、张楚晗、何海军、徐铸、徐树杰、程洪伟、陆叶、王韵双、陈素波、张宇晗、王子晴、付恩春

完成时间：2023 年

项目规模：设计范围 357869 平方米

重庆市丰都县龙河东滨江景观改造提升项目

背景与理念

龙河东滨江段起于长江—龙河交汇之处，止于刀鞘溪天然水湾，面向名山组团和凤尾洲。整体突出“人民城市为人民”的理念，融合城市形象、便民福利、文化展示等多方面需求，突出文体功能服务和新城生活气息，以开阔的沿江空间、多级的观江方式、舒适的滨江氛围，重新定义新城百姓水岸生活方式，将龙河东滨江空间打造为市民能来、会来、爱来的滨江文体阳台和百姓生活花园。

策略与技术

针对现状本土江岸风貌不突出、滨江功能不成型、高差处理生硬，公园与城市分隔、市民参与感低等问题，设计从改造模式、文化、公服、产业、交通等方面提出“分段提升、分级打造、主题引导、公服赋能、文化融入、产业激活、书香丰都、交通优化、慢行贯通、智慧融入”九大策略，着力于解决“江与民”和“城与民”之间的联系，实现城市的有序更新。

分段提升：针对已建成使用段和未实施完成段，提出不同更新策略。已建成段“三加三减”，整合现状升级，植入使用功能；未实施段结合已建主体，采用“三多三少”优化空间处理手法，营造绿意盎然的滨江环境。

分级打造：借助城市—江岸之间的高差，划分多级层次，打造三级观江“平台”，提供多维观江视角。

主题引导：挖掘在地资源，引导特色主题，激发公共潜力，打造“一环三段多点”的滨水公共空间。

公服赋能：结合周边社区环境，与原已审批公服功能对接，以文化、办公、教育、智慧等作为植入功能，鼓励市民参与使用。

文化融入：融合丰都地域文化，将长江丰都段特有的文化资源通过地面铺装标识的方式融入室外景观；彰显城市现代艺术，在室外场所中植入艺术展演、互动设施、智慧装置等，形成凸显丰都现代城市滨江生活的场景。

产业激活：延续龙凤桥婚礼主题，联动规划婚庆中心建筑群，在特殊节日弹性利用公园，打造滨江婚庆主题氛围。

书香丰都：与朝华公园共建人人读书亭，延续书香丰都气质，一类结合公服建筑设立藏书阁，一类结合公园预留借阅空间。

交通优化、慢行贯通：构建滨江慢行网络，整合优化已建段步行游线，形成 175 米、180 米、190 米三级慢行路径。

智慧融入：以智慧 + 运动、智慧 + 游憩、智慧 + 监测系统，提升龙河东段滨江公园趣味性，体现未来感。

解决的实际问题

作为长江国家公园段的一部分，聚焦自然和长江风貌特色，通过改造滨江道、恢复滨江风貌，以 1.6 公里林荫慢跑道 + 滨江漫步道串联五个 180 米高程滨江节点，打造回归大江大河的自然底色和精致灵动的江岸生活。

提升 190 米高程绿化覆盖率、新增运动场所、林下休闲场地、滨江游憩设施、停车楼、主题广场、艺术连廊等功能场地，服务周边社区居民，打造丰都新城生活社区的滨江阳台，跨河联动王家渡老城滨江段，补齐老城缺失的功能，激活新城活力，协同发力，共建人民城市。

鸟瞰图

总平面图

滨江效果图

岛屿花园效果图

设计单位：中国建筑设计研究院有限公司

设计人员：刘环、谭喆、盛金龙、齐良玉、齐石茗月、付彭伟、孔维一

完成时间：2023 年

项目规模：15.46 公顷

广东省江门市人才岛潮头公园设计

背景与理念

江门人才岛以“智领潮头、侨连天下”的整体设计理念，被列为省级重点建设项目，纳入粤港澳大湾区建设计划。随着大湾区的建立，江门将成为下一个发展热点，打造立足珠西、面向粤港澳大湾区的人才基地。潮头公园作为江门人才岛的核心宝地，在“绿水青山，景城合一”的规划理念下，对现状鱼塘进行微创介入，形成具有趣味路径的慢行体系、低成本投入的海绵体系、可作为户外课堂的科普教育体系和多样互动安全的儿童活动体系，同时构建十六处富有诗意且具侨乡人才文化的特色节点。从设计到施工，景观全流程把控每一个专业与细节，通过一个公园改变一座岛，改变城市人居环境。

江门人才岛建成鸟瞰图

策略与技术

勘探现场时，通过脚踏实地的丈量走访、无人机的反复飞行调研和三维地图的标记画圈，希望能最大程度上对现场的植物、肌理、土方甚至是老墙进行保留，同时充分挖掘五邑侨乡的人才文化融入每一处设计细节。通过设计改造，这里桑田变沧海，形成了蓝绿交织、林草丰茂、活力慢行、人悦花香的生命共同体。站在潮头，江河对望，岛内岛外，感受着潮头公园的生态之美、文化之美、人才之美和生活之美。

潮头公园平面图

潮头公园航拍图

解决的实际问题

微创介入鱼塘，复兴河流印记，潮头公园促进了城市内部景观更新，传承了地域文化，改善了城市生态环境，提升了土地价值，增强了滨河活力，不仅是一处西江、内河、中央廊道、城市协同发展的滨河公园，也是一处人、鸟、树和谐共生的生态栖息宝地，打造了活力、海绵、科普、人文四大系统。

1. 三线慢行体系，引导趣味路径：潮头公园设计了全长 1.5 公里“一环三线”的慢行体系，由 3 条宽 150 毫米的红色、绿色和蓝色的热熔线组成，分别代表了活力慢跑之线、绿色生活之线和生态体验之线。通过公园三线的慢行体系和指引，创造趣味无穷的空间体验。

2. 低成本海绵措施，会喝水的海绵公园：根据江门市海绵城市建设专项规

潮头公园饮鹿池、之之栈道

划要求，结合现状竖向营造微地形并规划汇水分区，将潮头公园打造成一个完整海绵体。采用低影响开发设计原理，对项目范围内各类型下垫面区域的地表径流进行分析和统计，按需要运用不同类型的 LID 设施进行雨水的收集、下渗、滞蓄及利用。以自然积存、自然渗透、自然净化为设计特征，运用生态消落带、蓄水池塘、湿地浮岛、线性净水水系、生态草沟、雨水花园、曝氧跌水等海绵技术措施，实现雨水资源利用、生物栖息地建构、生态环境保护的建设目标。通过以上 LID 措施，达到 90% 的年径流总量控制率和 56% 的年污染物（TSS）控制率。

3. 科普教育体系，能学知识的户外课堂：潮头公园重视科普展示系统，力求打造一座露天的户外学习课堂。通过科普牌的图文介绍，规划了 5 类、27 种、近 50 个展示牌设置在园区各处。这些内容包括场地变迁、植被资源、海绵设施、动物种类、运动知识等方面，从文字撰写到图片绘制，既科学严谨，又通俗易懂。

4. 人文趣味景点，焕发侨乡人才魅力：设计团队通过当地调研摸查走访，发现具有历史文化、业态丰富、有创意、参与互动强的开放空间是人们更向往的户外活动空间。在潮头公园的设计中，历史文脉和人才文化元素贯穿始终，通过古诗典籍的提炼和场地文脉打造，使潮头公园成为人才岛的特色城市名片，如鲸奇世界、登科桥、览潮亭、还侨广场等。

设计单位：中国建筑设计研究院有限公司

设计人员：赵文斌、杨陈、董荔冰、袁泽、孙平天、王亚迪、沈楠、彭蕾、杨钰、周亦白、焦英哲、黄鹏、于凡迪、高晓宇、陆柳

完成时间：2021 年

项目规模：14.69 公顷

获得奖项：2022 年国际风景园林师联合会亚太地区风景园林奖（IFLA APR）荣誉奖；2021 年中国风景园林学会科学技术奖（规划设计奖）三等奖；2021 年第十二届园冶杯专业奖、市政园林公园类银奖；2021 年广东省风景园林与生态景观协会科学技术奖（园林工程奖）施工类金奖

河南省开封市一渠六河连通综合治理工程勘察设计

背景与理念

“一渠六河”，即宋都古城护城河（一渠六河）连通综合治理工程，总投资37.5 亿元，总治理长度 28.6 公里，是开封迄今最大的单体民生工程。

开封护城河“城池相伴”的格局由唐至今、延续千年。现在北护城河、西护城河大梁门以北河段已在历史的更迭中填塞消失；其他河段虽然得以保留但也面临着河道淤积、行洪过洪能力不足、水质污染、生态恶化等问题。

策略与技术

1.“城池一体”的整体规划

在以“古城城市有机更新和环城墙风貌保护”为前提的古城水系更新的大背景下，设计通过与规划衔接，扩大临城墙一侧的红线范围，拆除护城河与城墙间的老旧小区，改造已有城墙公园绿地，重新梳理种植空间，露出淹没在民居和种植里的国宝城墙，恢复“城池一体，双环抱城”的古城传统空间格局。

将生态功能、游憩服务工程以及城市文化体验相融合，形成多元化的滨水体验空间。结合古城城市有机更新的高品质发展需求，整合沿岸低端业态进行全产业链业务转化，形成商旅开发新模式。

2.“海绵城市”的景观实践

针对以“黑臭水体治理”为核心的城市水安全问题，提出通过水环境治理“控源—减污—截流—疏导—修复”改善水质，构建良性循环的水生态系统，促进生物多样性提升，恢复水体自净能力。

结合海绵城市的理念，采用自主编制的《城市道路与开放空间低影响开发雨水设施（15MR105）》图集中有关的低影响开发设施，如导流渠、植草沟、雨水花园、旱溪、表流雨水湿地等，形成雨水排放从铺装→绿地→收集设施→城市水系的排放路径。

除此还采用了透水混凝土技术、聚氨酯碎石路面、海绵系统展示等技术。

解决的实际问题

“一渠六河”项目的实施不仅补齐了护城河防洪除涝短板，全面提升灾害综合防范能力，将三年一遇除涝、十年一遇防洪的标准分别提高到二十年和五十年，确保河道安澜、人民安居乐业，同时也使护城河水系从以前的脏乱差到如今的美如画，逐步再现了“水中有城、城中有水”的开封古城历史风貌。以 15 分钟生活圈为例，覆盖面积约 38 平方公里，惠及居民约 50 万人。

效果图

实景鸟瞰图

设计单位：中国城市建设研究院有限公司

设计人员：戴瑞、柴娜、孙勇、白雪、叶梦如、公超、段明淳、王萧、郑剑云、朱婕妤、李月平

完成时间：2023 年

设计规模：开封古城墙外五条河流（西护城河、南护城河、东护城河、利汴河、惠济河），全长 15.6 公里，总面积 104 公顷

获得奖项：河南省水利建设“红旗渠杯”优质工程

山东省威海市金线顶公园景观工程

背景与理念

2018 年 6 月，习近平总书记在威海考察期间，作出“威海要向精致城市方向发展”的重要指示。近年来，威海市坚持高质量发展、高品质生活、高效能治理、特色化发展的“三高一特”发展思路，扎实推进城市建设与更新工作。金线顶公园位于威海湾半岛之上，与刘公岛隔海相望，2019 年为践行“精致城市，幸福威海”的发展目标，会同多方力量，通过精当规划、精美设计、精心建设、精细管理、精准服务，力争打造精致公园威海样板。

策略与技术

公园以构筑魅力海岸，彰显山海特色为首要目标。从区域规划的层面自上而下逐步推进，从城市设计的尺度统筹周边地块，从眺望系统的角度构建公园景观形象，从文化关联的维度打造公园特色景观，实现“园与城、人与境、景与观”的多重互动。公园建设与周边的山海资源、历史记忆、百姓生活、城市发展相融合，在尊重和保留场地原有记忆的基础上，融入现代城市的发展需求，通过保留、更新、增补的设计手法，焕新风貌、激活场地，打造可持续发展的绿色公共空间，实现场地的有机更新和与城市的有机融合。

解决的实际问题

如何建设一个高品质、多功能、全龄段、特色化的城市精品公园，在有限的绿地空间内叠加更多使用功能，满足百姓对美好生活的更高需求，是重点解决的问题。

公园建设延续原有场地文脉，林地、大树、山石等地物特征被充分保留，并形成场地的独特记忆。以“金线”为情感关联，化作一条 320 米的景观栈桥，形成公园最具特色的空中观景走廊。为市民打造了一个集文化体验、康体健身、休闲娱乐、观光游览于一体的多功能山地森林公园。公园建设秉持生态为先的保护性更新，通过低影响开发，保护利用现状树林 1.2 公顷，大树 13 棵，营造良好自然生态环境的同时对于完善和优化区域的绿地系统结构、提升城市绿地景观风貌和绿地生态效益产生重要影响。公园建设极大提升了当地的民生幸福指数，更新后的金线顶公园配套有完善的便民服务设施和智慧管理系统，288 个地下停车位，满足自身需求的同时缓解了周边景区和居民的停车问题。儿童游戏、观光茶室、健身步道、空中栈桥、篮球、网球、门球、足球等休闲娱乐场地和健身康体设施，满足全龄段的休闲游憩需求。游居同享、童叟共乐的金线顶公园已经成为城市观光、游憩、健身的新晋打卡地。

公园全景鸟瞰（《威海晚报》记者姚威）

儿童游戏区鸟瞰（《威海晚报》记者姚威）

公园局部鸟瞰

设计单位：中国城市建设研究院有限公司

设计人员：刘琳、李慧生、石磊、侯凯涛、张胜焰、孙勇、杨杨、赵艳、宋菲菲、段明淳、王如椁、贾以欢

完成时间：2021 年

设计规模：9.18 公顷

获得奖项：山东省园林绿化行业 2022 年度“园林优质工程”景观工程一等奖

新疆维吾尔自治区阿克苏地区拜城县喀普斯浪河东岸滨河景观设计

背景与理念

拜城位于新疆阿克苏地区，是西域三十六国之一——古龟兹国的所在地，古丝绸之路上的明珠，是东西方文化的交汇地。拜城水资源丰富，县城西部的喀普斯浪河是拜城县内流量最大、离市区最近、最重要的河流。政府将喀河城区段的河滨绿地作为生态城建设的起步工程。

该地块设计范围位于喀普斯浪河北侧荒滩地之上，新修建的防洪堤作为滨河绿地与喀普斯浪河南侧边界，绿地北侧紧邻城市建设用地，总长 7.5 公里，宽度为 180—350 米，总面积约 120 公顷。

策略与技术

1. 历史文化的传承、积淀与创新并重。将一个新疆天山脚下偏远小县城的自然和文化资源进行挖掘和梳理，保存拜城丰厚记忆，体现城市时代精神。对历史、宗教、民族进行文化创意，将龟兹文化淋漓尽致地体现，把这乱石滩建设成了拜城的名片。

2. 扎根拜城，表达人民理想。不抄袭发达国家，不模仿东部城市，不搞概念化设计。尽力表达当地各民族居民的生活理想，而不是设计者的个人感受。以龟兹文化为主线，从古代丝绸之路上的克孜尔千佛洞的优美壁画中，吸取设计灵感。根据公园绿地不同的功能要求，融入“工业、商旅、乐舞、农耕、佛教、艺术”等多元文化要素和符号，用廊、桥、亭、榭充分体现拜城的地方、民族、产业、文化、时代特色，使之成为县城的靓丽标志。

3. 整合一条主线，设置多种功能。“一带相承显文脉，多彩绚丽尽风情”，将带状的喀河滨河公园设计成古丝路与新丝路交织纽带。营建可持续利用的风景水系，形成滨河风景的生态示范区、传承城市文化精神的黄金旅游线、拓展市民游憩空间的滨河休憩带、树立城市文明形象的对外展示园，使之成为拜城舞动着的文化之魂。

解决的实际问题

1. 激活拜城的丝绸之路文化遗产潜在价值，形成新丝路亮点。拜城的文化源起于古代丝绸之路，多元文化兼收并蓄、碰撞与交流，才形成独特奇异的龟兹文化。包括佛教文化（西域佛教中心）、龟兹乐舞（隋唐鼎盛）、绘画雕刻艺术（文字、壁画、石窟雕塑等）、商旅文化等。多民族文化的交汇与融合谱写出和谐文化的乐章。

2. 体现文明、文化、民族多样性，用多样性应对单一性，用和谐应对极端化。拜城人口 22 万，85% 以上是少数民族，各民族必须团结才能发展，各种文化、宗教必须相互学习才能进步。在公园设计中我们强化各民族、各文化的融合；突出多民族特色，又不局限于某一族群；用多样性应对单一性，用和谐应对极端化。

3. 带动城市腾飞，促进经济社会发展，提高拜城人民的生活幸福感。让拥有丰富资源的拜城百姓享受到富裕的生活，提升生活品质。目前公园建成区虽然只有 60 公顷，但也大大超出拜城县人均公园指标，同时带动周边土地及房价升值，让城市更加具有活力。

4. 营建自然水系的可持续利用，形成滨河风景的生态示范区、传承城市文化精神的黄金旅游线、拓展市民游憩空间的滨河休憩带、树立城市文明形象的对外展示园，使之成为拜城舞动着的文化之魂。

景观营造

整个公园清透灵韵的水系是风景之核心，舞动着城市的文化之魂。利用滨河公园的高差，结合公园的功能分区，水系自流而下，营造出溪流、湖面、瀑布、叠水、池塘、湿地等丰富的水景观。将静水、动水等多重水形式，融入河、溪、潭、岛、池等多层水空间，设计戏水、亲水、近水、望水等多样亲水活动，形成戈壁荒漠中的湖光倒影、跌水瀑布，结合历史文化，使游人寓教于游，寓教于乐，得到文化与环境的双重享受。

生态景观相结合，水资源可持续利用。将水体与原有树木的结合，使单一树木群落变成春华秋实中的流光溢彩。夕阳西下，层林尽染；光影如诗，碧水如画。

坚持生态保护与生态修复相结合，建立以本地适生植物为主的植物群落。恢复、利用原有的自然水系、湿地和植被，形成水库—河流—湿地—绿地构成的复合生态系统，培育鸟类栖息地，成为引领县城生态环境改善的生态带。

从上游引入的水系在蜿蜒曲折几公里后又流出喀河公园，仍可满足下游农田灌溉，最后重新回到喀河主河道中，一滴水也不浪费。

鸟瞰图

水系景观

叠瀑嬉戏

设计单位：中国城市建设研究院有限公司

设计人员：李金路、王玉杰、王作鹏、郭倩、曹炳轩、董音、朱婕妤、裴文洋、陈锦程、张昕、郑爽、曲振军、曹金清、郑金云

完成时间：2013 年

设计规模：120 公顷

获得奖项：2015 年度“计成奖”一等奖、2015 年度第三届优秀风景园林规划设计一等奖

贵州省赤水市造船厂景观改造设计

背景与理念

赤水市造船厂景观改造设计项目为赤水市长征国家文化公园项目一期的示范项目，为打造赤水市中心城区对外展示的新文化门户形象具有重要意义。项目利用优越的地理位置，提升现有公共空间，打造展现造船厂工业遗迹文化与赤水红色文化相结合的文化高地，与周边资源优势互补，形成一系列充满魅力和活力的赤水核心目的地。

策略与技术

赤水船厂改造的主要策略与技术包括弘扬四渡赤水文化、工业遗迹重生、生态科技展示三大手段。为传承遵义、赤水卓越优秀的红色文化历史，旧船厂未来将以红色文化、长征文化为特色，打造赤水文旅红色地标；针对场地既定条件和工业特色打造具有历史和文化记忆点，让工业遗迹重生；充分利用场地滨江水岸自然资源，将生态海绵理念和科技化手段转化为生态科技展示，融于滨江绿地空间。

解决的实际问题

为传承遵义、赤水卓越优秀的红色文化历史，对造船厂进行建筑和景观整体改造提升。建筑设计在船厂工业建筑保留的基础上进行改造，打造以红色“长征”为主题的博物馆及休闲体验业态，厂区现有办公楼将被改造为集办公、商业与服务配套于一体的综合办公楼，建筑面积约 15000 平方米。赤水造船厂及其由西到东 600 米长的滨水景观带为景观设计范围，面积约为 2.2 公顷，“一廊一带四节点”的景观结构通过北侧滨水休闲廊道、南侧红色记忆廊道串联三栋建筑；四个核心景观节点由西至东分别为船厂西侧入口艺术城市广场、红色记忆看台、赤水造船水广场、生态休闲绿地。景观流线应对场地复杂的竖向变化，创造了人性化尺度和丰富多样的公共步行道，实现人车分流和多维度步行主题游线。通过融合动与静、历史和未来、艺术和生态，实现以现代方式纪念四渡赤水文化、工业遗迹的重生和活化利用、全时全龄和增加公共开放空间、修复场地生态环境和串联滨水生态廊道的设计目标，打造展现造船厂工业遗迹文化与赤水红色文化相结合的文化高地，与周边资源优势互补，形成一系列充满魅力和活力的赤水核心目的地。

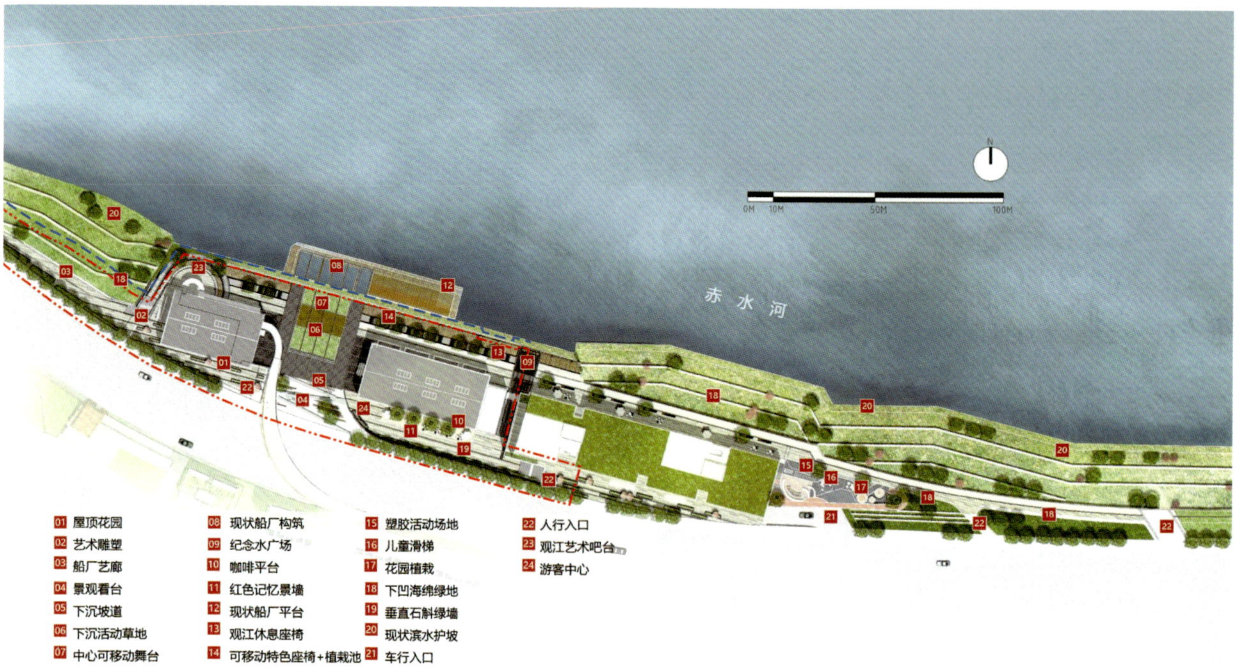

造船厂景观改造设计平面图

整体导览导视系统效果图

船厂艺术门户区效果图

中央舞台区效果图

设计单位：中国建筑设计研究院有限公司

设计人员：李楠、张楚晗、何海军、程洪伟、陆叶、王韵双、张宇晗、王子晴

完成时间：2021 年

项目规模：设计范围 15000 平方米

河南省开封市古城墙环城公园七期景观设计

背景与理念

开封古城墙环城公园绿地景观设计项目（以下简称“城墙七期”）提出了立足保护国宝、建立海绵综合示范区的设计思路。城墙七期既承担着保护国家级文物保护单位开封明清城墙的责任，又承担着对公众传播知识、历史文化教育和市民休闲功能，同时它还是开封市作为第二批国家生态修复城市修补试点城市的第一项重要举措，是开封城市更新行动的重要一环，是 2017 年度开封市的重点工程。通过水体整治使西北湖得以还清，有效实现黑臭水体治理。通过海绵综合展厅以及海绵公园的建设，成为开封市海绵城市建设的有效示范。将城墙遗址保护、生态湿地景观与充满活力的城市生活相融合，最终实现城市与自然的和谐共生。

策略与技术

通过城墙遗址公园的打造，充分体现开封明清古城墙的历史文化；结合西北湖片区海绵综合展厅及室外展区的共同营造，成为开封首个同时体现城市历史文化底蕴，又兼顾海绵综合展区功能的城市遗址公园。

城景呼应、楼台相衬、文化相连、传承古今——城墙公园通过营建雨水花园—城市海绵体，形成现代城市抵御灾害的防线。它将与城墙一起，以全新的概念来演绎现代版的“城池一体”，诠释新时代开封古城人与自然的和谐发展。

城墙遗址公园：基于城墙自身的文化资源特质，在满足市民休闲游憩的基础上，强化开封“城摞城”城墙遗址公园品牌，使其成为开封古都重要的文化标志、城墙遗址公园系统中的重要组成部分。城墙七期公园以打造独具开封特色海绵城市建设示范为目标，运用低影响开发策略，将历史人文与现代技术有机融入景观设计之中。呼应北宋城池系统格局，将城墙、护城河、羊马墙、陷马坑等元素以文物保护、景观转译等方式分别展示。结合公园休闲设施，令人耳目一新。

海绵示范展区：致力于打造与城市和谐共生的城市生态湿地公园，海绵城市建设示范点。公园设计中充分运用先进的海绵城市建设技术，以宣传、教育、科普、示范为主要功能，以修复自然湿地景观、净化水质、恢复生物的多样性为首要任务。公园的建设不仅为开封城墙营造优美生态的外部环境，同时也增加了西北湖滨水绿地的可参与性，为市民提供更加丰富的休闲空间与活动场地。通过海绵展馆的设计，为市民和游客提供了解公园建设和科普海绵城市建设理念和方法的场所，通过互动体验、科普宣传最大化地实现公园的社会效益。

解决的实际问题

1. 公园推动了开封“城摞城”文化传播与交流。成为当地百姓喜闻乐见的文化活动及户外休闲场所和公共教育基地、同行乐于参观学习的城市双修科普宣教展示区，对于传承开封古城文化、提升城市形象起到了持续而积极的作用。

2. 消灭垃圾湖，还风景于人民。城墙七期的建设彻底改善了西北湖周围的环境，古城风貌及“一城宋韵半城水”的城市景观语境得以逐步统一。提高生物多样性及生物资源丰富度。黑臭水体的治理，极大改善了开封古城西北区域的生态环境。

3. 通过海绵公园的建设，开封城墙七期实现了雨水的零排放，实现了区域雨水的回收与利用，降低了公园的后期养护费用。同时，绿地本身为周边城区提供 200 立方米的调蓄容积。

4. 公园大量利用了现状树木，并通过挖湖堆山的方式，形成了丰富的竖向空间，减少了土方外运工程量。

鸟瞰效果图

实景图

设计单位：中国城市建设研究院有限公司

设计人员：朱婕妤、曹炳轩、崔易梦、李晨希、王澍、董音、呼万峰、屈冬冬、郑剑云、李跃文、徐大可

完成时间：2018 年

设计规模：10.63 公顷

获得奖项：2020 年中国风景园林规划设计二等奖、2021 年北京工程勘察设计协会园林景观综合二等奖

湖北省宜都市“大宋山休闲公园”景区总体规划

背景与理念

项目位于三峡之滨，两江环抱，一山望两江，属于清江康养产业国家试验区，是重点建设核心区，景区内资源等级较低，主要以自然资源为主，相关配套缺失，着力打造康养文化度假胜地。大宋山风景区为打造集生态观光、文化体验、科普教育、休闲度假等功能于一体的国家级康养度假区，结合宜都市“宜人康都”旅游品牌以及周边规划定位，本着“生态优先，绿色发展”的设计原则，提出山水修身、文化养性的发展策略，以钟灵毓秀点明宋山文化主题，以三峡寿山突出宋山康养特质。将宋山风景区整体分为五大片区：前导服务区、丛林体验区、文化核心区、隐修度假区、生态保育区。一期主游线主要包括前导服务区和丛林体验区。

策略与技术

项目对场地和气候特点进行了详细分析，结合宋山人文特色，构建一系列游览路径。通过对山谷现有溪流，经过置石筑坝等手段，将山谷创造成一条灵动的溪流景观。打造一条畔水而行的登山步道游径。“清流急湍，映带左右”，登山步道作为森林康养基地内重要的部分，开发理念是将宋山的优美环境与步道相结合并赋予“森林客厅”的功能，将登山路打造成为养心、养身的康养步道，达到多层次、多景观的效果。路面材料属性以自然生态为主，采用碎石、木材等柔性材料，与自然野趣的环境融为一体。

山顶的法泉寺作为宋山的文化核心。通过场地布局、景观设计的手法，反映了中国寺庙的整体布局，并突出建筑的朝向和进深。整个片区巧妙地利用场地的地形态势，以台地园的形式逐层构建出结构明显、具备山水画意的寺庙文化场所。

方向竹是宋山重要的景观资源之一，从场地来看，山谷中的方向竹最为茂盛，体态秀逸有神韵。

在此处设置修竹阁，庭前积水空明，屋后盖竹萧萧。营造出超然幽静的竹林景观，为宋山增添一笔神秘的色彩。

解决的实际问题

宋山森林公园，虽然其具备传播生态文化、弘扬生态文明的特质，但由于缺乏完善管理和开发力度，导致园内基础设施逐年破损，园内法泉寺、森林游览步道等特色景观开发有限，不具备吸引游客的能力，目前处于闭园状态。同时，宋山森林公园内有保存完好的禅修文化主题的法泉寺，具备深度开发条件；外有国家柑橘农业公园、被国家纳入非物质文化遗产保护目录的青林古镇——“中国谜语村”、长江山城水都健康城、现代渔业产业园、草莓园、三江生态新城等一系列建设完善的旅游资源。

由于森林公园闭园后适宜都市青少年室外拓展场地缺乏，宋山森林公园内的青少年活动场地需求恢复。因此，为实现宜都市旅游市场的全面发展，串联大宋山周边旅游景点，丰富区域旅游资源的特色，充分发挥宋山森林公园法泉寺佛学文化和森林资源，全面推进宜都长江山城水都健康城的整体建设。

效果图一

效果图二、三

设计单位：中国建筑标准设计研究院有限公司

设计人员：马会、童可嘉、孟磊、张琦君、何广美、田文杰、周天舒、柳春红

完成时间：2018 年

项目规模：约 345 公顷

云南省临沧市下班老回归纪念园更新工程设计

背景与理念

当前我国城乡公共文化建设的核心模式主要为政府主导的新型公共文化空间，这个狭义的乡村公共文化空间的类型包括：政府主导的“三馆一站”公共文化设施，“送戏下乡”公共文化活动所需的场所。

但受历史等因素影响，广大乡村地区仍保留大量民俗形态的公共文化及公共文化空间。这个广义的乡村公共文化空间的类型包括以民间主导的传统意义的公共文化空间集市、街市、庙会和节庆。因此，我国公共文化服务体系建设中事实上存在着政府与乡村社会的“双元主体”。长期以来既要重视政府主导的、新型公共文化空间建设，也要重视民间主导、传统公共文化空间的发展和建设。新时期的乡村公共文化空间建设，要同时发挥不同主体公共文化空间的功能和作用，促进两类公共文化空间的共同发展及融合互动。

策略与技术

本项目针对乡村公共文化空间开展精细化设计。这里所指的“精细化”设计，不是建造上的雕梁画栋，而是在村域内整合出一系列具有生产实用性的小空间。是以农民需求为主体的空间建设。在不追求假、大、空的前提下提倡以小而特、小而美、小而红的设计原则；以九步法设计技术路径的方式对乡村公共文化空间进行精细化设计以植入新业态激活传统文化空间。

解决的实际问题

项目位于中缅边境的村落之中，现有回归纪念园是为纪念班洪班老地区20世纪60年代回归而建造。本次更新开展之初就配合地方自然资源主管部门先期对项目用地范围内的土地进行梳理，确保符合各项要求。

1. 对需求——项目缘起与文化资源

因历史原因，班老村所在的班老乡 20 世纪 60 年代才回归，但这并没有影响班老地区的阿佤人民心向祖国的信念，当地更是有着抗英、抗日守边固疆的事迹。在建党百年之际，作为乡村脱贫奔小康的历史见证人，当地十位老支书联名向习近平总书记写信汇报佤族人民摆脱贫困、过上好日子的情况，总书记的回信更激起当地干部群众对美好新生活的热情。

2. 聚人气——谋划重点项目并选址

在乡道交汇处围绕现有纪念碑、战场遗址兴建班老回归纪念园、纪念馆，围绕主题展馆、纪念广场及现有林地遗存为核心组织游览路径并整理平整的开放空间满足参观、学习以及村民日常生产、生活活动的需求。

纪念园场地现状

3. 增内容——以叙事性手法规划参观路径

将原计划建设单体纪念建筑拆解成若干展示单元，结合自然地形分散建造于山林之中，并通过一条连续的游览路径串联各个展厅空间。高低错落的展厅结合地貌、山林营造出不同空间氛围。

4. 落位置——高效复合利用土地、充分利用现有地形、植被资源

围绕山梁四周布置一条叙事游览路径；布置四个建筑单元，围合出两座开放的广场，两个园林景观空间；将村委会改造成兼游客服务中心功能。报告厅设计为多功能方式，除学习报告接待外，可作为日常村民食堂、文化表演使用。

5. 尊传统——传统建筑风貌的体现

注重乡土风貌的融合、民族符号的利用。本着对佤族建筑符号尊重但不抄

袭、民族更现代的原则，抽象瓦寨屋顶天际线作为群体建筑的整体形象，使空间更有张力。

6. 细刻画——建筑、室内、景观相互交融一体化设计

思考乡村公共文化空间时，要像规划师一样对空间发展在时间与空间上做整体统筹安排，又要像建筑师对空间有很强的塑造能力，还需对景观文化资

技术经济指标表				
项目		数值	单位	备注
规划用地面积		20612	m2	
总建筑面积		3500	m2	
地上建筑		1050	m2	
其中	序厅	900	m²	
	新时代展厅	55	m²	
	厕所	95	m²	
地上灰空间		720	m2	
其中	火塘及连廊	240	m2	
	环院连廊	210	m2	
	大门	130	m2	
	新时代展厅入口通道	140	m2	
半地下建筑		1730	m2	
其中	展廊	470	m2	
	历史展厅	350	m²	
	厨房	350	m2	
	报告厅	560	m²	
建筑占地面积		3500	m²	
建筑密度		17%		
容积率		0.17		
绿化面积		10888	m2	
绿化率		52.8%		
停车位		6	个	

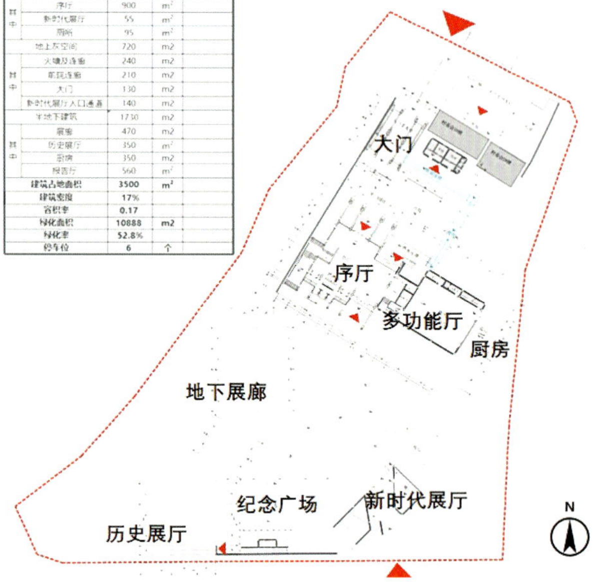

纪念园总平图及建筑总体布置图

室内室外交融设计，将无实物记载的文化资源利用展陈活化展示

源、土地资源、自然资源、农业资源等有深刻理解。同时在具体营建中避免大开挖，采用层层递进依山就势的方式，同时结合游览需求将地上突出物减少，最大程度尊重场地原有风貌。

7. 营场景——对文化空间场景的营造

贴近当地乡土风貌，恰到好处地将爱国主义元素融入建筑所营造的场域之中。

8. 重改造——充分利用现有建筑及设施，使其在功能与风貌上适应新的需求

对原村委会建筑进行功能提升，增加卫生间、球场、火塘、村民议事厅、观影、游客服务大厅，结合建筑对纪念园入口大门进行统一风貌的改造。

纪念园鸟瞰图

设计单位：中国城市发展规划设计咨询有限公司

设计人员：刘志辉、张海涛、刘若瑜、谭香良、孙宇珊

完成时间：2022 年

项目规模：规划范围 1.7 公顷

山西省太原市五一广场改造工程设计

背景与理念

山西省太原市五一广场与南华门、晋王府、后宰门、拱极门形成城市轴线，是太原府城的中轴端点。既反映了府城的传统格局，又是历史文化名城的重要展示窗口。

方案以“千年城道”的理念拉通南北广场。在城市空间尺度上贯通城市轴线，时间上由北向南叙述了自古至今的城市历史发展，体现太原“英雄城市”的总体定位。

策略与技术

通过调整南广场东侧路，强化南北广场空间轴线对称，以“千年城道”的文化精神拉通南北广场。宏观上矫正城市景观轴线，串联广场的城市空间序列。

打造讲述“府城故事”的文化景观轴线，使府城轴线有机贯穿整个场所，营造起、承、转、合四个特色空间序曲，演绎太原城市时代变迁和历史文化。

将场地根据功能要素、文化要素、现状要素划分为六个主题景观区，以“太原精神”为主线串联六区，结合不同场地特点打造核心景观点，辅以不同体验的文化意境，打造“太原历史文化展示窗口”。

解决的实际问题

1. 府城历史地雕

以铜铸地雕复原明太原府城，在城市界面开放展示。

2. 紫藤廊架复原

五一广场紫藤伴随市民六十余载，是市民珍贵的场所记忆。工程中全框架支撑紫藤植株，并更新原有廊架系统，使廊下市民共享空间焕然改观。

3. 首义门城门复原

根据首义门考古依据与文献资料，原位原状复原明代太原府城首义门。城门内设置太原历史展厅与公共服务空间，作为载体纪念太原城的光辉事迹。

4. 城道轴线与瓮城广场

以首义门瓮城城墙段为蓝本，用景观铺装与下沉庭院连接轨道交通的 U 形商业连廊，勾勒出完整的南城门系统，同时提供足够的城市空间。

5. 国旗广场

自 20 世纪 80 年代至今，五一广场每周一早晨的升旗仪式一直是太原人民的日常礼仪活动。保留国旗广场即是打造太原城市礼仪空间，是爱国主义教育的重要基地，也是国旗精神和国旗文化真正成为太原人民共守同信的精神支柱之源。

6. 英雄主题群雕

山西是八路军华北抗战的主战场，太原是八路军北上抗日的集结地。“雕塑”以“伟大的开端”为主题，纪念八路军北上抗日的革命征程。

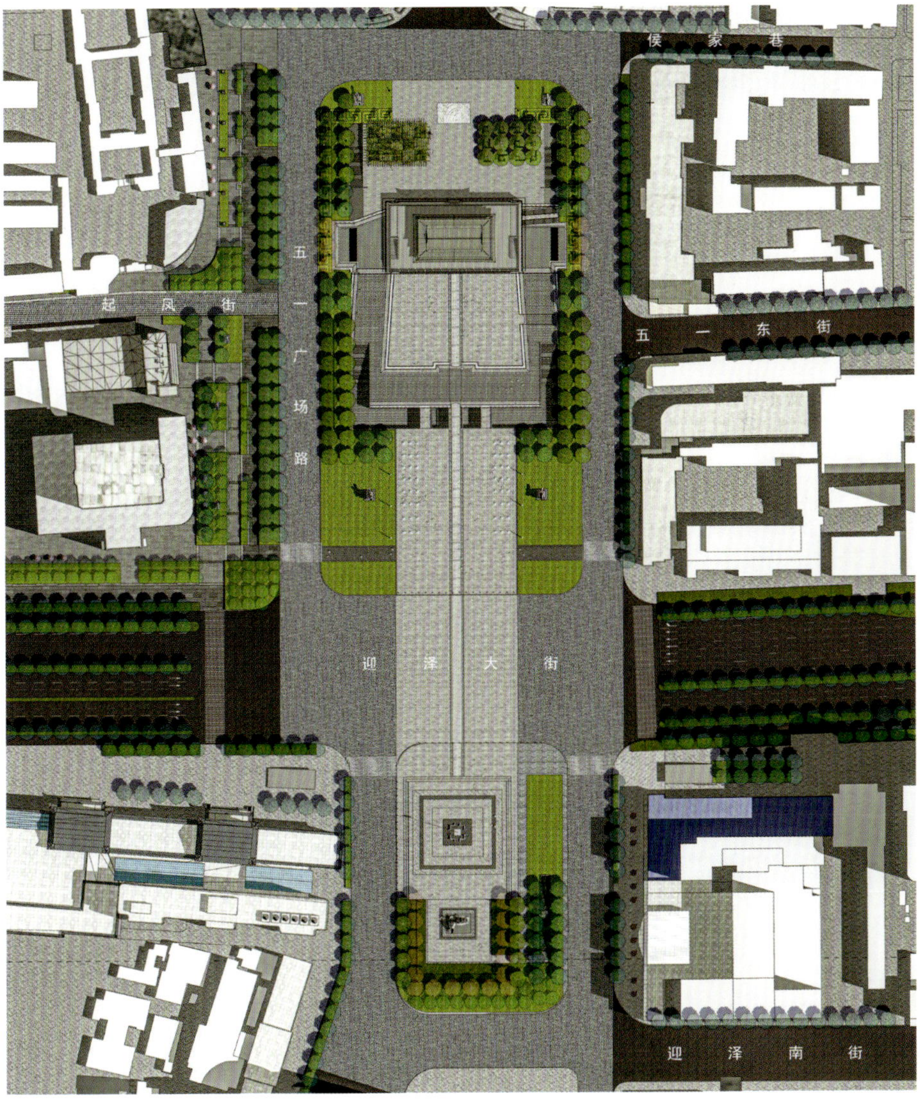

总平面图

城市轴线

国旗广场

五一广场夜景鸟瞰图

设计单位：中国建筑设计研究院有限公司

设计人员：关午军、申韬、李密、赵芸丽、刘艺婷

完成时间：2021 年

项目规模：3.75 公顷

山东省淄博市临淄区桓公路景观风貌提升改造

城市更新

背景与理念

新时代城市更新工作共识包括：实施城市更新行动，推动城市空间结构优化和品质提升；坚持应留尽留，全力保持城市记忆；提升城市创新能级；优化公共服务；美化城市环境，让城市实现更低碳的建设。

策略与技术

通过挖掘城市发展历史和总体宏观结构的梳理把控，从文化、公共服务、产业、交通、风貌、景观、绿化视觉提升等各个系统对桓公路提出道路商业规划设计要求，以地块为抓手锚固城市格局，实现城市的持续发展和有机更新。

解决的实际问题

项目实现了临淄区老商业区整体的提质增效，解决了街道城市家具、导示牌、重要节点城市雕塑不足、商业氛围不够时尚的弊端，成功塑造了老城区的街道风貌。在居住区段满足城市功能考虑，增加私密性，宜动宜静，交相辉映，给整个临淄区桓公路赋予新的生命力。

效果图

夜景效果图一

夜景效果图二

设计单位：中国建筑标准设计研究院有限公司
设计人员：马会、何广美、武晓蒙、徐浩杰、田文杰、王辉
完成时间：2022 年
项目规模：规划范围 5.7 公里

08 道路交通类

城市交通不仅关乎人民群众的日常出行，更与城市的繁荣与可持续发展息息相关。在城市更新的背景下，城市交通的发展重点正在从增量建设转向存量优化，由能力建设转向效能提升的新阶段。这一转变不仅意味着技术和管理层面的革新，更意味着对人民群众需求的深度关切。

城市交通治理不仅涉及城市出行的安全和效率，更是城市可持续发展的重要组成部分。城市交通治理直接关系到生活品质、经济繁荣以及环境的可持续性。在推动城市交通治理过程中，应该坚持以人民为中心的发展思想，下足绣花功夫，确保人民群众的获得感、幸福感、安全感更加充实、更有保障、更可持续。

城市交通空间与生活空间是不可分割的整体，而需求特性则是交通形态的决定性因素。城市交通治理需要深刻理解城市交通的生成机理，考虑空间组织、社会构成、生活方式等多方面因素的相互作用，推动土地利用与城市交通的融合。这需要打破传统的城市发展模式，创造更为高效的城市结构，适应不断变化的交通形态。

绿色出行是城市交通治理的重要方向，可持续出行政策要贯穿于城市交通治理的各个方面。通过精细化设计和建设道路空间，提升街道环境品质和公共空间氛围，提供更便捷、经济的出行选择，增加人民群众使用公共交通、非机动车和步行的意愿，从而使城市更加清新、美丽。

城市交通治理不仅要适应城市需求的增长，更要注重技术创新。通过引入智能技术，为人民群众创造更加智能的出行环境，实现更高效的交通流动，提高交通基础设施使用效率，减轻拥堵，改善人民群众的出行体验。

城市交通治理不仅关乎个体的出行体验，更关系到整个城市的可持续发展。城市交通治理要引入社会参与机制，考虑人民群众需求和意见，确保交通系统更具可及性和包容性。这需要政府、社会、企业和公众的共同努力，创造出更宜居、可持续和高效的城市交通系统，为城市更新注入新的活力。

秦国栋

重庆市轨道车站周边交通衔接优化研究

河北省霸州市益津城区交通整治规划及道路实施方案

重庆市轨道车站周边交通衔接优化研究

背景与理念

为落实习近平总书记提出的"加快建设内陆开放高地、山清水秀美丽之地，努力推动高质量发展、创造高品质生活"重要指示，深入践行"绿水青山就是金山银山"的可持续发展理念，认真贯彻"共抓大保护、不搞大开发"的方针，坚定不移走生态优先、绿色发展新路，需要进一步提高公共交通服务一体化水平，加强城市轨道交通系统与其他交通方式的衔接，全面提升城市公共交通服务水平，进而提升城市品质，让市民生活更美好。

重庆轨道交通正处于快速发展阶段，为改善目前轨道交通客流有待进一步提升的状况，需要全面加强轨道交通与其他交通方式衔接，真正实现"以人为本"零换乘的理念，建立以轨道交通为骨干的一体化综合交通体系，因此，及时开展重庆轨道交通车站周边交通衔接优化研究显得十分必要而迫切。与此同时，作为重庆市推行的三年"缓堵保畅"行动计划重点内容之一，在充分考虑重庆"山城、江城"双重特点的前提下，以"投资小、见效快、惠民生"为原则，构建轨道车站周边连续便捷、安全舒适的一体化衔接交通系统，提供市民体面、游客友好的出行方式多种选择，使重庆成为内陆开放高地和山清水秀美丽之地，将人民对美好生活的向往实现在脚下、落实在身边。

策略与技术

项目通过深入剖析重庆市 20 个轨道车站周边交通衔接优化示范站在交通衔接方面存在的问题，以及乘客对轨道交通服务品质的要求，在借鉴国内外经验教训的基础上，以全面提升重庆市轨道交通系统服务品质为目标，分类设置 4 大项 23 子项指标体系，对重庆已运营轨道交通车站周边 500 米范围衔接设施及其服务水平进行评价，确定轨道交通与各种交通方式的衔接优化方案和改善措施，并协调车站周边相关规划和工程项目。另外，根据每个子项的特征和权重，分为功能性改善项目、便捷性改善项目和舒适性改善项目 3 类。根据每个车站投资情况，结合站点实际，进行分期建设，近期优先解决现状存在的重点问题及市民反映强烈的问题，主要是指功能性改善项目，后续结合具体情况有序推进便捷性改善项目和舒适性改善项目。

解决的实际问题

重庆市轨道车站周边交通衔接优化方案经过多次向甲方汇报并面向社会征询意见，获得了甲方的高度认可和市民的热烈响应，在强化轨道交通引领城市发展格局、推动交通与城市融合发展、改善运营轨道车站交通衔接功能和服务环境、提升服务效率和品质方面取得了显著的成果。

五里店站 3 号出入口站前广场改造前后

铜元局站打通海铜路与双峰山路交通阻隔改造前后

唐家院子站橡树路西侧改造前后

袁家岗站人行天桥升级改造前后

设计单位：中国城市建设研究院有限公司

设计人员：秦国栋、张子栋、田凯、栗欢、冷海洋、卢阳、郎国岭、王长虹、李潇、韩洋、唐志远

完成时间：2018 年

项目规模：重庆市市域通车运营的 6 条轨道交通线路共 141 个站点

河北省霸州市益津城区交通整治规划及道路实施方案

背景与理念

为缓解霸州城市交通拥堵日益突出的问题，适应城市发展新格局，使得霸州高标准对标雄安新区、北京通州副中心的建设，本项目针对霸州市益津城区开展交通整治规划及道路实施方案项目工作，从而完善益津城区交通系统、提升出行品质，构建“窄马路、密路网”的路网体系。

策略与技术

对益津城区交通现状进行详细调查，并对各类交通设施进行综合评价。针对现状存在的交通设施供应不足、交通组织模式不清晰、交通运行秩序混乱等问题，结合霸州市益津城区城市交通自身发展特征，以“设施建设、瓶颈扩容、秩序管理、景观绿化”四大策略为指导，明确中心城区“治堵缓堵”的行动任务。结合近、中、远期不同阶段的城市交通需求特征，制定针对性的应对措施，并保持不同阶段整治方案的连贯性和紧密衔接。采用分区施策的规划策略，在中心城区层面着重从整体交通系统完善的角度考虑治堵措施，在老城区则从近期实施的角度研究重点路段和节点的交通工程设计方案。

解决的实际问题

1. 通过交通设施建设、交通设施改造、道路景观改造等措施，提高了居民出行品质，缓解了城市交通拥堵。

2. 通过现状问题识别与分析，结合霸州市交通发展战略与目标，提出了可操作的老城区综合交通整治方案，提升了交通系统的承载能力和先导作用。

3. 通过综合交通整治方案，制定了综合交通整治项目库，制定了明确的行动框架与实施计划，指导老城区交通基础设施的建设和管理。

4. 从霸州作为京津雄核心腹地的角度，高标准对标雄安新区、北京通州副中心的建设，顺应了新的国土空间发展需求，构建了畅达、安全、绿色、和谐的综合交通体系。

5. 实现了合理的路网、完善的配套、安全的街道、智慧的管理、美丽的街道等交通整治目标。(1）合理的路网：近期完善了城市干路骨架；远期构建“窄马路，密路网”的城市路网系统。(2）完善的配套：合理设置了站点与港湾位置，保障乘客安全、便捷地到达公交站台；设置了分情形精细化的路侧停车。(3）安全的街道：协调了人、车、路的时空关系，促进了交通的有序运行；为行人提供宽敞、连续的通行空间；保障了非机动车行驶路权，形成连续、通畅的骑行网络；优化了行人过街设施，保证行人安全过街。(4）智慧的管理：提出了智能交通系统构建建议，列举了一系列道路交通的智慧管理措施，将无人驾驶对道路空间的影响纳入考虑。(5）美丽的街道：将道路功能、景观与文化相融合，让道路亦成为百姓生活的场所、历史文化的载体、城市宣传的窗口，以及霸州精神的容器；依据季相搭配建筑色彩与植被种类，营造了四季皆宜的街道景观。

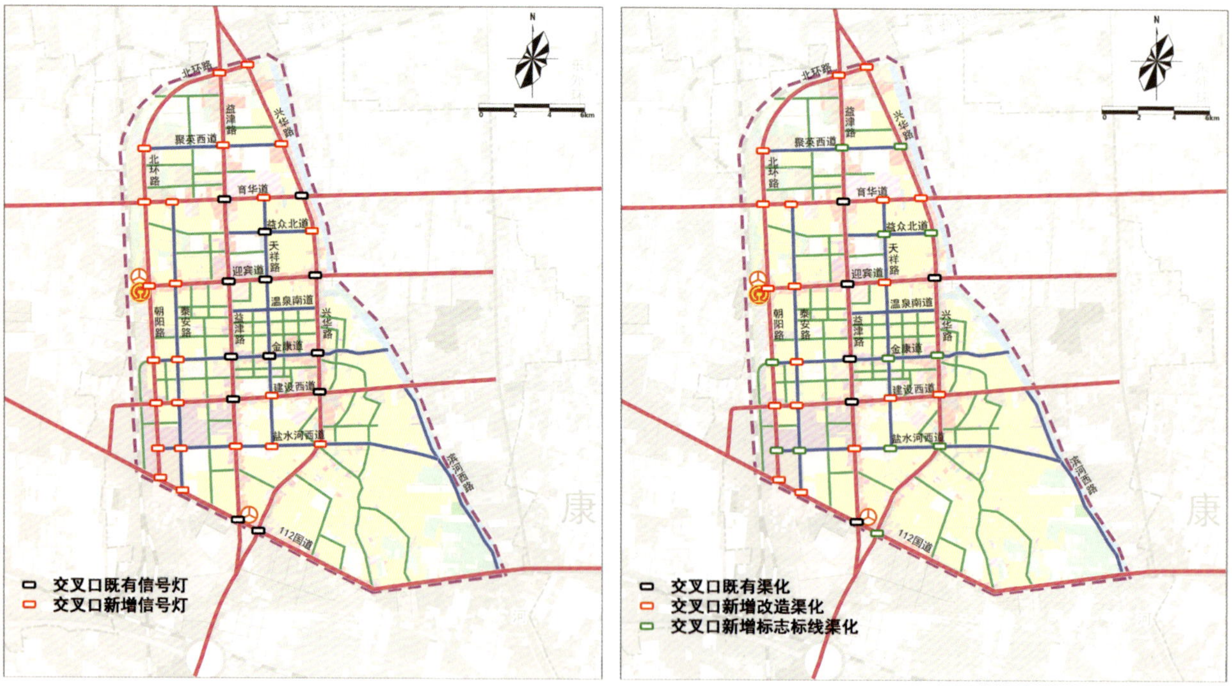

益津城区交叉口控制及渠化方案图

朝阳路道路景观绿化设计效果图

朝阳路与育华道交叉口景观效果图

朝阳路道路景观立面效果图

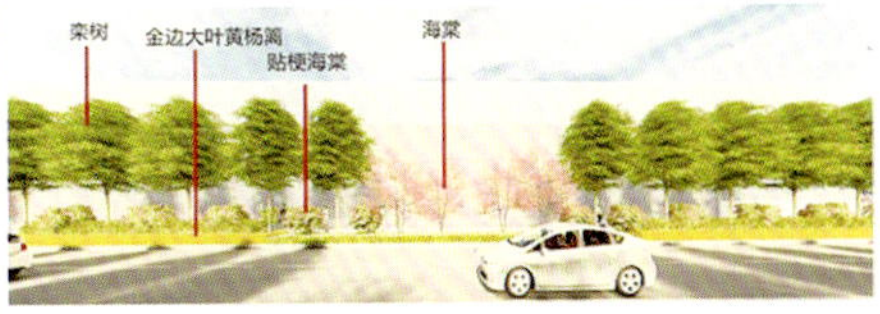

道路标准段平面图（上层植物）

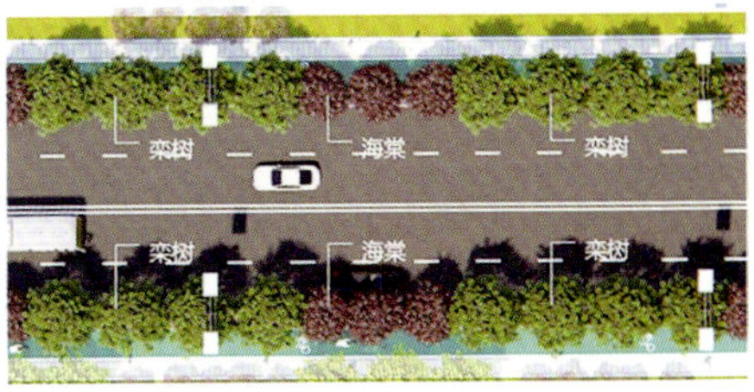

道路标准段平面图（下层植物）

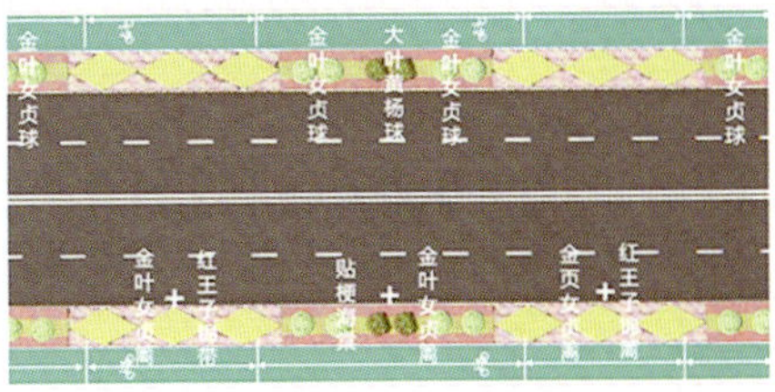

设计单位：中国城市建设研究院有限公司

设计人员：高德辉、张晓楠、陈培文、王长虹、曹宇程、宋泽堃

完成时间：2020 年

项目规模：研究范围 49 平方公里，规划范围 20 平方公里

09 市政设施类

城市是人类文明发展的产物，人类智慧和创新创造的结晶，更是日常生产、生活的中心舞台，经济社会发展的核心载体。市政基础设施作为城市的“生命线”工程和民生福祉“基石”，不仅维系着城市的安全保障和正常运转，更承载着人们对美好幸福生活的热切向往与不断追求。

在党的二十大报告中，高质量发展被确立为全面建设社会主义现代化国家的核心路径。而实施城市更新行动、加强城市基础设施建设，打造绿色、宜居、韧性、智慧城市，正是高质量发展的重要体现。这意味着我们要以更创新的理念、更高的标准、更精的要求，来规划建设宜居、宜业、充满活力的美丽城市，满足美好生活需求。

作为城市更新行动的关键组成部分，市政基础设施的建设更新和优化升级，着重践行“安全、高效、低碳、生态、智慧”的绿色发展理念，切实提升城市品质、完善城市功能、保障民生福祉，特别是居住适宜度、安全风险抵抗能力和智慧化服务水平的提高，可以为人民群众创造更加舒适、安全、便捷的生活环境。

本节展示的项目从北方的北京通州海绵城市试点，到南方的福建漳州水环境整治；从东部的江苏镇江污水管网工程，到西部的四川内江沱江治理，地域广类型多；海绵城市建设助力生态功能恢复和内涝控制，污水处理和再生水厂提高水质、改善人居环境，老城区的市政设施改造，让历史传承与现代便利交融。

郑兴灿

北京市通州区海绵城市试点工程（PPP 项目）（第一设计合同段）

浙江省宁波市国家海绵城市试点区近期建设规划

天津市津沽污水、再生水、污泥循环经济示范项目

云南省玉溪市大河上游汇水分区与老城片区海绵城市建设

江苏省镇江市海绵城市建设

山东省滕州市高铁新区市政区域综合配套工程

浙江省杭州市七格污水处理厂四期工程

福建省漳州市区内河水环境综合整治 PPP 项目

四川省内江市沱江流域水环境综合治理 PPP 项目

湖南省岳阳市中心城区污水系统综合治理 PPP 项目

江西省九江市中心城区水环境系统综合治理一期项目——两河（十里河、濂溪河）流域综合整治工程

江西省吉安市中心城区雨污管网及配套设施建设综合服务

四川省资阳市九曲河水污染防治专项研究

江苏省镇江市建成区污水管网全覆盖和污水全收集、全处理及海绵建设完善工程

山西省太原市古交兴能电厂至太原供热主管线及中继能源站工程

黑龙江省大庆市大庆石油管理局有限公司民用供水业务分离移交维修改造工程

江苏省宿迁市沭阳县台州路片区水环境综合整治工程

天津市东郊污水处理厂及再生水厂迁建工程

北京市通州区海绵城市试点工程（PPP 项目）（第一设计合同段）

背景与理念

2016 年初，北京市通州副中心行政办公区被选定为国家第二批海绵城市建设试点区域。项目位于通州新城核心区，应承担样板示范的主要职责。项目区域内有新建高档小区、老旧小区和学校，因地制宜地进行多层次的雨水控制设计。通过现场踏勘发现区域内存在生态性差、雨水回收利用率低、地面多积水的实际问题，通过对这些问题的分析、总结以及研究之后针对典型问题提出了解决方案，制定设计策略、推算指标。同时对试点区域的年径流量、降雨量进行较为详细的科学计算分析，根据计算出的数据进行设计、布局和模拟计算，最终根据所有数据调整方案，直到方案满足所有指标要求。

策略与技术

项目包含老旧小区改造、新建高档小区与公建，各个地块类型复杂，因地制宜地构建多层次的雨水控制系统，通过建立生态缓冲及雨水调蓄控制体系，使项目建成后具有推广性以及示范性。项目区域通过海绵改造，解决了雨水径流污染排水等问题，使原有积水点得到了消除与缓解，同时提升景观环境品质，改善交通组织，优化种植，增加了植物的多样性。

解决的实际问题

通州区海绵城市试点工程通过海绵城市技术的运用，取得了良好的生态、景观效果，实现社会、经济、环境效益的最大化。完成了场地的年径流总量控制率需要达到 75% 以上，年径流污染控制率（SS）大于 35% 的海绵城市建设整体要求。

经济效益：通过海绵城市建设，减轻了周边管网、河道的负担，为整个地区的环境品质的提升提供了无形的经济价值。

环境效益：通过海绵城市技术措施的组合运用，形成了错落有致的小区和校园景观；通过生物滞留池、雨水花园和蓄水模块等有效控制了雨水径流污染，实现了雨水的净化，为居民和师生提供了安全舒适的环境。小区竣工后，对于居民的生活环境起到了良好的改善效果，消除了所有的道路积水点并实现了雨水资源收集回用。

社会效益：让市民了解海绵城市、认知海绵城市、认同海绵城市的效果，为以后北京市全面建设海绵城市奠定基础，产生了良好的示范作用及社会反响。通过海绵城市改造，在达到源头治理、促渗的同时，也解决了小区自身存在的部分问题，受到居民一致好评。

改造后实景图一

改造后实景图二

改造后实景图三

改造后实景图四

设计单位：中国建筑标准设计研究院有限公司

设计人员：马会、童可嘉、谭畅、张琦君、田文杰、周天舒、刘翠翠、何广美

完成时间：2018 年

项目规模：20 个地块或小区海绵建筑改造、海绵型公园绿地改造等，约 350000 平方米

浙江省宁波市国家海绵城市试点区近期建设规划

背景与理念

海绵城市是一种城市发展的新理念、新方式和新模式，通过加强城市规划建设管理，充分发挥建筑、道路和绿地、水系等生态系统对雨水的吸纳、蓄渗和缓释作用，有效控制雨水径流，实现自然积存、自然渗透、自然净化的城市发展方式。运用“海绵”的新理念、新思维，聚焦城市涉水问题，系统统筹城市更新、城市功能与品质提升、城市内涝治理、黑臭水体治理等工作，大力解决城市积水内涝等对人民群众生活生产影响大的问题，全力满足人民群众对美好生活的向往。

策略与技术

通过梳理现状本底特征，分析现状水生态、水环境、水安全、水资源问题，结合地形、水系、管网，划分为慈城古城、慈城新城西、机场路东等 8 个汇水分区，以问题和目标为导向，制定分区系统化实施方案，并打造了慈城古城合流制建设模式、慈城新城建设模式、慈城生态区建设模式、老旧小区改造“海绵 +”等建设模式；同时综合统筹“灰色—绿色”基础设施，构建“源头减排—过程控制—系统治理”的工程体系，生成具体建设项目清单，明确建设要求，系统解决试点区内涝积水、河道水质差等核心问题。

解决的实际问题

经过 3 年的海绵城市建设，宁波市构建了“自然、生态、绿色治水”的美好图景，打造了滨江临海平原河网城市治水模式，并取得以下成效：一是整体水质有所提升，建设完成后试点区内无黑臭水体，朱家河、前王河等河道水质持续改善，由海绵建设前劣 V 类水质提升为 IV 类、V 类及以上水质。二是城市内涝得到改善，建设前慈城古城、裘市村、机场路东多个老旧小区存在内涝积水现象，区域受灾人数超过 2 万人，建设完成后，内涝积水情况大幅改善，改造后的各小区经受住利奇马、米娜、烟花等台风暴雨考验。三是生态效益开始发挥，解决城市生态性能低的问题，打造了双古渡公园、新三江口公园等一批高品质滨江景观公园，城市居民休闲游憩空间大幅增加，并形成了蓝绿交织的雨洪蓄滞体系。四是百姓获得感逐步增强，老旧小区改造结合百姓需求，采用了“海绵 +”综合整治理念，通过小区内涝整治、雨污分流、停车位改造、环境整治、功能提升等措施，累计改造停车位 3000 个，近 5 万居民直接受益。

慈城新城中心湖建设后实景图

洋市路海绵化改造实景图

海绵停车场及外立面完工实景图

设计单位：宁波市住房和城乡建设局、中国市政工程华北设计研究总院有限公司

设计人员：马家双、陈忠清、忻建刚、侯永龙、朱超翼、张伟、马洪涛、张海行、赵晨辰、国小伟

完成时间：2019 年

项目规模：规划范围 30.95 平方公里

获得奖项：国家级 2019 年度优秀城市规划设计奖（三等奖）

天津市津沽污水、再生水、污泥循环经济示范项目

背景与理念

进一步落实天津城市定位，加快实施滨海新区开发开放的国家战略，2009年天津市深化和完善《天津市城市总体规划（2005—2020年）》并编制了《天津市空间发展战略规划》。规划提出了实施“双城双港、相向拓展、一轴两带、南北生态”的总体战略。天津市政府着眼于天津市长远发展，着力优化空间布局，提升城市功能，改善生态环境，全面实施纪庄子处理厂迁建工程“三厂两网”工程。该工程立足污水处理、着力中水回用、聚焦污泥处理，建设全流程的水资源利用中心，对于进一步改善天津市海河南部地区水环境质量、缓解本地区水资源矛盾、提升中心城区城市品质、促进城市可持续发展具有重要意义。

策略与技术

构建了完善的废物处理和资源循环往复利用的体系，成为资源循环及低碳减排的标杆性示范项目；采用大型双膜法出水满足电厂及周边居民、市政绿化用水。采用改进的多级AO工艺，充分利用了“顺流反硝化”的工艺理念，减少内回流比例，同时有效节约池容；通过创新的生物池布置形式，工艺运行灵活调整，适应季节变化与水质要求，确保出水水质稳定达标；将“两级初沉污泥水解”工艺首次应用在超大规模污水处理项目，以污泥降解补充除磷脱氮所需碳源；应用了全国规模最大的高浓度中温厌氧消化系统，节省了占地，提高了产气量；前段通过高压破壁，中间通过投加增效菌剂，较大提高了沼气产量；通过沼气的综合利用及水源热泵对污水中热源的提取，实现了项目的日常能源自平衡，部分时段有盈余；污泥滤液成功应用了厌氧氨氧化及磷回收等多项节能减碳技术。

解决的实际问题

津沽污水处理厂服务范围覆盖全部环内河西区、和平区、南开区、西青区大寺系统，津南区的大韩庄、双林和咸水沽污水系统，总服务面积达 283 平方公里。其出水作为生态补水，目前每年已为津南特大型湿地公园、八里湾湿地建成区、卫南洼生态片区提供 2.4 亿立方高品质生态补水，极大地改善周边水环境质量，实现了水资源的有序循环；津沽污泥处理中心日处理污泥 800 吨（80% 含水率），通过高效厌氧消化、脱水及热干化实现了污泥的稳定化、减量化、无害化，处理后的污泥作为绿化土、土地改良土等，最大程度地实现了资源化；津沽再生水厂日产中水 7 万立方米，满足了电厂工业用水需要、居民回用水需求、市政绿化道路浇洒用水的需求，实现了水资源综合利用的目标。

津沽污水厂实景图

津沽污水厂中控室

津沽污水厂再生水厂超滤车间

津沽污水厂再生水反渗透车间

设计单位：中国市政工程华北设计研究总院有限公司

设计人员：刘龙志、郑兴灿、孙卫东、阚薇莉、刘世德、张晓霞、郑效文、付业兴、石泉、任志远、王泽明、杨晓亮、史卿、宁丽、董庆胜、王刚、刘畅、张怡、龚文谨、康凯、孟祥瑞、王文相、万玉生、孙欣、肖辉玉、尹兴蕾、王瑜

完成时间：2019 年

项目规模：污水处理规模 65 万立方米 / 天，再生水处理规模 15 万立方米 / 天，污泥处理规模 800 吨 / 天

获得奖项：2012 年度天津市优秀工程咨询成果一等奖、2016 年度天津市海河杯优秀勘察设计成果一等奖、2017 年度中国勘察设计协会市政公用工程行业一等奖

云南省玉溪市大河上游汇水分区与老城片区海绵城市建设

背景与理念

玉溪海绵试点城市推行“1+N”的协同建设模式，以海绵城市建设为抓手，整合城市资源，结合“黑臭水体与内涝治理、新区开发、棚户区改造、城市双修、提质扩容、增绿添色、城市慢行绿道系统”等项目建设，同步实施老旧管网改造、基础设施完善、绿化景观提升等工程，系统科学地补齐市政基础设施短板，从里子到面子对城市进行功能和品质的全面提升；优化利用存量市政基础设施，提高基础设施运营效率，一方面提升既有市政设施、管网的供应能力利用效率；另一方面加强市政基础设施系统的管理水平。

策略与技术

对玉溪市的山水格局、社会经济、城市发展空间布局、防洪与排涝设施、产汇流特征、用地情况、排水设施等进行了系统全面的摸排踏勘和调研，系统定量分析了区域内水环境、水安全、水资源、水生态方面的问题及成因，在此基础上统筹绿色与灰色、源头与末端、岸上与岸下、地上与地下、集中与分散、景观与功能关系，提出通过源头减排、过程控制、末端治理的系统性解决方案，实现雨水径流控制、峰值削减、污染物去除、雨水资源化利用以及排水防涝等综合性目标。在系统方案的指导下，结合现状问题和远期规划，以问题为导向，保障每一个子项目完整系统地进行规划设计。

解决的实际问题

项目完成了玉溪市试点区全区域的海绵建设工程，成为我国高原阶梯型坡地和干热气候城市建设海绵城市的典范。

玉溪大河上游片区共完成工程项目数量 56 项。总计海绵化改造面积约 186 公顷，新建市政排水管网 4.2 公里，合流制溢流污水调蓄量 4900 立方米，初期雨水调蓄量 4560 立方米，河湖水系治理面积 87.8 公顷。

老城片区共完成具体工程项目 75 项，总计海绵化改造面积 5.82 平方公里，新建市政排水管网 8.15 公里，合流制溢流污水调蓄量 14000 立方米，河道治理长度 3.79 公里，湿地建设面积 60.9 公顷。

实现了试点区年径流总量控制率 82%、生态岸线恢复率 80% 的水生态设计目标；实现了地表水体水质达标率 100%、初雨污染控制（以悬浮物 TSS 计）50%、合流制溢流频次控制为 25% 的水环境设计目标；消除内涝点 19 个，实现了内涝防治三十年一遇设计暴雨不成灾、河道防洪堤达标率 100% 的水安全设计目标；更新改造老旧小区 84 个，有力驱动城市品质的全面提升。

北苑社区 E 区建成效果航拍图

出水口湿地建成改造效果

玉湖生态滤池建成效果

设计单位：中国市政工程华北设计研究总院有限公司

设计人员：刘龙志、马宏伟、王久振、王鹏、张靖晨、凌莉、李亮、桑斌、刘炎炎、马竞、李艳艳

完成时间：2020 年

项目规模：玉溪大河上游汇水分区和老城片区设计范围分别为 3.45 平方公里和 11.15 平方公里，总投资 35.98 亿元

获得奖项：2022—2023 年度国家优质工程奖、2020 年“海河杯”天津市优秀勘察设计市政公用工程—给排水工程一等奖、2020 年度云南省市政金杯示范工程一等奖、2021 年度云南省优质工程一等奖、2023 年度中国风景园林学会科学技术奖（规划设计奖）二等奖、“十三五”国家重点研发计划课题“既有城市住区海绵化升级改造技术研究”示范项目—既有住区健康改造标识证书金级、2021 年“海河杯”天津市优秀勘察设计市政公用工程—给排水工程二等奖

江苏省镇江市海绵城市建设

背景与理念

作为第一批海绵试点城市，镇江市海绵城市建设面临的主要难题为：老城区密度高，建设用地紧张，老旧小区管网设施陈旧，径流污染浓度较高，河道湖泊雨季污染严重。项目本着先行先试、不断探索的方式，以“源头 LID—过程控制—末端治理”的系统性设计理念，创新采用“绿色优先、灰绿结合”策略与技术，制定最大日负荷总量（TMDL）计划，以“流域—汇水区—地块—项目”多空间多维度，层层递进，逐级分解，通过径流总量控制和水质水量的模拟耦合，梳理和论证海绵城市工程包，进而实现试点区“水安全、水环境、水生态、水资源、水文化”的综合目标。

策略与技术

通过对试点区海绵建设目标的分析和本底条件的研判，从源头低影响开发（LID）、过程管网补强与调蓄、末端生态处理等方面，形成系统性的全流域综合治理技术模式。工程涵盖源头小区 / 道路 / 公建 LID 改造、沿金山湖 CSO 溢流污染综合治理、海绵公园建设、孟家湾水库及玉带河整治、虹桥港河道整治、边检站积水区整治及调蓄池建设、龙门雨水泵站等。

解决的实际问题

项目实现了镇江试点区海绵城市建设的三大核心目标：年径流总量控制率达到 75%、面源污染削减量达到 60%、排水防涝标准达到三十年一遇，保障城市水安全、改善城市水环境、提升城市水生态。

其中，源头 LID 改造项目 60 余项，创新采用缝隙式结构透水铺装、介质土材料雨水花园、绿地贴等技术，实现雨水源头下渗 1200 万立方米 / 年；新建沿金山湖截流主干管 6.4 公里（内径 4 米）、小米山路雨水管道 0.95 公里（内径 2.8 米）、龙门雨水泵站（35 立方米 / 秒）、边检站调蓄池等，实现雨水转输、调蓄、储存；进行末端征润州污水处理厂升级改造，污水处理系统进一步提升；创新运用重力流湿地、多级生物滤池等技术实施雨水径流处理，虹桥港、玉带河、金山湖等水体水质显著提升，河道主要水质指标达到地表水Ⅳ类标准，湖泊水质 III 类标准。

综合应用地理信息互联网技术、在线监测、实时控制、计算机模型等手段搭建了多功能的智慧化管理系统平台，实现了项目从规划审批到设计评估、施工验收再到运营维护的全生命周期精细化管控，有效提升海绵城市基础设施管理和服务水平，推进镇江海绵城市管理的长效机制形成与完善。

总的来说，镇江海绵城市试点区采用系统性的顶层设计、全链条的设计与咨询，全面实现了镇江海绵城市建设的现阶段预定目标，创新搭建了智慧化的运维管理平台，打造“海绵 +”的建设新模式，实现了“厂—网—河—湖”的系统治理与综合管控，为全国高密度老城区海绵城市建设与运行提供了重要的技术借鉴。

镇江孟家湾水库成为居民休闲湿地公园

镇江玉带河河道提升周边人居环境

龙门雨水泵站及生态湿地

长江路三角绿地海绵生态化改造

设计单位：中国市政工程华北设计研究总院有限公司

设计人员：刘绪为、徐保祥、申蓁、高迎亮、蒋平、李成江、郑兴灿、刘彦华、于中海、王浩正、方帅、白永强、袁胜楠、徐洁、张英旭

完成时间：2019 年

项目规模：工程范围 29.3 平方公里，工程投资 25.85 亿元

获得奖项：2017 年度全国优秀工程勘察设计三等奖、2020 年“华夏建设科学技术奖”三等奖

山东省滕州市高铁新区市政区域综合配套工程

背景与理念

滕州市高铁新区位于滕州市东部，隶属于滕州市经济技术开发区，以东沙河镇域为主体，东至市域行政边界，西至京台高速公路，南至上营路（104 国道延伸线），北至规划的红荷大道延伸线及荆河，总面积 67.14 平方公里。本着“善来善往，善人善聚；善来善往，善人善居”的建设理念，以“大美滕州，精益新区”为总体目标，将新区建设成为：生态低碳之城、产业创新之城、精致个性之城、智慧宜居之城。

策略与技术

充分借鉴国内外先进的道路设计理论、技术和经验，并结合滕州当地的人文特色，力争将该区域打造成滕州市既具有现代特色又富有地方特色的城市核心区。有以下几方面特点：

1. 整体规划、系统设计、分期实施

在总体方案的基础上进行每条道路的具体设计，在设计过程中尤其注重管线综合设计，在道路施工时各管线同时实施，并做好支管预埋工作，避免后期开挖，减少社会影响。

2. 绿色交通项目

设计充分考虑了与海绵城市、低碳绿色等先进理念的融合，在隧道内采用 OGFC 透水路面，既能有效降噪、防滑，提高行车安全性，又可以减少雨水初期污染，削减洪峰；同时在隧道内部装饰中采用吸声环保材料，有效降低了化学污染和噪声污染，打造绿色、生态、海绵道路系统。设计中将人行道与两侧绿廊融合考虑，体现低碳、绿色出行的设计理念，将人行道与道路两侧绿带公园结合布置，既满足了交通功能的要求，又为行人提供了较好的观赏、停留空间。

3. 综合管廊

为体现可持续发展理念，在滕州高铁新区部分路段的绿地里敷设了综合管廊，收纳给水、中水、电力、通信等市政管线，并为远期城市发展预留有管道扩容空间。管廊设有专门的检修口、吊装口和监测系统，实施统一规划、统一设计、统一建设和管理，是保障城市运行的重要基础设施和生命线。综合管廊具有一次规划建设、长期反复使用的优点，可以减少城市道路开挖、延长市政管线寿命，又能避免多种管线交叉施工产生的矛盾，是一种绿色、低碳的城市基础设施。建设综合管廊是建设绿色、低碳、生态、资源节约型、环境友好型城市，促进人与自然、经济社会与生态环境协调可持续发展的重要内容之一。

4. 海绵城市理念

通过在道路两侧侧分带设置植被草沟，在绿化走廊内设置下凹式绿地和雨水滞留塘等措施对雨洪进行调蓄和综合利用，减轻城市洪涝灾害的影响。公园主要应用的 LID 措施包括：雨水花园、干塘、生物滞留带、线性排水沟、旱溪、植草沟、渗透塘等，公园园路均采用了透水铺装。

5.BIM 三维可视设计

在设计中对 BIM 技术进行了应用，充分利用信息化数据库与可视化软件的完美结合，实现市政道路、管道等高效、合理的设计。所见即所得，前瞻性地解决施工时经常发现的管道碰撞、施工条件差、空间不合理等问题。能够随时进行设计变更，节约成本，并为以后的经营维护提供基础的电子化数据，方便查找问题，快速解决。

6. 智慧市政理念

物联网是建设“智慧市政”的重要组成部分，本项目中利用先进的物联网技术，定期或实时地对市政交通建设及运行管理过程中的各种关键要素进行数据采集与分析，通过数据融合分析与评价为区内工程的各项内容提供科学的建设管理及运营养护依据，并为决策规划提供指导性支持。

墨子湖星光隧道

解决的实际问题

滕州市高铁新区的开发是滕州市委、市政府发挥高铁优势，加快区域性中心城市建设，推进新型城镇化建设的重大行动。高铁新区未来将成为城市资源要素汇集、文化特色明显，同时具有强大带动力的生态低碳之城、产业创新之城、精致个性之城、社会宜居之城。它的建成，将进一步推进滕州经济社会和城市现代化的大发展。

改造后若水河实景

设计单位：中国市政工程华北设计研究总院有限公司

设计人员：张建军、李万百、赫明水、薛仲义、李德巍、渠元闯、白旭峰、杨阳、帅鹏、李英华、吴海月、何士忠、张志伟、苗晓磊、刘杰

完成时间：2017 年

项目规模：起步区占地 8.6 平方公里，包括 22 条市政道路、30 座桥梁、12 条河道

工程投资：49.3 亿元

获得奖项：2018 年天津市优秀勘察设计 BIM 应用设计一等奖、2017 年度天津市优秀工程咨询成果一等奖、2019 年天津市优秀勘察设计一等奖

浙江省杭州市七格污水处理厂四期工程

背景与理念

本工程是杭州市政府加强主要污染物减排、改善钱塘江流域水质的重要举措，体现了人与自然和谐发展的建设目标；项目按照杭州市政府提出的“国际一流、国内领先”的高标准设计，完善杭州市的城市基础设施，为杭州市的发展，特别是钱江新城的快速发展奠定坚实的基础；在设计中将实现绿色生态、服务周边环境的要求贯穿始终，以提高杭州市总体环境质量，改善城市地表水体质量，有助于树立杭州市国际旅游城市的形象，促进杭州市旅游业的发展和对外招商引资的投资环境改善。

策略与技术

采用半地下式布置方式，将易产生恶臭、栅渣、污泥的建构筑物组团布置在箱体内，污水深度处理、鼓风机房综合楼等位于箱体外，既节省占地，又方便管理；采用 AAO+ 深床滤池工艺，有机物降解效率高，出水水质稳定达标且抗冲击能力强；箱体采取创新性结构设计，采用了多种新技术、新结构、新材料；在除臭方面，优化节能设计通风除臭系统，考虑不同区域的通风除臭要求，采取机械通风与自然通风相结合的方案，加强了收集和密封系统；箱体与地面通过车道和多部楼梯间连接，方便参观、运行、巡视；优化安全措施，项目采取了多项安全措施，包括进水水位控制，各设施联动、各单元的溢流保护措施、通风排烟设施、消防设施、有毒有害气体监测及报警设施、事故状态下的应急措施等。

解决的实际问题

杭州市七格污水处理厂四期工程的建设解决了现状污水厂处理能力过饱和的问题，出水水质达一级 A 标准，满足浙江省对于钱塘江流域城镇污水处理厂的排放要求，助力杭州市节能减排工作的早日完成；总体布置采用地下式布置形式，将绝大部分污水处理建筑物组合成一座处理车间，车间置于地下并在顶部覆土形成景观公园，景观公园内设置人行步道、足球场、篮球场、羽毛球场等运动设施，满足周边社区的休闲运动需求；项目建设最大限度地克服了周边的邻避效应，保证了污水处理厂的正常运行；通过创新的布置形式，满足了服务周边的实际需求，同时兼顾了运行管理需求。

杭州市七格污水处理厂四期工程实景图

厂区局部实景图

箱体顶部景观公园实景图

地下箱体实景图

设计单位：中国市政工程华北设计研究总院有限公司
设计人员：刘世德、李岚、宋立强、林蔓、向寅飞、王瑜、吴辰、尹兴蕾、张维、郑效文、万玉生、任志远、高宜、杜帅
完成时间：2019 年
项目规模：污水处理总规模为 30 万立方米 / 天，污泥处理规模为 1600 吨 / 天
获得奖项：2021 年度天津市海河杯优秀勘察设计成果一等奖、2022 年度中国勘察设计协会市政公用工程行业二等奖

福建省漳州市区内河水环境综合整治 PPP 项目

背景与理念

按照全国黑臭水体治理示范城市的治理要求、《推进城市污水管网建设改造和黑臭水体整理工作方案》和《漳州市水污染防治行动计划工作方案》对漳州生态环境质量的要求，进行漳州市区内河水环境综合整治项目的实施。

按照尊重自然、顺应自然的原则，遵循水—城—人和谐发展的理念，以汇水分区为单元，统筹考虑“厂—网—河—湖—泵”一体化的治理思路，统一规划，系统设计，综合治理；注重多学科交叉和多部门协同，制定科学合理的属地化的治理目标、方法和工程措施；以统一谋划、分段实施、分部达标的策略，按不同分区的不同问题，将漳州市水环境综合治理分为六个子项，各个击破，保证总体达标，同时充分保护河流的自然景观和生态系统，强调水系治理的可持续性。

策略与技术

本项目是典型的黑臭水体治理工程，涉及面域广，所需专业庞杂。排口调查、逆向溯源及全管网普查的反复性贯穿项目的实施全过程，所以项目建设需近、远期统筹考虑，逐层推进，最终通过各项措施的综合效应达到漳州市建成区水系消除黑臭的目的。该项目分为六个子项，其中三湘江、浦头港、九十九湾等三个子项主要针对第一次河道排口调查、排口正逆向溯源成果，并结合河道第二次排口调查、全管网普查成果等资料，针对每条河道的实际情况提出切实可行的治理措施。建成区排水管网普查改造修复工程子项，是在河道排口治理的基础上，进一步对陆域范围内的排水管网进行梳理，充分落实漳州市排水规划的排水体制要求，以保证河道水质进一步提升。最后通过智慧水务平台建设系统，并在相应配套管理、运维手段的基础上实现河道水质的长治久清。对漳州市建成区的现状分流制排水系统雨、污水管网进行检测、清淤，共检测管道 793447 米；对检测出的严重及重大结构性缺陷进行修复，共修复管道 6527

米；对检测出的管网错接、混接点进行改造，共改造管道 12141 米；以基本的街区市政道路为边线划分排水单元，对 17 个城中村、141 个小区、公建、农贸市场的排水单元管网系统进行改造；针对仍然存在旱季出流、对河道黑臭贡献比较大的 66 个河道排口进行改造。内河整治长度约 105.66 公里，总清淤量约为 16.97 万立方米，总补水量约为 29.23 万立方米 / 天，农村污水整治共计行政村 91 个；建设智慧排水信息系统平台、厂网河一体化联合调度系统。

解决的实际问题

2019 年底前完成了含芗城区、龙文区、高新区、龙海市程溪镇的污染源普查并建立排水信息化平台；2019 年底前完成了芗城区、龙文区 95% 以上生活污染源截污、建成末端处理设施；2019 年芗城区、龙文区主要河道考核断面均消除黑臭，其中位于古城的环城河水质主要指标（COD、氨氮、总磷）达到地表Ⅳ类标准；2019 年底前建成了 60 个农村生活污水收集和处理设施，2020 年 6 月底前建成了 96 个农村生活污水收集和处理设施，并达到设计出水标准正常运行；2020 年底，芗城区、龙文区范围内各主要河道生态系统得到恢复提升，内河主要河道水质的主要指标（COD、氨氮、总磷）均达到Ⅴ类水或以上标准，并建立长效机制加以巩固。

环城河整治前实景图

环城河整治后实景图

浦头港支渠整治前实景图

浦头港支渠整治后实景图

设计单位：中国市政工程华北设计研究总院有限公司

设计人员：汪泳、刘龙志、闫业庆、胡文力、周宇龙、龚云强、陈楠、李慧、冯涛、孟祥磊、刘蒙泰、李艳艳、张钰、高力、郝臣君、王瑜

完成时间：2021 年

项目规模：治理流域面积 135.2 平方公里

四川省内江市沱江流域水环境综合治理 PPP 项目

背景与理念

在尊重本底自然条件和相关规划的前提下，秉承“人—水—城”和谐发展理念，流域统筹、系统推进，以黑臭水体治理为抓手，以水环境综合治理、水生态格局构建、水安全措施保障、水文化整合传承、水资源开发利用为主线，坚持保护优先、科学治理的方针，推行厂网河湖岸一体化，构建控源截污、内源治理、生态修复、活水保质的工程体系，实现水清岸绿、鱼翔浅底，为经济社会可持续发展、人民幸福指数提升提供基础支撑和安全保障。

策略与技术

对内江市自然环境特点、水体特征、人文社会环境条件、用地情况、排水设施等进行了系统全面的调研分析，结合水质、底泥等检测数据，科学识别黑臭水体形成机理与变化特征，统筹厂网河湖岸的系统治理思路，综合应用控源截污、内源治理、生态修复、海绵城市建设等措施，全面消除黑臭，提升水体自然净化能力，实现城市水环境持续改善；城区再生水厂采用五段巴顿甫—高效沉淀—深床反硝化深度工艺，再生水供给市政、公园、河道补水等；乡镇和农村污水采用 AO 或五段巴顿甫小型集成工艺；工业污水厂设置水解酸化、臭氧催化氧化、生物炭滤池等工艺段；完善污水空白区的管网建设，镇村污水支管入户，提高污水收集率；开发多种类多目标高分散特征的内江水环境治理项目智慧管控平台。

解决的实际问题

作为国家黑臭水体示范城市，打造丘陵城市特色的近自然水系网络和蓝绿交融的特色城市水系空间。该项目以黑臭水体治理示范为契机，协同厂网河湖岸系统化治理，消除了 11 条市级河湖水系和 5 条县级黑臭水体，提升了 6 条河道及 1 个水库的水环境质量。建设市政污水处理及再生水项目 3 个（总规模为 8 万立方米 / 天），工业污水处理厂项目 1 个（规模为 5000 立方米 / 天），区县乡镇污水处理项目 5 个(含新建乡镇污水处理站 110 座，总规模 6 万吨 / 天，敷设管网长度约 300 公里)，行政村污水无害化处理项目 5 个(涉及村庄 100 个，污水处理总规模约 3200 吨 / 天，敷设管网长度约 200 公里)，全面补齐了城市基础设施建设短板。构建了全面、精细、智能的一体化内江市智慧水务管控平台，有力推进城市基础设施智慧化运维体系建设，实现水环境持续改善，水生态修复保护，水资源高效利用，治理体制机制创新。

邓家坝滨江水环境综合整治工程意向图

沱江左岸老沱桥至小青龙河段河道综合治理工程意向图

玉带溪综合治理工程治理成效

太子湖综合治理工程治理成效

设计单位：中国市政工程华北设计研究总院有限公司

设计人员：刘龙志、王久振、王鹏、崔洪升、王志富、刘志宏、海霞、李艳艳、吕美丽、张牧园、刘力、刘蒙泰、周宇龙

完成时间：2023 年

项目规模：本项目共包含 27 个子项目，139 个分项目，涉及流域面积约 1600 平方公里，总投资 62.8 亿元

获得奖项：2024 年天津市优秀工程勘察设计成果评价水系统工程设计类一等成果

湖南省岳阳市中心城区污水系统综合治理 PPP 项目

背景与理念

岳阳市作为黑臭水体治理示范城市、海绵城市建设示范城市、共抓大保护试点示范城市、长江经济带绿色发展示范城市，近年来统筹推进城市生态基础设施建设、流域生态环境治理、完善污水排水系统、增强城市防洪排涝能力等多项城市更新任务。

本项目将完善城市生态基础设施建设、统筹区域流域生态环境治理、实施城市生态修复、完善污水排水系统、增强城市防洪排涝能力作为城市更新主要任务的重要组成部分。按照“流域打包、系统治理”原则和“厂网河湖岸一体”治理模式，对岳阳市中心城区芭蕉湖、东风湖、南湖三大流域，六大纳污系统进行系统策划，分流域、分区域、分阶段科学实施。

策略与技术

以城镇污水处理为切入点，以摸清本底为基础，以现状问题为导向，以污染物总量控制为依据，以城市规划为龙头，全面统筹城市防洪排涝设施建设、污水处理提质增效、城市水环境质量提升、城市生态修复功能完善、地下空间建设、老旧小区改造等多项体系工程，实现城市水系统的健康循环和有机更新。

解决的实际问题

项目分为两期实施，一期项目重点开展点源控制和内源治理工程，基本消除城市建成区内污水直排口，基本消除城市建成区内黑臭水体，基本消除实施工程范围内主要内涝积水点。二期项目在一期基础上，系统补齐污水收集处理设施短板，基本消除城中村、老旧城区生活污水收集处理设施空白区，污水处理厂进水污染物浓度显著提升，东风湖、王家河主要水质指标达到地表水 IV

类水标准。两期工程建设内容包括污水系统完善工程、排水防涝工程、水生态工程、湿地公园工程、智慧水务工程、存量更新与利用工程。其中污水系统完善工程建设市政污水管道 146 公里、污水提升泵站 19 座、雨污分流改造小区地块 390 个、建设合流制溢流污染控制调蓄池 5 座（总规模 75500 立方米）；排水防涝工程建设雨水管道 61 公里、排涝泵站 11 座；水生态工程清淤底泥约 140 万立方米、修复水域面积 233 公顷；湿地公园工程建设生态湿地 13.3 公顷；智慧水务工程建设基于城市信息模型（CIM）基础平台的城市智慧水务系统；存量更新与利用工程现状排水管道清淤 98.1 公里、管道修复 19.72 公里、城市暗渠加固与修复 9.5 公里。

东风湖改造前实景图

东风湖改造后实景图

南湖曹家汉改造前实景图

南湖曹家汉改造后实景图

青年堤调蓄池建设前实景图

青年堤调蓄池建设后实景图

设计单位：中国市政工程华北设计研究总院有限公司

设计人员：刘龙志、马宏伟、任金亮、陈宸、李学义、王志富、凌莉、李亮、刘炎炎、马竞、张靖晨、刘安琪、李逾、关大明、桑斌

完成时间：2025 年

项目规模：范围 125 平方公里，总投资 116.72 亿元

江西省九江市中心城区水环境系统综合治理一期项目——两河（十里河、濂溪河）流域综合整治工程

背景与理念

以水生态环境质量根本改善为目标，以城市规划为依据，以水环境污染治理为重点，统筹水安全保障、水资源配置、水生态修复、水景观提升和水文化传承，通过系统治理、提质增效、厂网一体、生态修复、景观提升、智慧管控等海绵城市理念及措施，实现了江河畅清风光美的愿景目标。

策略与技术

以城镇污水处理为切入点，以摸清本底为基础，以现状问题为导向，以污染物总量控制为依据，以总体规划为龙头，坚持流域统筹、区域协调、系统治理、标本兼治的原则，遵循“一城一策”，突出整体效益和规模化经营，通过“厂网河岸一体”，建设养护全周期等模式开展投资、建设和运营，促进城镇污水全收集、收集全处理、处理全达标以及综合利用，保障城市水环境质量整体根本改善。

解决的实际问题

两河（十里河、濂溪河）流域综合整治工程全面围绕黑臭水体治理、污水管网提质增效等突出问题，通过设立水安全、水环境、水生态等方面的目标，综合运用河道整治、污染源控制和兴建海绵城市设施等措施，解决水质保障、景观营造等多方面问题，主要包括截污改造工程、河道清淤工程、生态修复工程、景观提升工程、智能监测系统等五大内容板块。

项目新建及改造污水管道约 34 公里，非开挖修复管道约 8.5 公里，完成 77 个小区管网雨污分流改造。鹤问湖污水处理厂二期工程按照一级 A 标准排放，两河全地埋式污水处理厂按照地表水准Ⅳ类排放，经管网提质增效改造后的污水处理厂月度平均进水 COD 浓度提升至 132 毫克 / 升以上；新建初雨调

蓄池 4 座；整治沿河污水直排口 50 余个。十里河黑臭水体整治于 2020 年 4 月底全部完成，根据水质检测结果，两河 32 个检测断面河道水体氨氮、氧化还原电位、溶解氧及透明度 4 项指标均达标，河道水质均得到明显改善，十里河黑臭段得到彻底消除。三座亲水公园的打造，将昔日的“黑臭水体”变为如今公众争相游玩的“网红打卡地”，生态产品价值实现了有效转化，总体治理效果十分显著。

鸟瞰图一、二

鸟瞰图三

设计单位：中国市政工程华北设计研究总院有限公司

设计人员：王阳、卫佳、方帅、许怀奥

完成时间：2022 年

项目规模：设计范围约 20 平方公里，项目采用 PPP 建设模式，总投资约 40 亿元

江西省吉安市中心城区雨污管网及配套设施建设综合服务

背景与理念

在加快实施城市黑臭水体治理工程中，为进一步扎实推进水环境治理工作，巩固近年来取得的治水成果，国家提出要加快城市生活污水收集处理系统的“提质增效”，推动城市建成区污水管网全覆盖、全收集、全处理以及老旧污水管网改造和破损修复，助力城市的可持续发展。吉安市积极响应国家相关政策的号召，印发《吉安市中心城区雨污管网及配套设施建设三年攻坚行动实施方案》，开展以城市为尺度的提质增效行动，力争用三年时间，全面补齐雨污管网及配套设施建设短板，基本消除内涝隐患，改善水环境质量。

策略与技术

“吉安市中心城区雨污管网及配套设施建设综合服务项目（河西片区）”，以三年攻坚行动计划为政策依托，以河道水质改善、污水提质增效、防涝标准提升为工程目标，推进“系统化 + 一体化”的创新思路与服务模式，坚持以“流域统筹、区域协调、标本兼治”为基本原则进行系统化治理，形成包含排水管网系统检测诊断、方案设计与智慧运维的全流程一体化服务模式，以实现水污染治理、水生态修复、水资源保护“三水共治”，助力吉安市中心城区雨污管网及配套设施建设三年攻坚行动取得实效。

其中，系统性检测与监测工作根据“4321”总体方针开展。从“厂”——污水处理厂、“网”——市政排水管网、“河”——河道及排口、“源”——源头排水户四个方面，通过前期调查、系统检测与监测以及数据分析三个过程，将源头排水户本底浓度、系统平衡测算作为两个重点分析对象，系统量化分析排水管网主要问题，实现排水系统效能提升的建设目标。

解决的实际问题

项目对工程范围内约 2600 公里的小区及市政雨污管网同步开展清淤、检测、测绘工作。通过测绘技术厘清排水管网脉络，摸清“家底”；应用 CCTV 机器人、QV 高清潜望镜、声呐等多种检测技术，对排水管网病害缺陷、运行状态进行全覆盖、全方位、多角度记录。其中，测绘完成 33 万余个管线点，探测完成 32 万余条管线段，检测缺陷 16 万余处。项目在全面开展雨污管网清淤检测测绘的基础上，系统性开展排查诊断工作，共布设监测点位 150 个，投入使用多普勒在线流量计、液位计、自动取样器等设备，连续监测水量数据 30000 条，同步检测水质样本 15000 个。根据监测与检测数据，分析源头小区本底水质浓度，测算污水系统各类水源污染负荷占比，量化排水系统问题成因，为管网设计、模型率定、智能化数字管控平台建设等工作提供重要的数据支撑及科学的理论指导，助力吉安市中心城区雨污管网及配套设施建设三年攻坚行动取得实效。

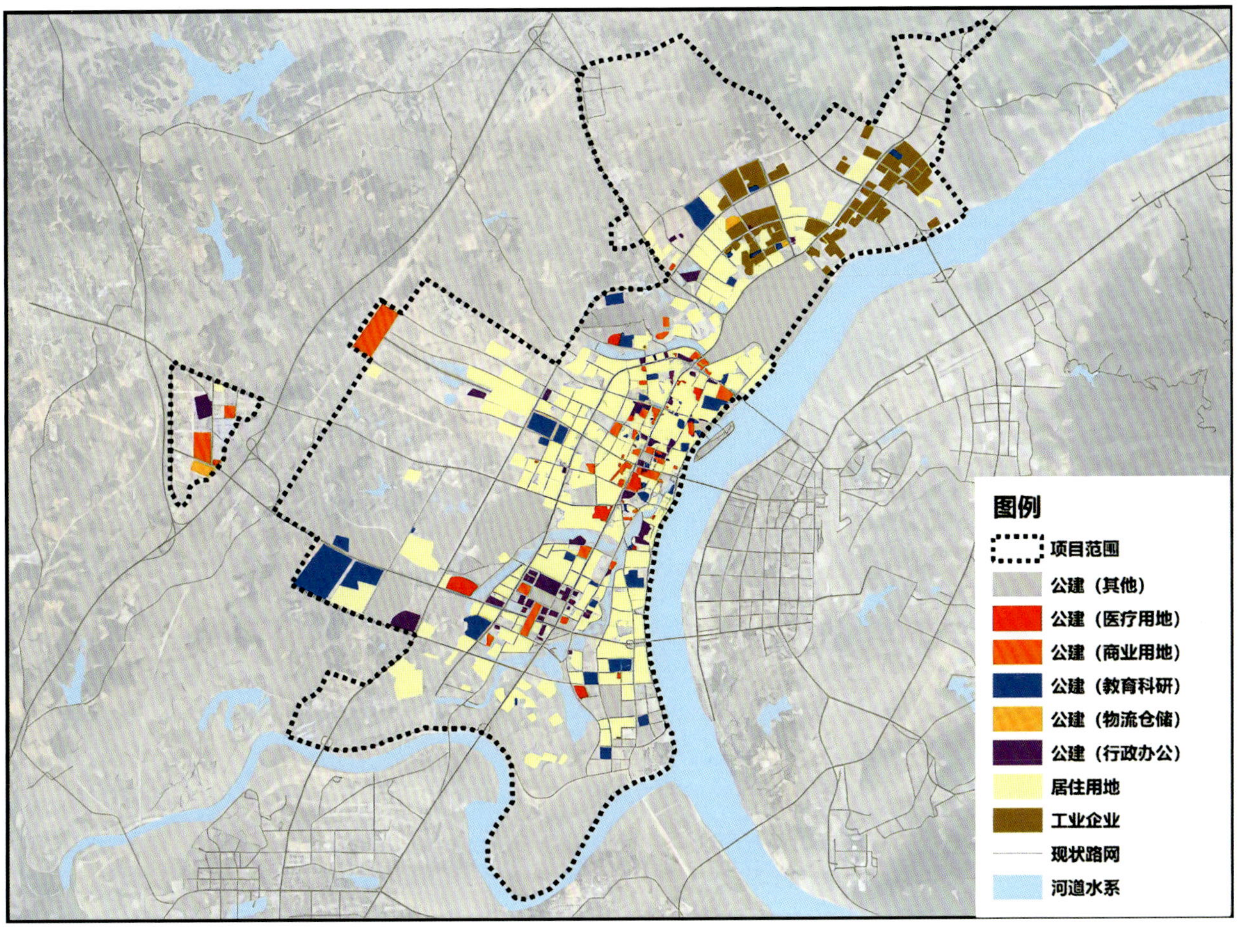

吉安市中心城区雨污管网及配套设施建设综合服务项目（河西片区）工程概况图

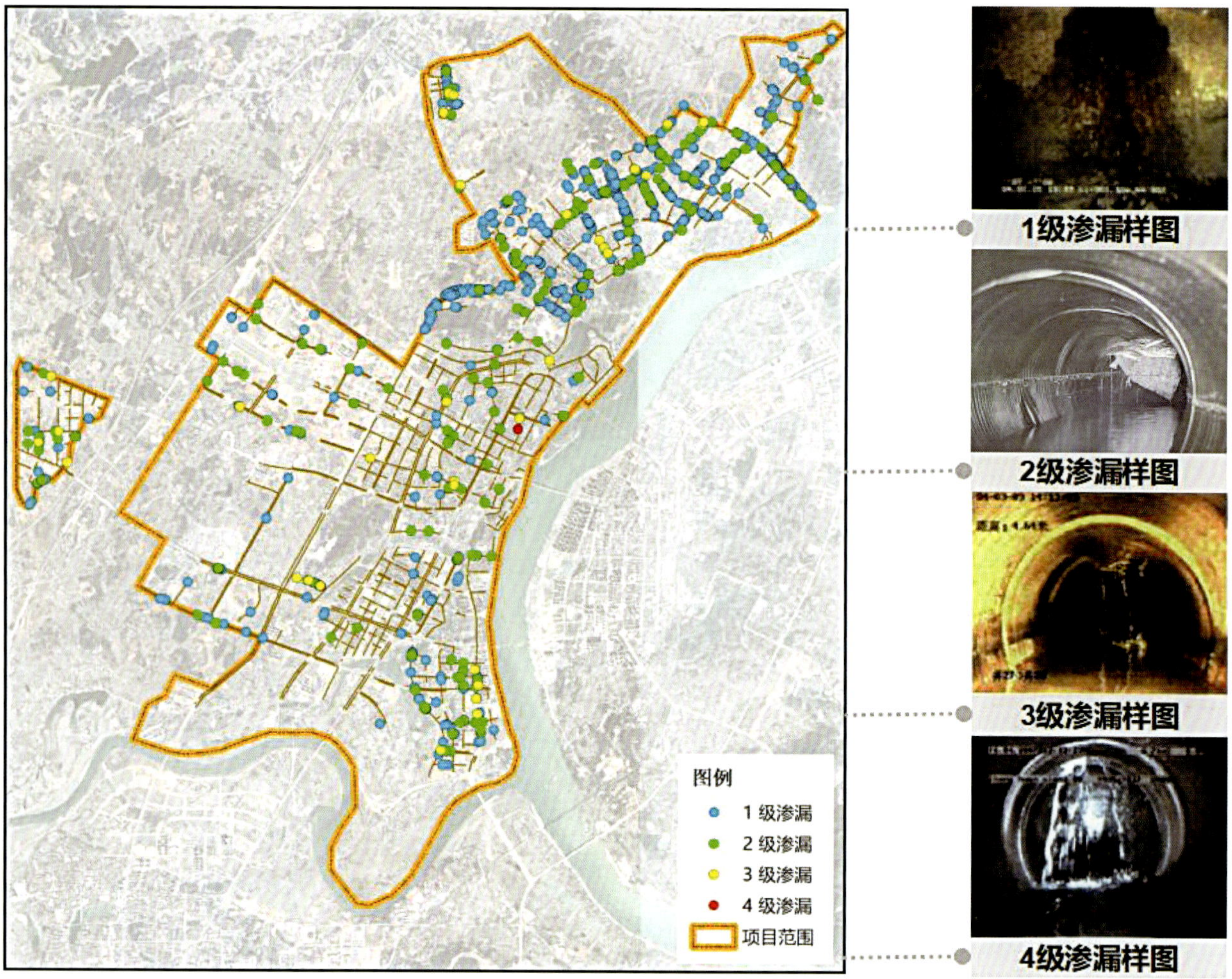

吉安市中心城区雨污管网及配套设施建设综合服务项目（河西片区）
成果图——渗漏点位

设计单位：中国市政工程华北设计研究总院有限公司

设计人员：崔诺、顾毅杰、胡馨月、吴疆、李宏博、林家宝、宫佳岚、尹放

完成时间：2022 年

项目规模：区域面积 113 平方公里，排水管网长度 2700 公里

四川省资阳市九曲河水污染防治专项研究

背景与理念

在 2018 年全国生态环境保护大会上，习近平总书记指出："在治水上有不少问题要解决，其中有一个问题非常迫切，就是要加快补齐城镇污水收集和处理设施短板。"排水管网已转变为城市水环境治理的重点方向，国家相继出台了《城镇污水处理提质增效三年行动方案（2019—2021 年）》《关于加强城市地下市政基础设施建设的指导意见》等一系列政策文件，均对管网建设提出了新的要求。

策略与技术

项目前期通过对现场调查资料、历史检测资料、规划 / 可研资料、排水设施资料等的收集与校核，摸清工程区域内"管网系统不完善""管网淤积情况严重""存在雨污混接现象"等现状情况，综合运用 RTK、全站仪、QV、CCTV 等仪器设备，针对性开展测绘排查、排口溯源、暗涵排查等工作，厘清排水系统底账，明确现状问题根源。在数据分析的基础上，对雨污混接检测及管道缺陷检测进行系统评估。

解决的实际问题

项目全面排查了九曲河流域内市政排水管网，物探测绘范围共计 30 平方公里，其中合流管网 39.5 公里，污水管网 169.06 公里，雨水管网 204.16 公里，排水管网总长共计 413.26 公里；共确定雨污混接点 106 处，运用 QV、CCTV 等仪器设备识别管道结构性及功能性缺陷 4000 余处，采取现场踏勘及快速检测等方式查明九曲河沿线全部排水口并进行定性分类。"黑臭在水里，根源在岸上；关键在排口，核心在管网"，排水管网检测诊断工作成果可为实现扩大污水收集范围、提升市政污水管网收集效率、减轻污水直排九曲河流域、降低黑臭水体占比、全面改善水环境质量以及保障备用水源地水质安全等目标提供科学的数据支撑，助力资阳市“河畅水清、生态健康”的水环境体系的构建。

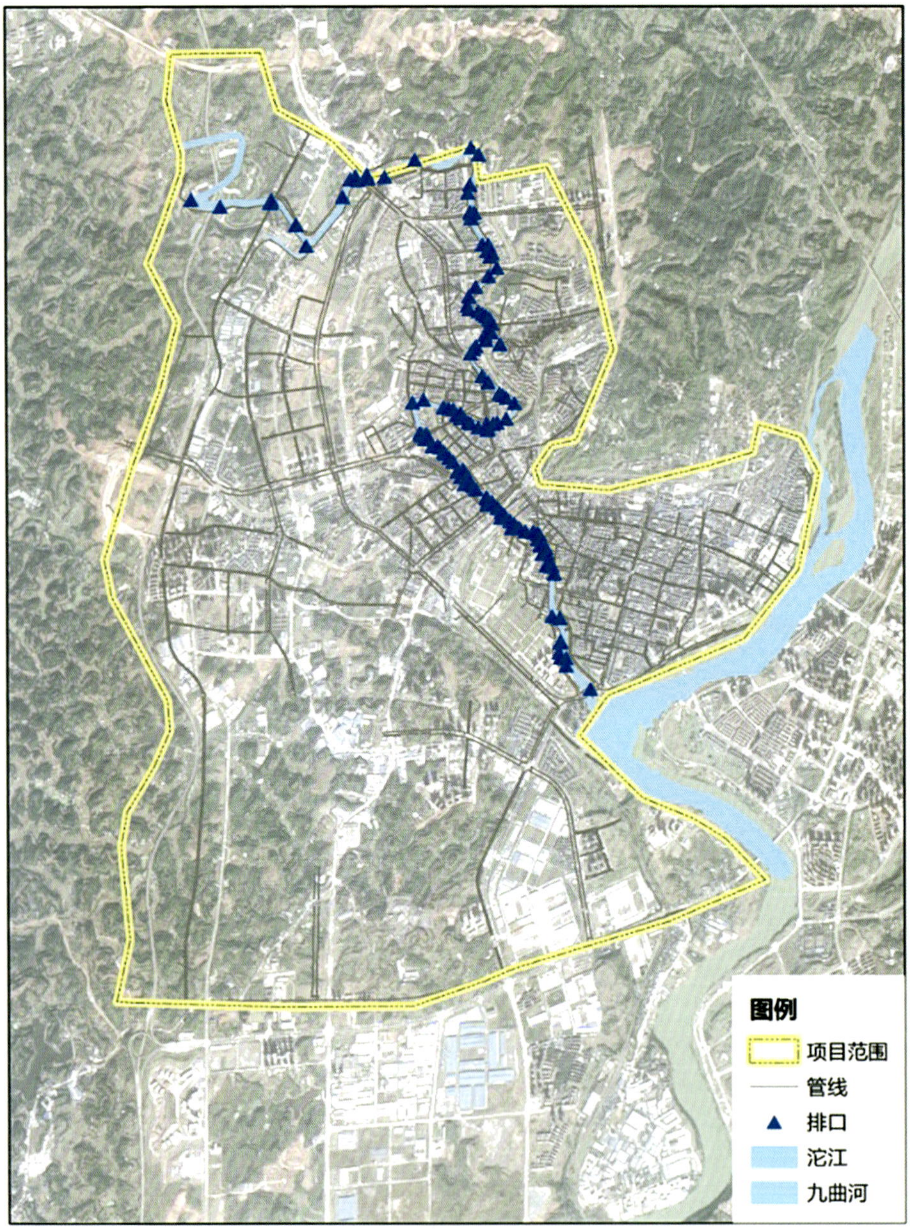

资阳市九曲河水污染防治专项项目概况图

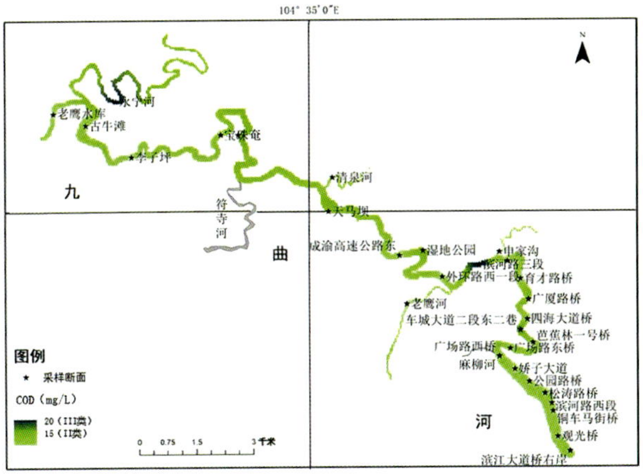

a.COD 一张图

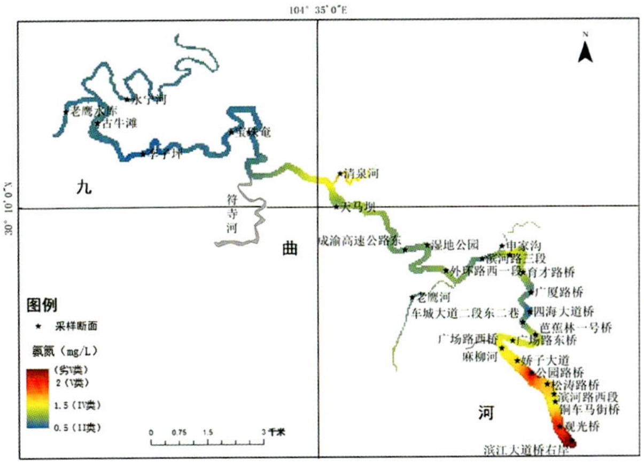

b. 氨氮一张图

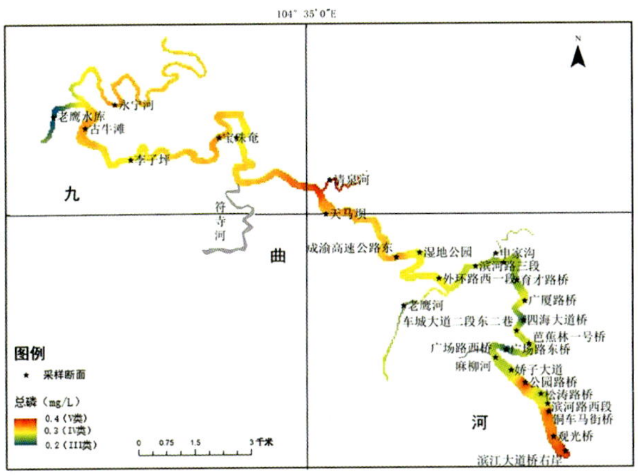

c. 总磷一张图

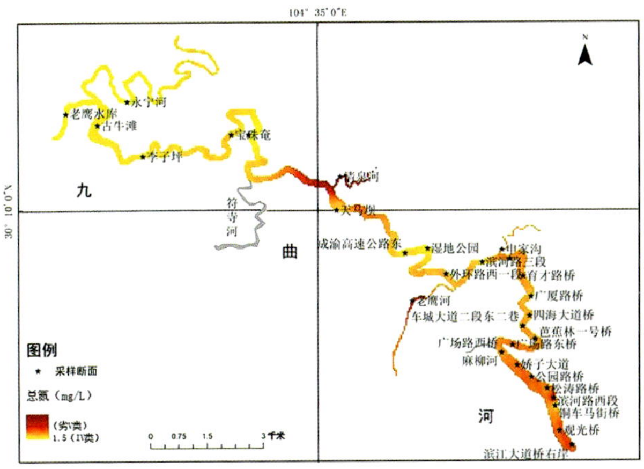

d. 总氮一张图

资阳市九曲河水污染防治专项项目成果——水质情况一张图

设计单位：中国市政工程华北设计研究总院有限公司

设计人员：崔诺、刘洋、顾毅杰、胡馨月

完成时间：2022 年

项目规模：区域面积 40 平方公里，排水管网长度约 400 公里

江苏省镇江市建成区污水管网全覆盖和污水全收集、全处理及海绵建设完善工程

背景与理念

2019 年 4 月，住房和城乡建设部、生态环境部、发展改革委印发《城镇污水处理提质增效三年行动方案（2019—2021 年）》，以期实现地级及以上城市建成区基本无生活污水直排口，基本消除城中村、老旧城区和城乡接合部生活污水收集处理设施空白区，基本消除黑臭水体，城市生活污水集中收集效能显著提高的目标。镇江市积极响应国家政策号召，先后印发《江苏省城镇生活污水处理提质增效三年行动实施方案（2019—2021 年）》《江苏省城镇污水处理提质增效精准攻坚“333”行动方案》等政策文件，将加快补齐城镇生活污水收集处理设施短板，推进污水管网排查和检测、城市污水管网改造和建设、

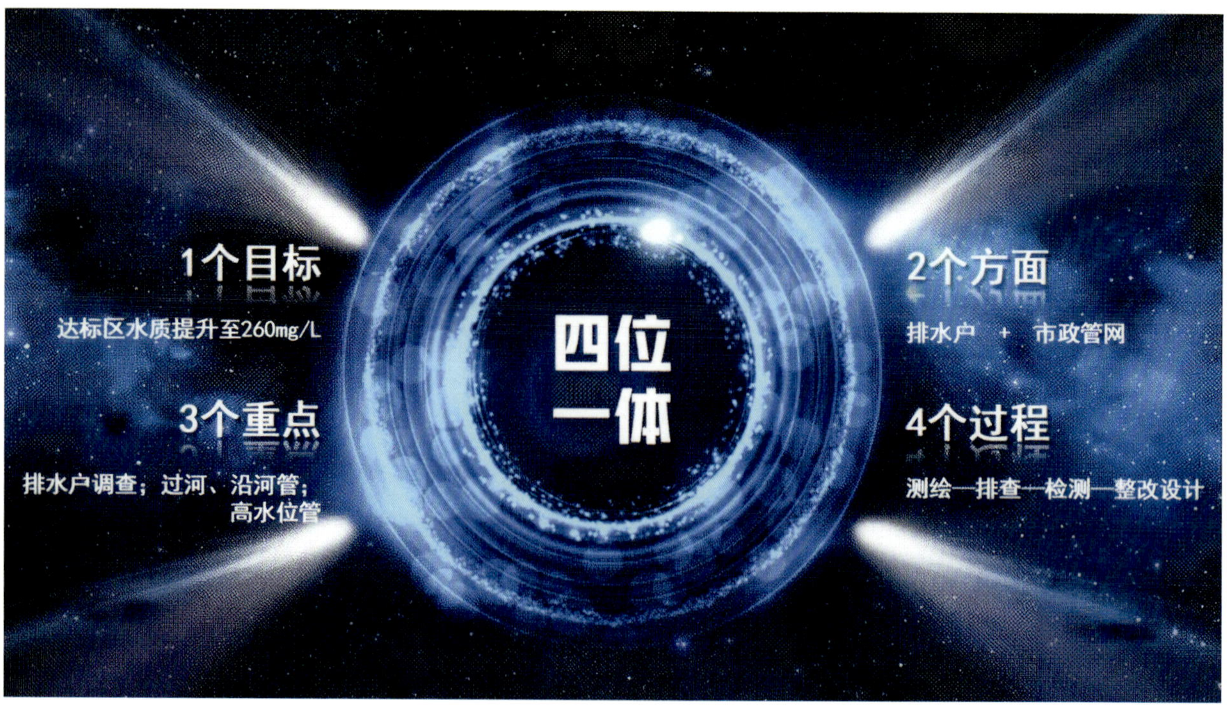

项目理念图

提升新建污水管网质量管控水平、提升污水管网检测修复和养护管理水平等列为重点工作。

策略与技术

项目以达标区末端 COD 浓度提升至 260 毫克 / 升的目标为导向，采用“四位一体”工作模式全流程跟踪，通过“测绘、排查、检测、整改与设计”4 个阶段摸清管网家底，厘清现状问题；立足“排水户调查、过河及沿河管、高水位管”3 个工作重点，解决疑难杂症区域；针对“排水户、市政管网”开展系统性工作，针对性制定整改与修复设计方案。

解决的实际问题

项目通过在工程范围内市政道路与开放式雨污水管网开展测绘、排查、检

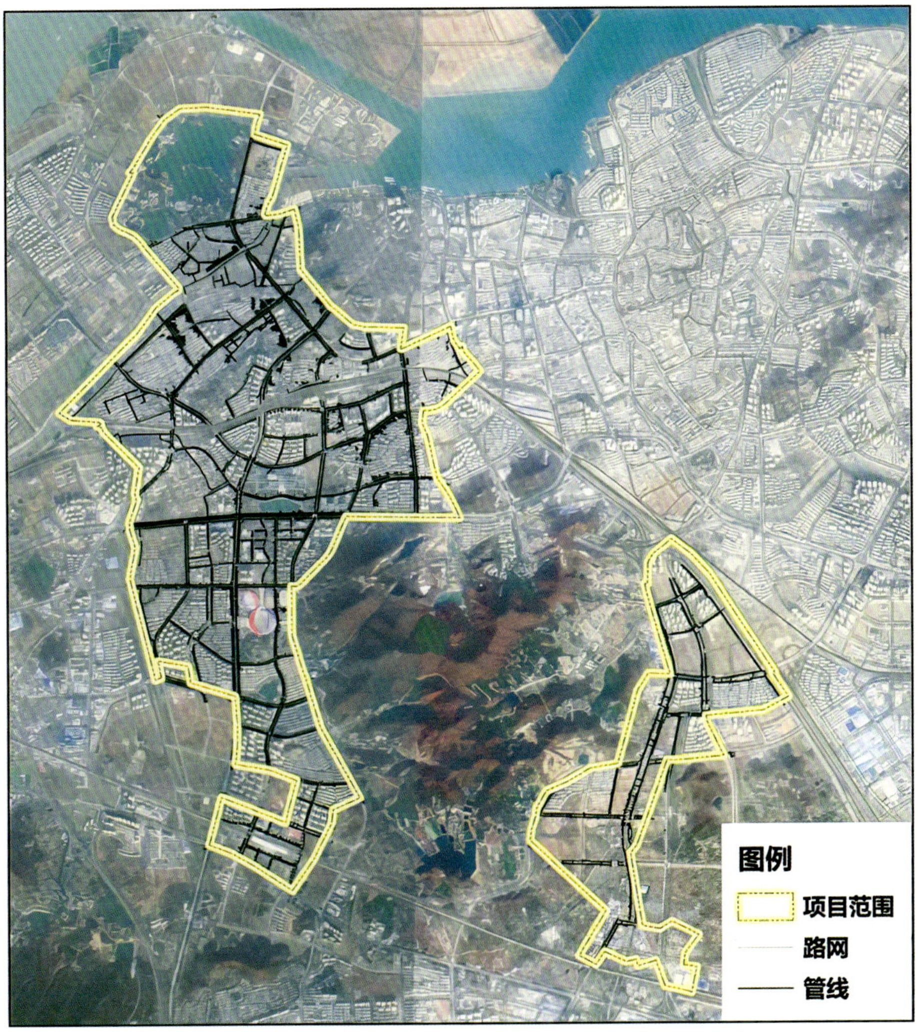

镇江市项目概况图

测和整改与修复设计“四位一体”的整体综合型策略与技术，准确探明项目范围内市政道路排水管线属性及布置，全面调查了雨污混接情况、管网淤积状况、管道破损入渗入流情况，并以沿河、湖、排口为起点，探测排口来水源头，开展“逐本溯源”工作。项目共查明管网雨污混接 100 余处、管道缺陷 10000 余处，通过对检测数据的量化分析，提出了整改修复方案并对工作成果进行了综合评估。项目成果为管网设计改造、建立管网模型与率定、建立城市排水管网数据系统提供了重要依据，助力区域内排水系统质量与效能的全方位提升。

设计单位：中国市政工程华北设计研究总院有限公司

设计人员：崔诺、顾毅杰、刘洋、尹放、李宏博

完成时间：2021 年

项目规模：区域面积 24.09 平方公里，排水管网长度约 470 公里

山西省太原市古交兴能电厂至太原供热主管线及中继能源站工程

背景与理念

清洁供热是改善空气质量的重大环保工程和民生工程，也是我国能源革命的重要组成部分。长期以来，“煤改气”“煤改电”因存在成本高等诸多问题而推广困难。我国各类工业余热资源丰富，是一种更加清洁低碳的热源，其中仅电厂排放的余热就可满足我国北方城镇供热的总需求。但这些余热大都品位低且远离负荷中心，如何将这些余热高效回收并经济安全地输送至城市，是大规模利用余热实现清洁供热的难题。

策略与技术

1. 针对项目长输供热系统的特点和地形的复杂性，通过计算机模拟动态水力分析与水力实验验证，设计了大高差直连条件下的多级热网泵配置方案，构建了全网单级隔压、六级泵循环加压系统，实现长输侧设计压力等级2.5兆帕。本方案同时解决了该工程长输管网复杂及大高差引起的水力问题或多级隔压带来的回水温度升高和投资增加问题。针对热网补、泄水问题，设计出单点定压、各级泵站联动补泄水的技术方案，优化储/泄水设施容量，显著提升热网事故补泄水能力，解决长输热网水容量大（24万立方米）、事故补水量大（大于600吨/小时）、温升膨胀水量大（约4000立方米）的难题。

2. 本项目为穿越西山山区，设计了15公里、4×DN1400超长大口径供热管线专用隧道。设计了新型双层补偿器，将套筒型与波纹型相结合，综合了波纹补偿器高承压、高密封性和套筒补偿器可维修性的优势。针对在特长穿山隧道内敷设大口径供热管道的热应力处理难题，提出热力管道与隧道相结合的整体受力分析方法，通过等轴心受力构件支撑、隧道加强二衬及锚杆传力，解决了7500千牛主固定支架结构受力并将其水平剪力、弯矩有效传递至隧道岩体的难题。项目内共包含3段隧道，其中3号隧道总长约11.5公里，是世界上最长的供热管道专用穿山隧道。

3. 针对连续多次穿越汾河河谷的复杂地形，提出采用连续钢桁架的敷设方式，桁架段总长度1.2公里。创新性地采用钢桁架与管道一体化建模分析方法，研制出专用补偿器，将管道水平推力通过钢桁架整体传向山体，解决了高架空大推力、大弯矩的设计难题。

4. 太古中继能源站是世界上规模最大的隔压换热站。针对其换热长度100℃的大温差和5℃的小端差，3488兆瓦大换热规模的苛刻换热工况，提出隔压换热站的单元式换热流程优化技术，首次采用大型板式换热器3级串联，组成一个换热单元，再通过换热单元的串、并整合实现换热器的高效整合，根据管道内流体流速匹配管径，优化水力系统配置，在不增加换热器面积的条件下换热效果的最大化，使得隔压站最终换热效果为端差小于5℃。中继能源站规模庞大、系统复杂，在设计中采用了BIM技术，避免设备、管道及土建发生碰撞冲突，保证了施工的顺利进行。

5. 热量损失控制是长输供热的重点之一。项目在设计中采用了架空用镀锌铝钢板外护聚氨酯保温管，与传统现场保温结构相比，减少热损失20%；设计出预装配分体式绝热支座，配合支座定位和高精度安装，管道绝热和支座绝热成为整体，与传统支座相比，减少局部热桥损失40%。设计出隔热管道用膨胀节、预制保温固定节，整体与局部热桥成套减少热损技术，严格控制长输管道的散热损失。实现了37.8公里长输管道（其中架空管道占42%）全程温降小于1℃。

解决的实际问题

本工程的投运实现了对太原第一热电厂四台300兆瓦机组和1640万平方米分散燃煤锅炉的全面替代，已安全平稳运行四个采暖季，每年减少燃煤276

中继能源站全貌

万吨标煤，节能环保效益显著。

2018 年 8 月住房和城乡建设部科技与产业化发展中心举办项目鉴定会，倪维斗、肖绪文、闻雪友等三位院士领衔的专家组对项目评价为：“该工程是世界上第一个成功实施的大规模余热长距离供热工程，全面替代了太原市燃煤供热锅炉，为我国北方地区供热开辟了新的途径，应作为城镇清洁供热的主流方式，全面推广可节约标煤 1 亿吨以上。该工程达到国际领先水平。”

钢桁架全貌

设计单位：中国市政工程华北设计研究总院有限公司、清华大学、太原市热力设计有限公司

设计人员：陈泓、付林、吴凡松、李建刚、杨良仲、许国春、赵欣刚、石光辉、苏湛航、梁鹂、白旭峰、刘鸣寰、刘世宇、李永红、金津

完成时间：2018 年

项目规模：供热面积 7600 万平方米，供热管道 4 × DN1400，供热管网 37.8 公里

黑龙江省大庆市大庆石油管理局有限公司民用供水业务分离移交维修改造工程

背景与理念

根据国务院国资委关于"三供一业"分离移交工作指导意见的精神和具体意见，"三供一业"分离移交是顺应国家产业布局调整的需要，是减轻国有企业负担、进一步深化国有企业改革、提升国有企业核心竞争力的必由之路，是优化国有企业产业结构的必然选择。

基于此背景，大庆市委市政府和国资委高度重视"三供一业"移交工作，根据《国务院关于印发加快剥离国有企业办社会职能和解决历史遗留问题工作方案的通知》(国发[2016]19号）文件精神，按照国务院国资委就中央企业"三供一业"分离移交工作发布的相关指导意见，结合大庆市实际情况，制定了大庆市"三供一业"项目移交工作计划。本项目即大庆市移交计划中一项极为重要的组成部分。

策略与技术

贯彻市政府关于"三供一业"分离移交工作计划的有关要求，按照技术合理、经济合算、运行可靠的要求，以维修为主、改造为辅，促进基础设施优化整合。

坚持实事求是、因地制宜，根据各小区二供设施现状，结合国家及地方相关标准、要求，优化整合资源，合理控制投资，采取节能减排措施，提高能源和水资源的综合利用效率。

解决的实际问题

通过二次供水改造，各小区老旧二次供水设施得到了更新，极大地改善了居民的用水水质。

本项目改造完成后，统一交由北控水务公司进行后期运行，专人定期巡检、维护，结合智慧水务平台管理，将给各小区居民带来更优质的服务。

泵房采用全封闭智能化全生命周期管理，配合附属安防设施，极大地提高了供水安全保障。

通过更换 NB 物联网智能远传水表，用户的用水数据上传至平台统一管

泵房外立面效果图

标准化泵房建设效果

理，避免入户抄表工作；且能依据算法分析对各类用水情况进行研判，提前预警，必要时可远程控制阀门关闭，有效降低事故时居民的损失。

智慧水务平台营销管理、运行监控、管网管理、综合管理四大业务系统将零星分散数据收集到数据中心，数据中心具备分析能力，能够全面的为供水企业和用户服务提供数据支撑。

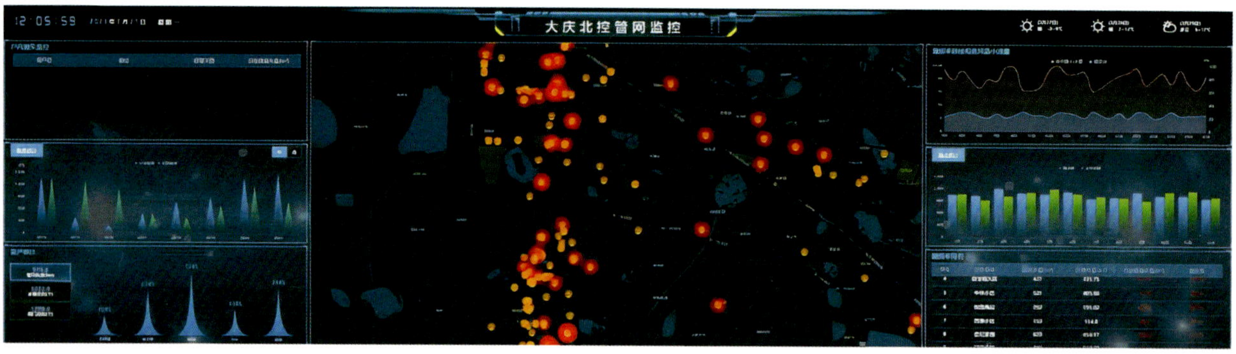

智慧水务平台建设效果

设计单位：中国市政工程华北设计研究总院有限公司

设计人员：孟昭辉、宋爽、安吉、孙小权、高琪莱、郭珈圻、葛溪源、苏晓果、王冬、张皓楠

完成时间：2023 年

项目规模：大庆油田“三供一业”供水维修改造项目共涉及 267 个小区，共 35.2 万户居民，其中油田家属小区 179 个，25.6 万户居民，社会小区 88 个，9.6 万户居民。维修改造内容包含小区供水区域内供水管网及附属设施改造、户内立管及水表更换、二供泵站改造、工业用户剥离改造、智能水务系统平台建设等，项目建设范围涉及让胡路区、萨尔图区、龙凤区、红岗区、大同区及肇州县

江苏省宿迁市沭阳县台州路片区水环境综合整治工程

背景与理念

党的十八大以来，以习近平同志为核心的党中央高度重视生态文明建设，提出了一系列新理念、新思想、新战略，并首次将生态文明建设纳入中国特色社会主义事业总体布局。随着城市化进程的推进，潜在的“城市病症”逐年显现，局部区域内涝严重、河道水质不达标、污水厂进水浓度低等问题严重制约了城市的可持续发展。通过总结各类工程实践经验发现，水环境的症结问题在于排水管网，提升排水管网质量与效能是改善水环境质量、建设生态文明的一项重要基础工作。

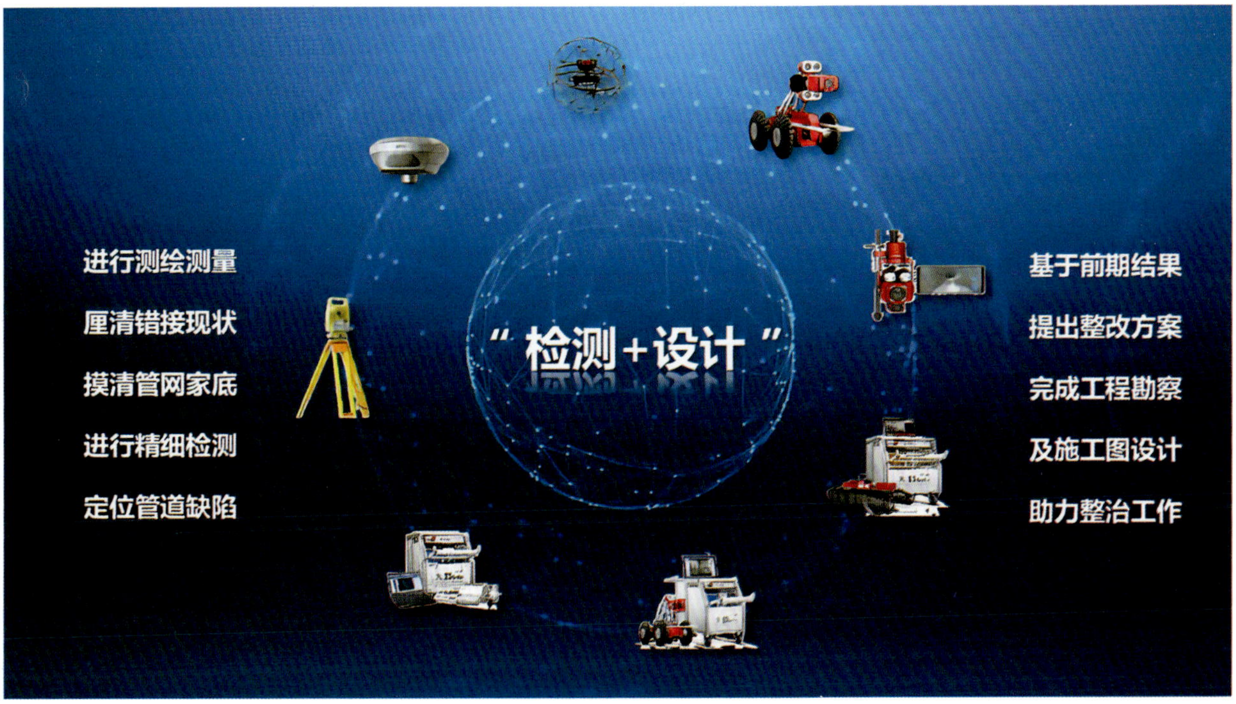

项目概念图

策略与技术

项目通过 RTK、全站仪等综合策略与技术对管线拓扑关系、属性信息进行测绘测量，厘清混错接现状，摸清管网家底。同时综合应用管道声纳检测系统、管道高清潜望镜、CCTV 管道检测机器人、全地形管道检测机器人、全景量化三维激光管道机器人、球形无人机等检测设备，对排水管道的功能性、结构性缺陷进行精细化定位检测。

解决的实际问题

项目对工程范围内市政管网、老旧小区及行政事业单位的排水管网全面开展测绘测量工作，准确获取管网的基础信息及拓扑关系，运用 QV、CCTV 等仪器设备进行管道检测，精准定位缺陷位置，共检测小区排水缺陷 10000 余处，市政管网缺陷 2000 余处，同时选用全地形机器人进行特殊环境排查，彻底查清箱涵问题情况。基于前期检测报告及排查情况对排水情况及管网进行综

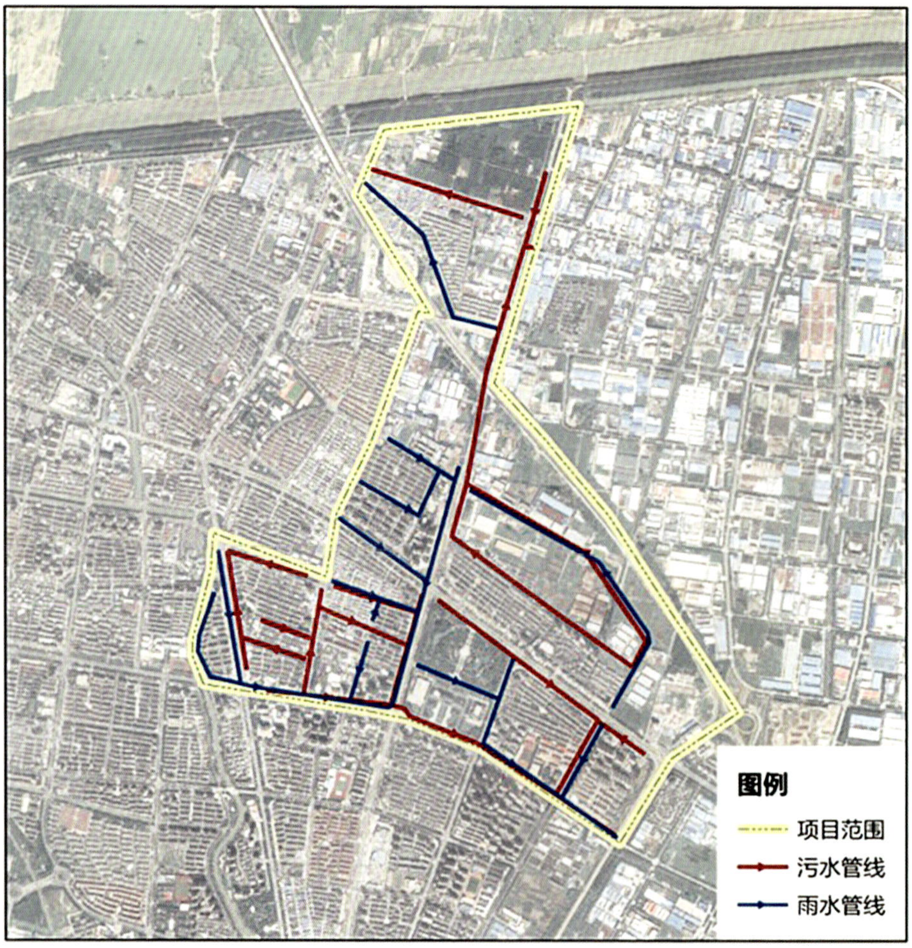

沭阳县台州路片区水环境综合整治工程项目概况图

合评估，结合排涝，提出片区内的雨污分流等整改方案设计（含破损管网修复、空白管网补建、雨污混接点改造、阳台车库污水迁改、餐饮洗浴等“小散乱”设施整治）；对台州路片区水体的清淤疏浚、水系连通、生态修复等内容进行方案设计并完成工程勘察（含物探）及施工图设计，助力片区内水环境综合整治工作取得实效。

设计单位：中国市政工程华北设计研究总院有限公司

设计人员：崔诺、刘洋、尹放、吴疆

完成时间：2022 年

项目规模：区域面积 7.4 平方公里，排水管网长度约 280 公里

天津市东郊污水处理厂及再生水厂迁建工程

背景与理念

在国务院“水污染防治行动计划”（水十条）、《城市黑臭水体整治工作指南》、天津市地方排放标准《城镇污水处理厂污染物排放标准》（DB12/599-2015）的要求下，按照“以改善环境质量为核心，按照节水优先、空间均衡、系统治理、两手发力”的原则进行该工程的设计。

工程设计充分考虑了污水厂与郊野公园的景观融合，真正实现绿色生态、服务周边的环境要求；按照工业 4.0 和工业互联网的先进理念进行设计，采用先进的信息化、智能化和自动化的三化融合，建设高度现代化的智能综合监管平台，以信息采集交互、数据仓库、应用支撑平台和业务应用模块四个总体框架实现“无人化”值守运行控制为总目标的设计控制。

策略与技术

进水端设计三条防护大闸，内部设计多重保障，加强多级泵站的联动、设置十三处溢流出口、设置应急排放措施等共十三项，最大程度保证运行安全；通过合理布局，减少空间死角，防止污泥发酵、减少毒害气体产生，并通过合理的有毒有害气体去除措施和针对性的仪表设施保证运行人员安全；合理确定消防分区、消防疏散并针对重点地区重点设防，加强消防泵站、高位水箱、气体灭火装置及电气火灾监控系统、自动灭火系统等设施的设置；工艺智能优化控制系统采用前馈追踪实时控制原理，完成对于生物处理过程的智能化过程自动控制，进而在保证出水稳定达标的基础上，达到节能减排的目的；项目将低影响开发的理念进一步融入其中，通过透水铺装、雨水花园、生态植草沟、人工湿地、多功能调蓄水体等技术措施，对内部降雨进行综合控制利用，通过初期雨水弃流、调节池等技术措施对外部降雨进行生态化处理；采用二级处理仿真模拟技术优化生物处理段设计参数；采用流体力学数值模拟对构筑物的布置形式和流态进行模拟分析，确保稳定运行；采用 MatlabGUI 及

FLUENT 软件模拟通风、除臭等系统的实际流态，校核阻力平衡，保证最佳效果。

解决的实际问题

东郊污水处理厂出水排往北塘排水河，项目的建设进一步完善了系统内污水的治理，有效改善了北塘排水河的水质情况，并将污水处理厂出水作为生态补水，对渤海湾近海水质的改善也起到较大的促进作用。

东郊污水处理厂及再生水厂地下箱体内实景图

东郊污水处理厂及再生水厂迁建工程鸟瞰图

设计单位：中国市政工程华北设计研究总院有限公司

设计人员：刘世德、林蔓、周丹、崔洪升、王文相、王泽明、刘畅、李岚、龚云强、宁丽、任志远、尹兴蕾、付业兴、孟祥瑞、姜凯文

完成时间：2021 年

项目规模：污水处理规模 60 万立方米 / 天，再生水处理规模 10 万立方米 / 天

获得奖项：2018 年度天津市优秀工程咨询成果一等奖、2022 年度天津市海河杯优秀勘察设计成果一等奖

10 城市运营类

随着我国城市化进程的加速，中国城市发展正在从建设时代进入运营时代，城市建设迫切需要升级为服务于城市运营治理需求的内涵式发展。首先，社会主要矛盾从满足人民生活的基本需求转为创造更高品质的生活空间。其次，全球气候变化关系人类未来，中国积极倡导并践行“双碳”承诺，作为城市最基本的组成单位，公共设施与建筑在运行阶段的碳排放控制是达成“双碳”目标的关键。新技术的成熟和应用也为城市高效精准治理提供了可能性。

习近平总书记在党的二十大报告中强调，坚持人民城市人民建、人民城市为人民，提高城市规划、建设、治理水平，加快转变超大特大城市发展方式，实施城市更新行动，加强城市基础设施建设，打造宜居、韧性、智慧城市。2022 年 3 月住房和城乡建设部印发《“十四五”住房和城乡建设科技发展规划》指出，加快推进建筑业转型升级，大力发展数字设计、智能生产、智能施工和智慧运维。住房和城乡建设部党组书记、部长倪虹指出，创新城市管理方式和手段，加快推进城市运管服平台建设，着力构建现代化城市治理新模式。可见，智慧运维作为城市运营的发力点，将在提高效率、提升质量、降低成本、保障安全、促进创新等方面发挥重要作用，扎实推动城市良性运营和可持续发展，满足新时代城市经济社会质量提升需求。

目前，公共设施与建筑运维仍然处于初级发展阶段，使用维护过程能源资源消耗大、使用品质低、使用寿命短、安全事故频发。在政策层面，建议适时出台公共设施与建筑智慧运维产业扶持发展政策，促进智慧运维产业的快速、健康、可持续发展。在标准体系建设方面，应尽快构建公共设施与建筑运维标准体系，组织重点运维标准的制定修订，更好地反映行业、市场发展需求。在技术创新与应用层面，将智慧运维基础设施建设充分前置，积极引入新技术手段来升级运维的效率和水平，促进科技与应用场景的深度融合。

运行阶段是公共设施与建筑全生命周期中时长最长、与人们的工作生活关系最为密切的阶段，也是落实国家高质量发展、双碳战略、城市更新政策的重要落脚点，智慧运维将为城市高质量发展开辟新的路径，推动资源—经济—环境协调发展。

张 哲

北京市朝阳区坝河滨水空间一期（使馆区示范段）

北京市西城区车公庄大街 19 号院

河北省张家口市主城区老旧供水管网改造及智慧水务建设

黑龙江省排水管网“一张图”建设

黑龙江省牡丹江市高寒城市智能公交系统建设

吉林省长春市伊通河流域水环境综合治理工程——伊通河智慧水务综合管理平台施工总承包

云南省玉溪市红塔大道综合管廊

北京市朝阳区坝河滨水空间一期（使馆区示范段）

背景与理念

建设生态文明是关系人民福祉、关乎民族未来的大计。习近平总书记指出："绿水青山就是金山银山。"在新发展理念的指导下，城市建设与运营要以自然为美，以人民为中心，让城市再现绿水青山，建设人与人、人与自然和谐共生的美丽家园。项目自运维以来，建科运营坚持为城市公共设施提供"物业化管理、管家式服务"的理念，创新性设立"水环境管家"职能定位，行业专家组成的管理团队，不仅让河道管理涉及的各专业实现良好的统筹，更在政府与公众之间建立一道服务的桥梁，多维度提升居民获得感。随着诸如亲民服务的植物科普标牌等管理细节的提升，推动城市水环境管理走向高品质、标准化道路。

策略与技术

在智慧运维方面，研发了朝阳区水环境未诉先办小程序等系列实用工具，推动水环境运维评价工作从"定性"到"定量"的提升。基于"接诉即办"理念，在朝阳区水环境管理内部形成自身的"未诉先办"体系，促进水环境问题"查、办、审"形成有效闭环，以点带面提升全区整体河道景观水平。小程序自 2022 年 6 月一经投放，在朝阳水务体系内得到广泛应用，目前已经作为水环境行业管理、考核、分析的正式工具，其成果也成为定量评价水环境运维工作的重要依据。

解决的实际问题

项目以人为本，严格遵守疫情防控政策，坚持安全为基、服务为民、环境为本、智慧贯穿的运维理念，探索了一条城市高品质水环境运维道路：

1. 运维期间以安全第一为原则，强化现场安全巡查及培训，建立安全风险清单，并逐项落实消除隐患，首创在现场加设防溺救援竹竿以及救生圈等安全设施，项目运维期间实现“零事故”。

2. 高度关注现场游客的休闲体验，自行设计投放了植物科普标牌，落实以人为本的理念，受到群众的好评。

3. 在管理方式上，充分发扬项目人员责任心、诚心、爱心、细心、用心的“品质五心”精神，采用精益管理中细节滚动提升的工作方式，每个月制定月度工作主题，在保证上个月工作效果的基础上，精准强化提升，收到了良好的运维效果，积累了良好的管理经验。

4.2022 年本项目在朝阳区水务局组织的水环境月评比中一直保持第一名，运维效果获得了政府领导和社会公众的高度认可。

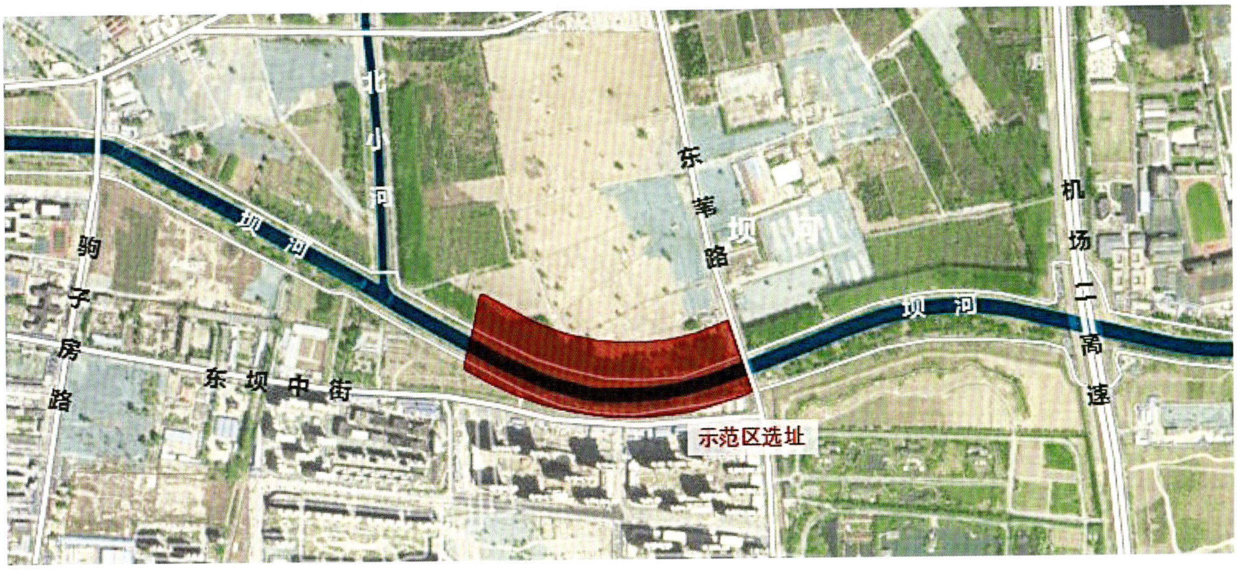

运维区域示意图

运维区域实景图片

运维单位：建科公共设施运营管理有限公司

主要人员：张哲、万铁

运维时间：2022 年

运维规模：运维面积 101597 平方米

北京市西城区车公庄大街 19 号院

背景与理念

对每个公共设施各专业智能化系统进行建设和集成，形成集约高效的“单体自主运维管理和总部协同管控相结合”的两级联动管理模式，依托新一代信息技术，通过感知、接入、分析、监控、预警、运维服务“六位一体”，构建智慧运营平台，实现对设施设备关键运行状态的实时监控和隐患问题的及时可视化呈现、能耗的空间感知和节能智慧分析，探寻品质、绿色、节能、智慧运营模式，同时打造创新楼亮点示范项目，构建商企楼宇智慧化运营形态，引领行业发展。

策略与技术

依托对楼内智能化系统进行完善和集成，实现对公共建筑关键运行状态实时监控和隐患问题及时发现，通过节能智慧分析、品质风险可视化、统一化管控，提升公共设施运营管理、服务及主动保障的精细化、高效化、智能化水平。

解决的实际问题

智慧运营管理平台是基于 BIM 技术的三维可视化平台建设，在大屏、电脑、手机端都能做到三维可视化数据呈现，实现全场景可视化物业管理，体现智慧绿色运营特色。简便易用满足物管人员使用体验，满足便捷管理项目、风险预警和统一调度需求：

1. 设备管理模块按照建筑结构等进行分系统展示；支持按照楼层对设备动态与静态信息进行管理；支持对重点设备的实时监控，及时发现异常实现报警。

2. 能耗管理模块展示分区、分项能耗并自动对能耗进行同比环比分析，最终生成能耗月报，为办公人员提供参考。

3. 电梯管理模块通过监测电梯启停分析每楼层电梯使用情况，可查看高耗能时段与每层停留时长。

4. 照明管理模块实现远程控制照明启停。

5. 安全管理、巡更管理模块绘制出近 7 天出入数据曲线，监测各楼层门禁开关状态。

6. 停车管理模块可实时查看创新楼进出场车辆数量和监控，包括停车的数量，空间车位状态信息等。

7. 视频矩阵、空间巡查模块已完成创新楼中控视频接入，方便运维人员自主按需实时读取分区视频。

8. 共享停车小程序缓解院内员工停车难的问题，提高创新楼地下车位利用率，并增加车主空闲车位出租收入。

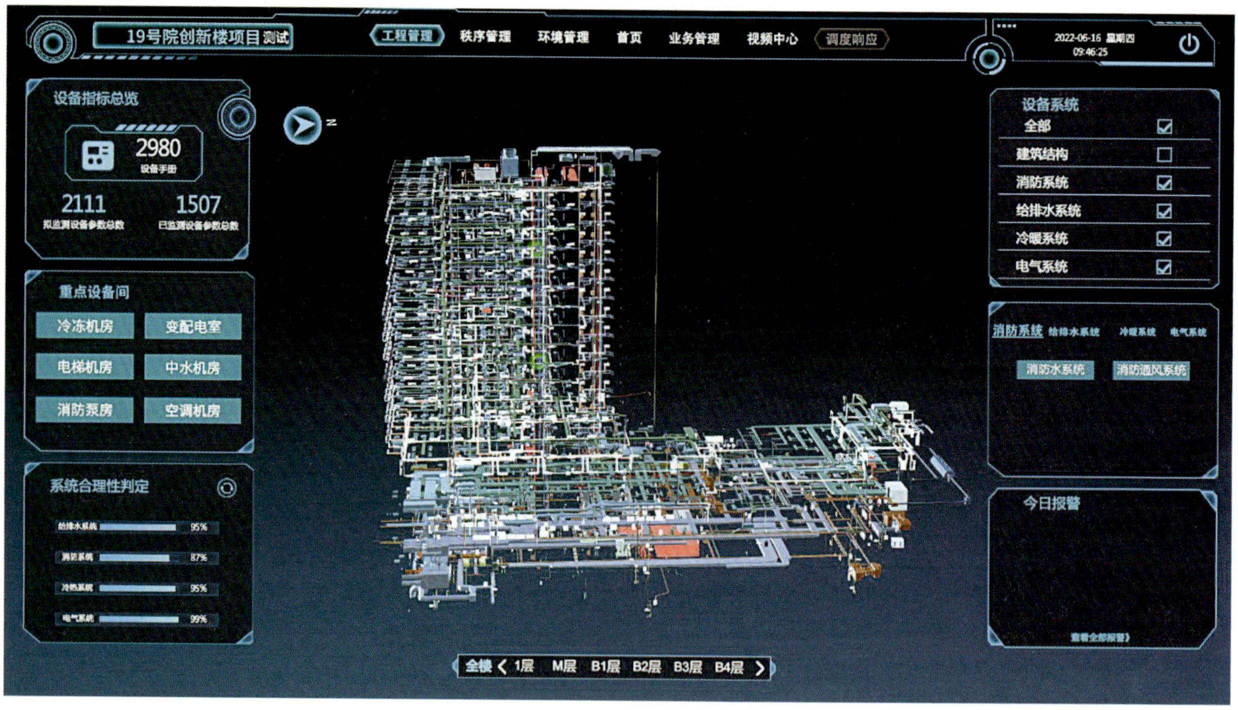

设备管理模块展示图

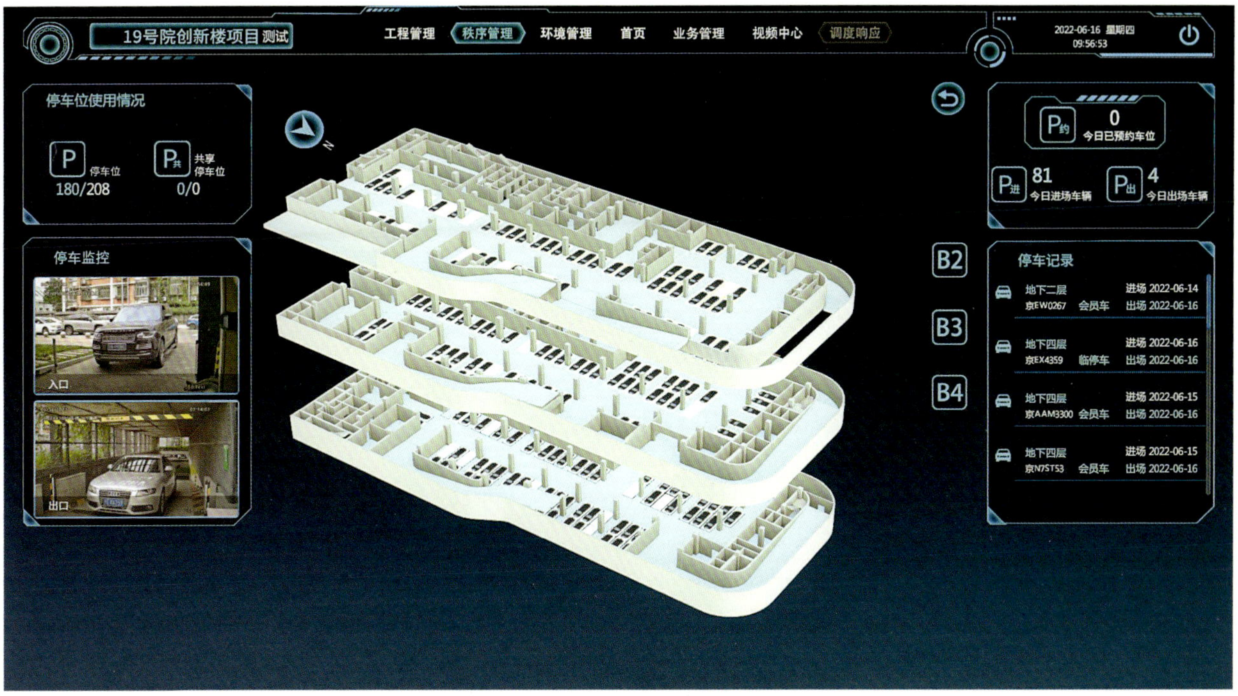

停车管理模块展示图

运维单位：建科公共设施运营管理有限公司

主要人员：张哲、刘杰

完成时间：2022 年

项目规模：总建筑面积 74010 平方米

河北省张家口市主城区老旧供水管网改造及智慧水务建设

背景与理念

张家口市主城区老旧供水管网改造工程的建设是解决张家口市供水管网布局不协调、低压区供水困难、管网建设年代久远安全性差、漏损问题时常发生等问题的关键环节，是完善张家口市市政基础设施的需要，对于促进全市供水安全与稳定起着重要作用。

张家口市供水智慧水务平台建设是提升张家口市供水业务管理水平、服务水平的重要手段，建立可监、可控、可分析、可管理、可服务的张家口智慧供水平台，实现关键运行参数的在线监测控制和“全流程智能生产管理”“厂站网户智能联合调度”“主动性智能漏损控制”“一体化智慧营销服务”。

策略与技术

通过老旧管网改造以及智慧水务建设，全面提升供水系统基础设施能力，提高自来水公司管理水平，加强水务数据治理与价值挖掘，保障企业经济效益。

解决的实际问题

项目解决了老旧供水管网待改造、监测感知体系待完善、管网管理待清晰高效、生产管理待精细节能、漏控管理待细化深入、营收服务待便捷优化、调度管理待全局掌控、协调办公待打通壁垒、智能运行待完善升级等问题：

1. 改造老旧供水管网。从系统性角度充分分析供水格局后，对服役年限长、经常发生爆管等事故、不能适应配水需求、无法适应复杂工况调度要求的管网进行改造。

2. 完善监测感知体系。在水源地、自来水厂、供水管网、加压泵站、二次供水泵房、用户末端等关键位置安装在线监测设备，为张家口市智慧供水管理提供感知手段，实现非关键泵站无人值守，及时发现供水系统发生事故的风险，辅助供水系统调度决策，快速和科学地制定应急处理方案。

3. 清晰高效管网管理。分析、梳理管网普查数据，校核拓扑结构后形成完整的供水管网 GIS 数据，通过建立供水管网 GIS 系统、运维管理系统、二次拱墅泵站控制系统等，实现管网巡检、养护、维修等工作统筹调度与科学化、精细化管理。

4. 精细节能生产管理。对现有系统进行有效整合的同时进一步完善水厂生产管理系统以实现制水自动化、信息化、智能化，建立各制水环节统计分析体系，按水厂管理需求自动生成各种报表曲线，计算分析水泵能耗以优化对水泵启闭的控制，从而实现水厂节能降耗，提高水厂生产管理精细化水平。

5. 细化深入漏控管理。立足网格化和精细化等管理思想，结合管网测绘和管网模型，将张家口市主城区划分为逐级嵌套的四级分区计量体系与五级计量体系，建立地理空间与用水量、总表与分表的关联关系，同时结合压力调控手段、建立长效监管策略，对产销差控制和漏损控制进行深入分析与科学决策。

6. 便捷优化营收服务。更换 20 万户老旧水表，建设报装管理系统、智能抄表系统、水表全生命周期管理系统、营业收费系统、客服热线系统、网上营

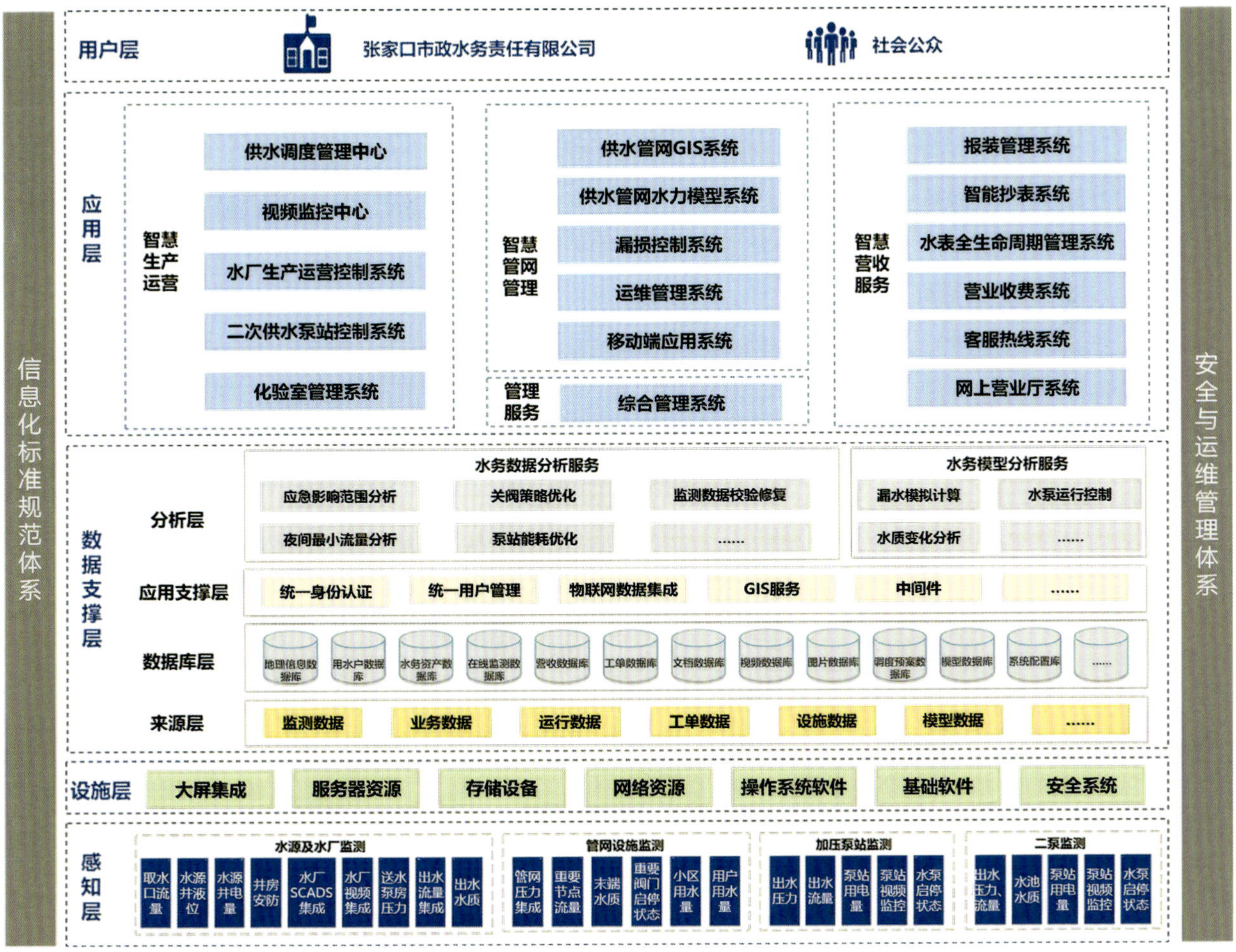

总体架构图

业厅系统，以抄表、收费、换表业务为基础，协同绩效考核、表务管理、票据管理、微信平台等的智能营收管理平台，为用户提供全方位的高质量服务。

7. 全局掌控调度管理。建立市区管网水力模型系统，提供爆管、漏水分析与追踪功能，指导管网事故处理，增强事故反应能力。提升调控管理中心的集中管控能力和决策支持能力。

8. 打通协调办公壁垒。形成统一的电子信息管理。可实现快速数字化查询和统计，提升办公效率。打通了各部门、各业务之间的信息壁垒。

9. 完善升级智能运行。构建设施本地控制—水厂分控—调度中心总控三个层级的控制体系，将水厂、泵站自控系统集成至供水公司调度中心，实现一盘棋管控。结合仿真模型、大数据分析决策系统，充分发挥数据价值，辅助供水系统运行优化与决策。

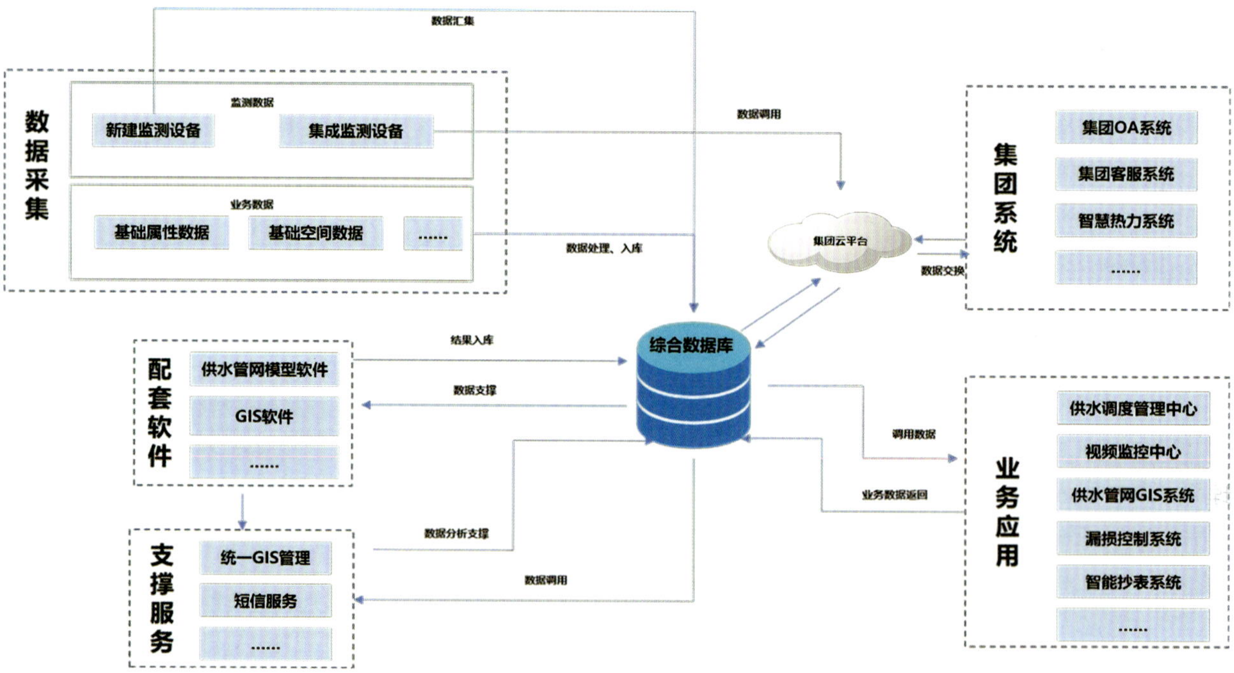

总体业务流程设计图

设计单位：中国市政工程华北设计研究总院有限公司
设计人员：张郅巍、张良、陈士桢、唐志芳、罗永国、丁修龙、董紫乾、马思腾、崔硕、刘培青、张妍妍、王淳、刘子墨、王长兴、李琳、郭雯
完成时间：2024 年
项目规模：老旧供水管网改造工程共改造新建供水管道（主管）约 99.936 公里；迁移老旧管道约 107.3 公里，改造范围涉及张家口市桥东区、桥西区以及经开区等区域。智慧水务充分运用人工智能、移动互联网、云计算等信息技术，对张家口市政水务公司管辖的水源地、水厂、供水管网、加压泵站、二次供水泵站等进行信息化、科学化、统一化管理

黑龙江省排水管网“一张图”建设

背景与理念

随着城市化进程加快，我国城市地下管线建设规模不断扩大，城市地下管线种类繁多，管理困难、事故频发，国家高度重视。传统的二维管网管理模式，已经无法适应如今越来越复杂的管网系统，存在着管理效率低下、管线监测不准确、数据传递更新不及时等诸多弊端，无法跟上城市现代化、信息化、智能化发展的步伐。

按照黑龙江省委省政府 2022 年 5 月 27 日省总河湖长会议和 6 月 6 日全省入江河湖排污口排查整治工作会议提出的“全面摸排污水收集状况、管网情况、雨污分流设施情况，绘制全省排污管网图”工作要求，受黑龙江省住建厅委托绘制全省排水管网“一张图”，建立了“黑龙江省数字排水一张图信息管理平台”。

策略与技术

采用数据与地图分离模式搭建平台，以黑龙江省天地图为基础建设 GIS 系统，一张图展示全省排水系统数据。

可按市县分区域划分市政管线、小区管线、市政检查井、小区检查井、市政提升泵站、排水口、污水处理厂七类设施，单独或叠加展示设施详情，并且可以根据行政区域或自定义条件进行查询。

同时“一张图”功能中添加了检测评估功能并预留接口，通过与各市级、县级排水管网 GIS 平台对接，可实现查看各地市、区县排水管网检测评估的具体情况。

解决的实际问题

通过排水管网“一张图”基本摸清了全省排水设施底数现状，聚焦水污染防治和城市内涝治理薄弱环节，为科学精准施策提供了治理路径和解决方案，主要解决以下四个问题：

1. 助力污染溯源管理。通过排水管网“一张图”，可追溯水体污染、溢流污染，分析研判污染成因，掌握污水来源，分类施治，精准治污。

2. 把脉城市内涝机理。通过排水管网“一张图”，可精准掌握雨排系统问题及内涝成因，制定“一点一策”整治方案，结合海绵城市建设理念，系统治理易涝积水问题。

3. 辅助项目建设决策。通过排水管网“一张图”，可系统分析排水设施短板弱项，为制定污水管网新建改造项目计划、设施检查维修、提升应急抢险能力提供决策依据。

4. 服务黑龙江数字经济。通过排水管网“一张图”，可引领全省市政基础设施数字化发展，形成“用数据服务、用数据监管、用数据治理、用数据创新”的数字黑龙江基础设施治理新模式。

黑龙江省排水管网“一张图”系统全省总览

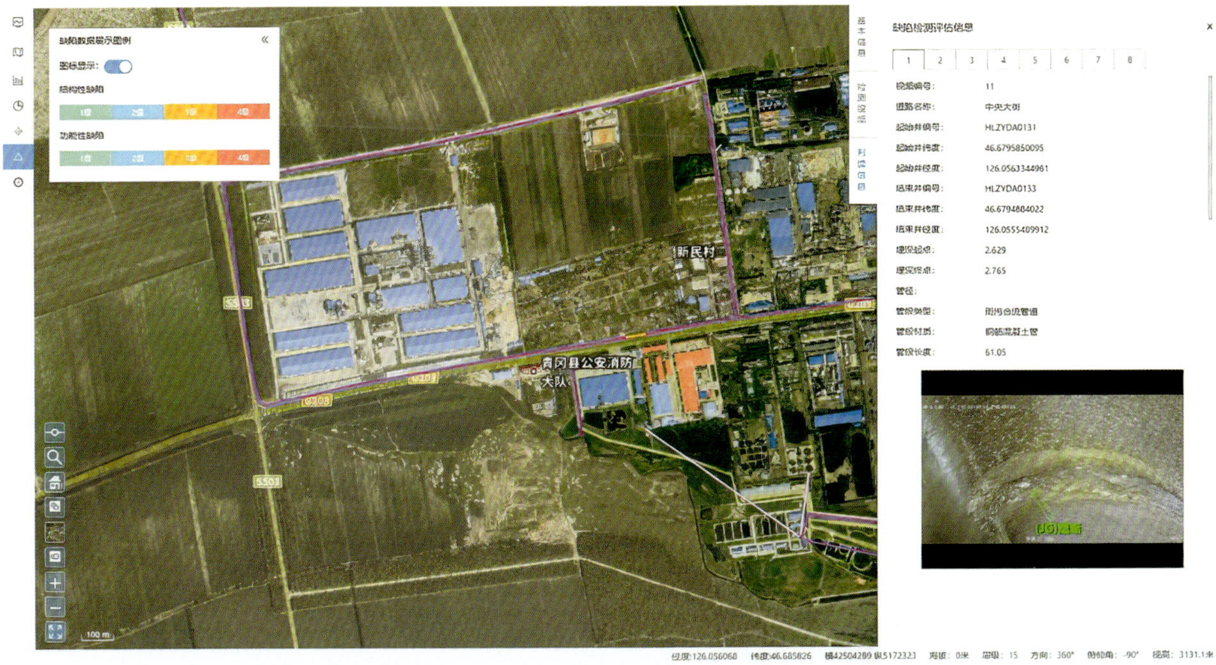

黑龙江省排水管网“一张图”系统检测评估

设计单位：中国市政工程华北设计研究总院有限公司

设计人员：孟昭辉、张宝、安吉、秦博文、吕海林、王浩

完成时间：2022 年

项目规模：黑龙江省 80 个市、县共计 35000 公里排水管线及排水设施

黑龙江省牡丹江市高寒城市智能公交系统建设

背景与理念

牡丹江市高寒城市智能公交系统项目是为落实牡丹江市“双150”城市发展战略，建立以人为本、公交导向、高效安全、便捷顺畅的城市绿色公共交通体系，从根本上解决城市交通拥堵、居民出行不便的问题而谋划的项目。主要包括一体化公共交通走廊改造、公交换乘配套基础设施、城市交通智能管理系统和机构能力建设四个子项目。

策略与技术

落实科学发展观，以建设高寒地区绿色、环保、低碳、安全城市为指导思想，大力发展“高效、经济、便捷、可靠、可达、安全、舒适”的公共交通系统，鼓励低污染、低排放的非机动交通出行，充分利用现代化智能信息系统，促进城市交通可持续发展。

解决的实际问题

本项目是牡丹江城市基础设施建设的重要组成部分，项目建设保障牡丹江市公共交通方面的供给，改善牡丹江市公共交通状况，提高人们的生活水平和生活质量。具体解决问题：

1.“三横二纵一慢行”的公共交通走廊日集散乘客将达到20万左右人次，不但提高出行的速度、可靠性、安全性，增强公共交通和非机动交通的吸引力，而且可以显著缓解交通拥堵问题。

2. 为城市交通可持续发展提供重要示范，建设具有国际先进水平的交警信息化智能体系。通过城市交通管理智能化、系统化、科学化的管理平台，形成更完善的交通数据收集与分析系统，为交通发展决策提供理论依据，同时通过即时智能控制、信息发布，调整优化信号配送等现代化手段，引导百姓和车辆选择最优出行路线，确保交通顺畅。

3. 通过优先发展城市公共交通，提高公共交通的运输能力和准点率，大幅提高公共交通的吸引力、服务能力和服务水平，构建环保、节能、低碳的绿色交通环境，缓解交通拥堵，促进绿色低碳出行。

4. 系统解决城市交通量快速增长与土地、交通资源之间的突出矛盾，提高交通系统的效益与效率，并促进道路安全系统的联动，为充分发挥牡丹江市资源和产业优势，承接国际产业转移和要素重组，加快经济结构调整，提供综合运输支撑。

5. 为拉动牡丹江市的旅游产业，打造“冰雪旅游、绿色旅游、东北亚风情旅游”创造良好的交通条件，大力提升牡丹江市的城市形象和软实力，有效改善牡丹江市交通基础设施配置，优化投资环境，提升牡丹江的城市形象和软实力，将产生双重“诱发性投资”，具有明显的投资乘数效应。

新安街交通一体化走廊设计方案鸟瞰图

交警指挥中心建成实景图

新安街交通一体化走廊建成实景图

设计单位：中国市政工程华北设计研究总院有限公司
设计人员：孟昭辉、齐奕巍、张宝、贾中涛、安吉、秦博文、秦立萌、刘玉龙、苏晓果、王冬、兆宴萱、张晧楠、秦语
完成时间：2020 年
项目规模：本项目建设地点位于黑龙江省牡丹江市主城区，包括东安、西安、爱民、阳明 4 城区，总面积 2443 平方公里

吉林省长春市伊通河流域水环境综合治理工程——伊通河智慧水务综合管理平台施工总承包

背景与理念

基于“智能感知—智慧决策—自动控制”的城市排水系统发展思路，理清管网现状、创新管理体系、打通运维堵点、促进提质增效、降低内涝风险，打造长春市“源—网—厂—河”一体化智慧调度体系，促进排水系统的高效、经济、可持续运行，助力长春市水环境治理水平提升。

策略与技术

利用基于机理的管网与河道模型软件进行长春市管网与河道运行的模拟，提供初步的分析、评估和模拟服务，帮助管理人员对整个水务系统中薄弱区域进行判断；利用控制仿真模型结合监测体系全面评估排水系统运行现状，分析系统匹配性，并全面评估系统优化调度潜力，同时应用模型进行多预案分析；一体化调度系统融合人工智能优化、大数据分析、在线优化预测等新一代信息技术，实现调度控制自动化、方案决策智慧化。

解决的实际问题

项目可实现排水系统匹配性分析、设施运行状态诊断、内涝积水预测预警、联合优化调度等建设目标，提升长春市排水系统设计、建设、运维与调度的信息化与智慧化水平。

1. 基于现状内涝隐患点位置及溢流量在降雨下的模拟、评估结果，制定相关的防汛预案库。并针对重要内涝隐患点，采取更改管径等措施，削减内涝隐患点数量，规避内涝隐患造成的生命财产安全影响，使整个系统满足区域内涝防灾的要求。

2. 控制仿真模型结合监测体系和模型体系来全面评估排水系统运行现状，分析系统匹配性，为提高单体设施的总体效能（满足目标的能力以及高使用频率等）和系统的运行效果（如 CSO 溢流频率、排涝能力、水环境治理达标程度等）提供决策依据。

3. 通过自控系统实时下发调度指令，远程指导各区管理单位的现场人员进行及时高效的调度工作。

管网模型搭建图

伊通河智慧水务一体化调度系统图

设计单位：中国市政工程华北设计研究总院有限公司
设计人员：韩冠宇、初翔宇、刘海婷、栗俊涛、王秋懿、张磊、冯宇、邱依婷、李麒倫、刘胜硕
完成时间：2023 年
项目规模：总投资 2.3 亿，项目涉及长春市 10 个行政区、3 大流域，模拟范围 445 平方公里，管网长度 2979.3 公里

云南省玉溪市红塔大道综合管廊

背景与理念

项目位于云南省玉溪市红塔大道西南半幅道路下，总长度约 2.5 公里，交叉支管廊长度约 0.1 公里，沿线穿越主要道路交叉口共 8 处，为云南省综合管廊试点项目，也是玉溪市 2016 年重点项目之一。2018 年 9 月项目顺利通过竣工验收后，即进入项目运营期，综合管廊智慧管理平台对廊内管线、环境、设备及运行进行实时监控、运营管理和安全预警，提升了管廊应急防灾能力，为运营维护、应急防灾、公共服务等提供支持，为管廊内部空间的合理规划、管理提供技术决策支持。

策略与技术

玉溪市红塔大道（抚仙路—火车站）综合管廊智慧管理平台利用先进成熟的计算机技术、地理信息系统技术、定位技术、通信技术，结合物联网、大数据等技术，对综合管廊设备进行软硬件集成设计，实现了对综合管廊的智慧化管理。通过智慧管理平台可实现对综合管廊 360 度全方位无死角实时监控，获取廊内各设施设备的运行状态、数据监测以便实现动态管理，对廊内人员的位置、动向以及状态提供完整、准确的信息支持。

解决的实际问题

智慧管理平台包括三维可视化运维控制平台、综合运维管理平台、移动端 APP 三部分：

1. 三维可视化运维控制平台，以三维模型为基础，管廊空间数据和各类业务数据为前提，通过整合管廊内部各系统资源，实现对管廊设备和人员的全面信息化管理。

2. 综合运维管理平台从运行监控、资产管理、入廊管理、智能巡检、应急处置、运维管理、施工管理等多个角度提供服务，满足对管廊主体结构、机电设备、廊内人员、内部管线的管理和维护需要。

3. 移动端 APP 可实现巡检任务接收和上报、异常上报、语音对讲、可视对讲、人员实时定位，辅助运维人员廊下日常工作。

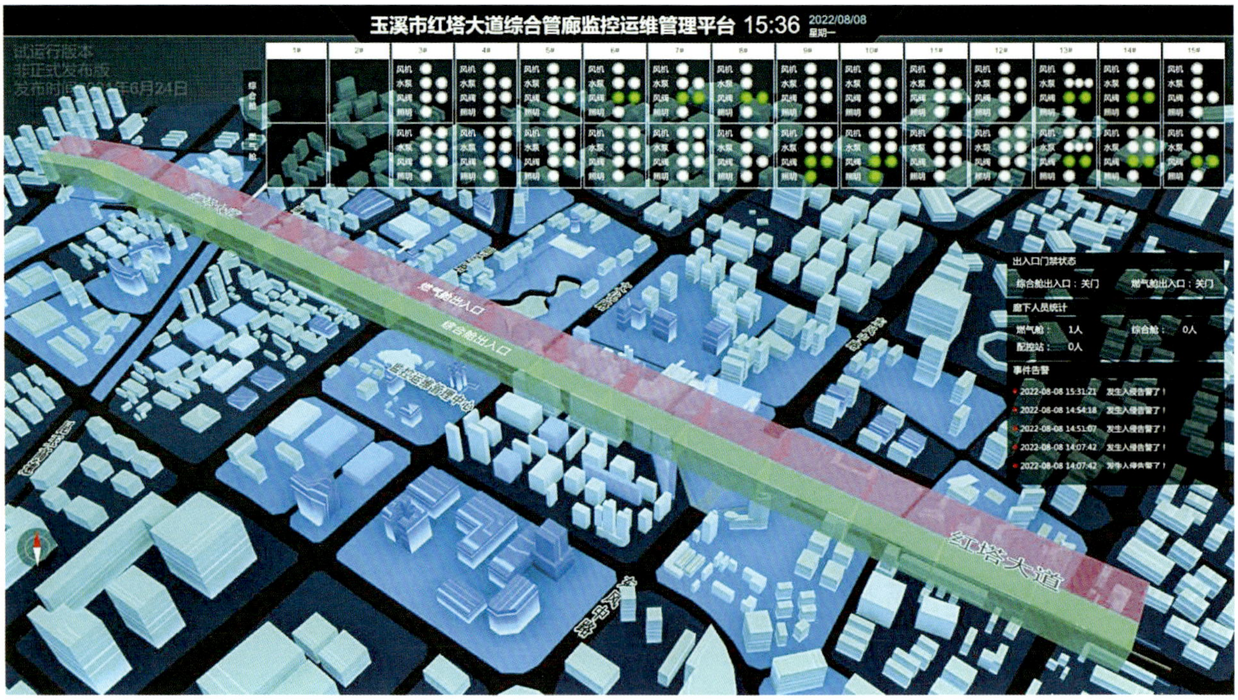

监控运维管理平台展示端

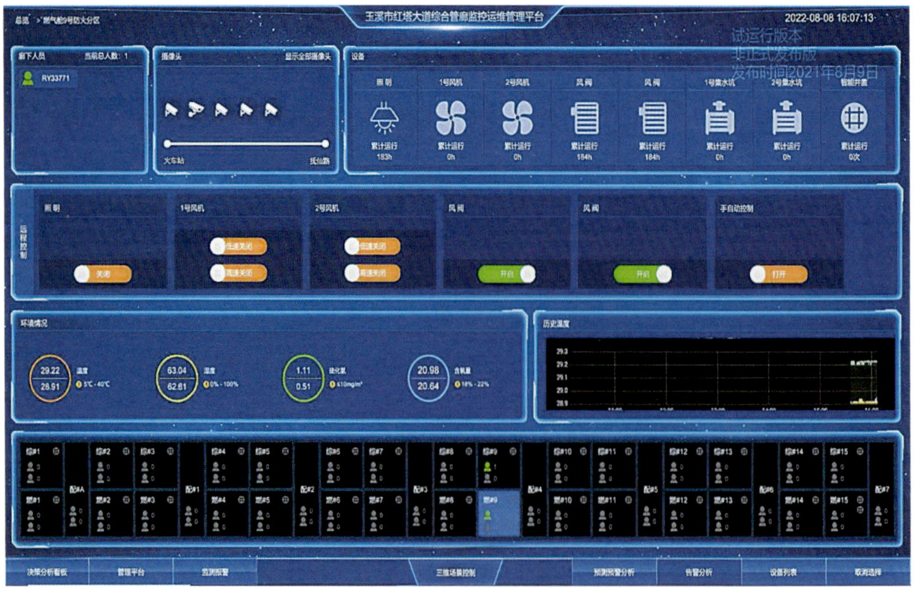

监控运维管理平台控制端

监控运维管理中心总览图

运维单位：建科公共设施运营管理有限公司

主要人员：张哲、李有根

完成时间：2018 年

项目规模：全长约 2.5 公里，沿线穿越 8 处主要道路交叉口，2 处交叉支管

People-Centered Cities, Better Life

下篇 城市更新科技与机制创新

01 重大课题

02 实用技术

03 标准、导则与指南

04 央地合作机制

05 责任规划师

06 城市更新人才培养

我国经济建设已经从高速增长阶段转为高质量发展阶段，针对人民日益增长的美好生活需求的变化、人口结构逐渐进入老龄化等问题，推进城市更新是新时代城市发展的目标之一。实施城市更新行动，是解决城市发展过程中短板问题的有效方式，是实现生活品质提升、高质量发展的关键路径之一，通过改善居住条件、提升城市形象，为人民营造宜居、和谐、美好的生活，从而提升人民群众的满足感、幸福感。

城市更新的目标是以人为核心的新型城镇化，在城市更新的过程中应贯彻绿色、低碳的发展理念，将海绵城市建设、城市生态修复的理念纳入城市更新中。统筹推动既有建筑更新改造、城镇老旧小区改造、完整社区建设、活力街区打造、城市功能完善、基础设施更新改造、城市生命线安全工程建设、历史街区和历史建筑保护传承、城市数字化基础设施建设等城市更新工作。

本篇在大量的城市更新工程实践基础上，针对城市更新中遇到的问题，开展了不同的课题研究，内容涵盖城市更新相关规划标准的梳理与研究、适用于城市更新的土地制度研究等政策标准方面的研究，还有城镇社区公共服务设施建设关键技术、室外环境老年与儿童的安全与健康保障技术等适用技术的研究，并在北京、上海等地开展示范应用。通过研究与应用，理清了城市更新的类型界定、城市更新的目标、行动思路，给出城市更新的发展趋势与建议。

赵 锂

全国工程勘察设计大师、中国建筑设计研究院有限公司原副总经理

01 重大课题

城市更新相关标准梳理研究

适用于城市更新的土地制度研究

村镇社区公共服务设施建设关键技术研究及示范

室外环境老年与儿童的安全与健康保障研究

城市体检评估工作中的指标体系构建方法研究

城市更新项目全周期设计方法与技术集成研究

黑臭水体仿生修复技术研究与示范

薄型绝热系统在既有建筑墙体节能改造中的应用技术研究

城镇燃气设施故障智能感知与泄漏防控技术

排水管网资产诊断评估关键技术及成套软件研发

城市更新相关标准梳理研究

主要研究内容

《中共中央关于制定国民经济和社会发展第十四个五年规划和二〇三五年远景目标的建议》提出“实施城市更新行动”“塑造城市风貌”“加强城镇老旧小区改造和社区建设”，强调“全面提升城市品质”。当前，我国城市更新技术标准体系不能很好地适应城市存量发展的要求，城市更新项目实施中与现行相关标准规范冲突的情况时有发生，相关标准规范亟待进一步梳理。

本课题聚焦城市更新领域，对相关标准规范进行梳理研究，根据我国城市更新诉求，分析现行标准规范体系不适应大规模存量更新要求的内容，为下一步标准规范的修订、新编提供依据，从而推动城市更新规范化、标准化、法制化进程。

研究创新点

课题梳理总结出城市更新相关标准不适应的三大根源问题：一是理念进步带来的不适应性，城市更新逐渐走向成熟的过程中，伴随着新理念的出现，相应规范标准难以实时同步；二是标准体系、基本术语等的不适应性，现行标准体系的探讨语境以“新建”为主；三是城市规—建—管实践的不适应性，标准规范与现实需求的不适应，导致编制难、审批难、落地难。

课题制定了多维度研究工作框架，从政策、学术、创新、问题导向四个维度开展研究，规划专业共筛选基础标准 4 个、通用标准 6 个、专用标准 53 个、密切相关的部门规章 / 指南 1 个，建筑专业共筛选相关标准规范 200 余个，作为研究对象，并逐一展开梳理，对修订方向、亟待修订的具体条款予以明确。

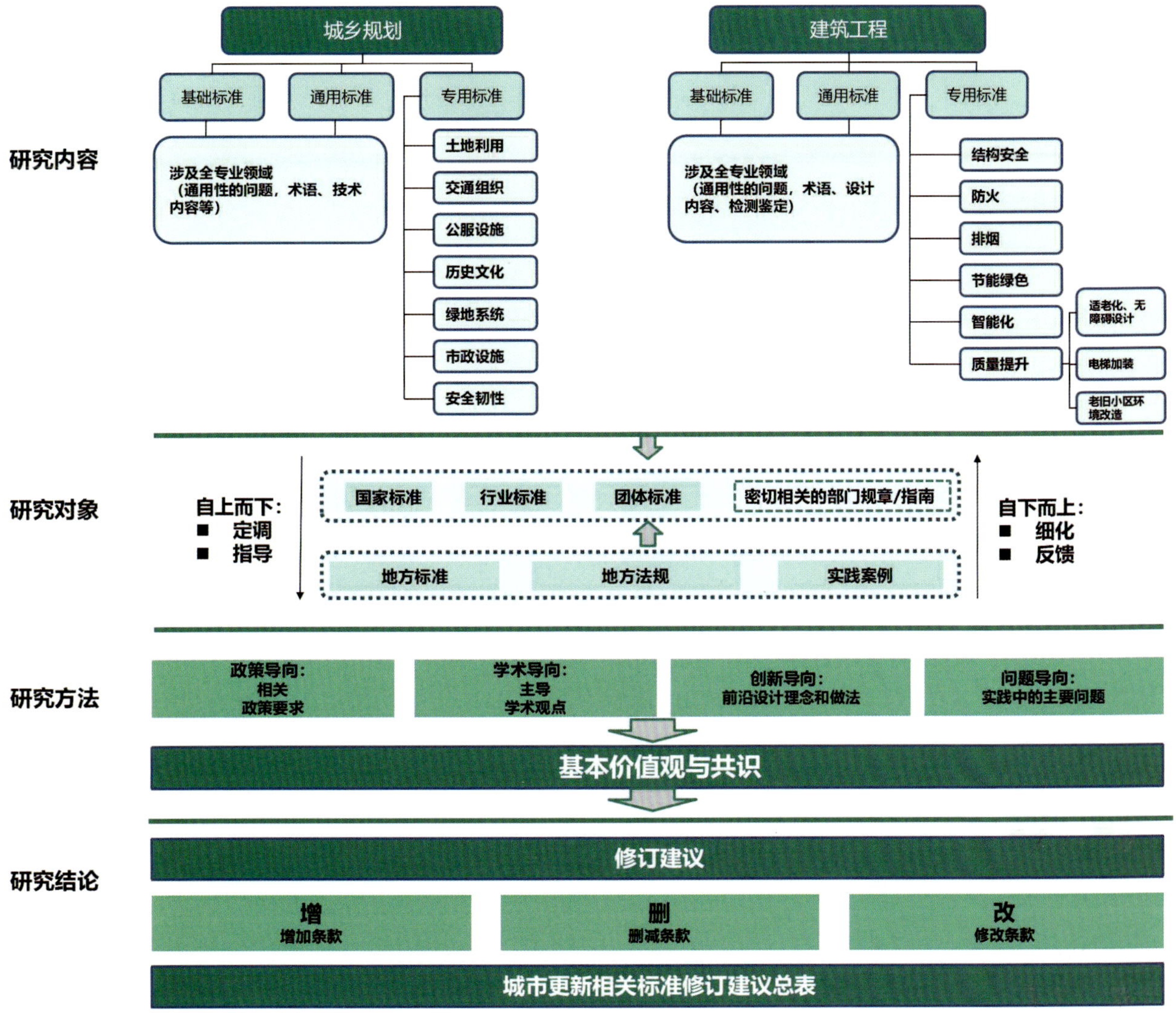

课题总体技术路线图

任务来源：住房和城乡建设部建筑节能与科技司

承担单位：中国城市发展规划设计咨询有限公司、中国建筑标准设计研究院有限公司

主要人员：杨一帆、彭飞、陈杰、赵楠、裴琳、李峥峥、黄圣文、张玉梅、王力、高燕飞、王振茂

完成时间：2022 年

适用于城市更新的土地制度研究

主要研究内容

实施城市更新行动，是推动城市高质量发展的重大战略举措。当前，我国适用于城市更新的土地制度还不完善，存量规划经常出现“卡脖子”实施难的问题，难以适应大规模城市存量空间的提升改造、再开发需求。研究聚焦适用于城市更新的土地制度，对国内外相关政策进行梳理研究，根据我国新时期土地使用、管理需求，分析现行土地制度不适应大规模存量更新要求的关键性政策障碍并探索政策优化建议。

研究创新点

课题系统梳理城市更新过程中存在的土地功能转换制度障碍、用地性质缺乏弹性、土地招拍挂管理制度不适应当前发展等难点堵点，并研究分析各类土地政策障碍的原因，为下一步提出适用于存量更新的土地政策建议提供研究基础。

任务来源：住房和城乡建设部课题
承担单位：中国城市发展规划设计咨询有限公司
主要人员：杨一帆、蒋朝晖、孙海清、常嘉欣、黄圣文、胡家骏、周启暄、孔晓萌、阴明、张心萍、司立中、郝若君、赵楠
完成时间：2023 年

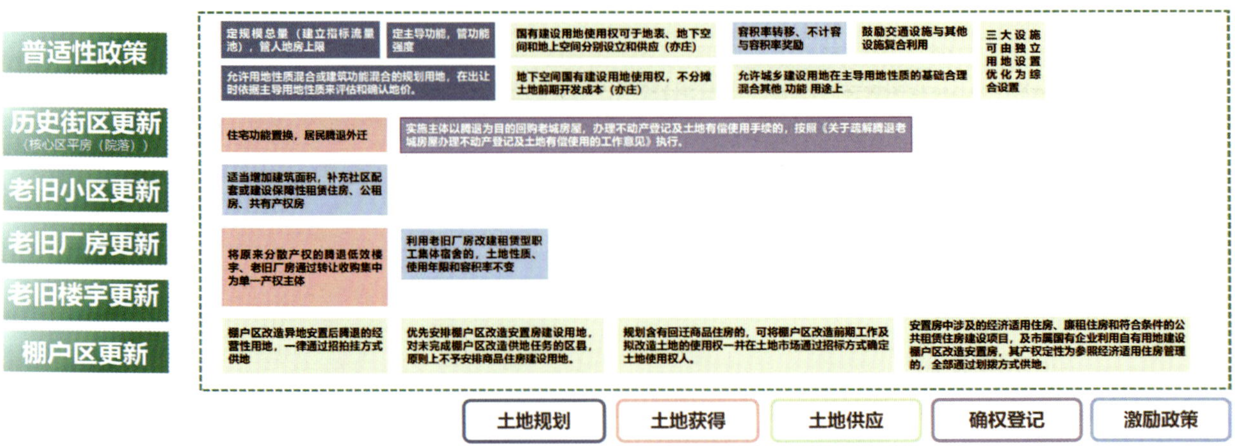

北京城市更新相关土地制度梳理

村镇社区公共服务设施建设关键技术研究及示范

主要研究内容

"村镇社区公共服务设施建设关键技术研究及示范"（2019YFD1101101）属于"十三五"国家重点科研计划课题。针对农村文教、行政管理、医疗、养老、灾害避难、产业服务等公共服务设施建设模式单一、配置缺少科学规划、设施管理滞后等问题，提出村镇社区公共服务设施资源重组、整合、优化路径，构建适应我国新农村发展需求的公共服务设施"投资—运营—管理"体系建设新模式；研究村镇社区公共服务设施的优化配置方法和多维度的建设指标，支撑村镇社区公共服务设施的合理规划；研究村镇社区公共服务设施医养结合、智慧管理、功能转换、绿色宜居、防灾避难等设计和改造技术，形成相应的标准、指南和图集，并进行工程示范；研发村镇社区公共服务设施智能运维与精细管理系统，提高智能化与信息化管理能力，缩小公共服务设施的城乡差距，满足农村居民对村镇社区公共服务设施的功能需求。

研究创新点

探索村镇社区公共服务设施建设的内外驱动力，构建公共服务设施"资源—需求"模型，提出设施资源重组、整合、优化路径，以及适宜于村镇社区公共服务设施建设条件的"投资—运营—管理"个性化选择方案，形成一套涵盖"基本项＋特色项"的建设模式，并明确相应规划配置与建设指标。课题研究形成基于"资源—需求"模型的本土化村镇公共服务设施建设模式；形成村镇社区文教、行政管理、养老服务设施智能运维与全程协同管理技术；集成物联网、移动互联网、云计算、大数据、机器学习等信息技术，实现运维单位对设施管理服务全过程动态评估监管、服务对象需求及时响应的智慧运营新模式。

任务来源："十三五"国家重点科研计划课题
承担单位：中国建筑标准设计研究院有限公司
主要人员：刘晶、张霄云、郝伟、桂鹤松、刘冰、梁双、郑阳、陈鹏、王红娟、张淼、祝婉楠
完成时间：2022 年

T/CECS 1292-2023

中国工程建设标准化协会标准

村镇公共服务设施绿色建筑设计导则

Guideline for green building design for public service facilities in villages and towns

中国计划出版社

团体标准封面

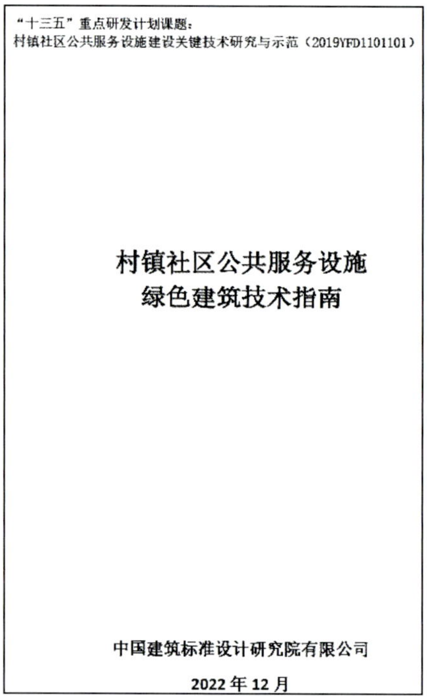
“十三五”重点研发计划课题：
村镇社区公共服务设施建设关键技术研究与示范（2019YFD1101101）

村镇社区公共服务设施
绿色建筑技术指南

中国建筑标准设计研究院有限公司

2022年12月

技术指南封面

中国供销合作社
CHINA CO-OP

科学技术成果评价证书

成果名称：村镇社区公共服务设施设备系统智能控制集成技术

完成单位：中国建筑标准设计研究院有限公司

主要完成人：刘 晶、白志艳、霍伟亮、何 晗、韩昳琳、张胥云

成果水平：国内领先

证书编号：202211GX0070

评价机构：中华全国供销合作总社科技推广中心

（盖章）

2022年12月12日

科学技术成果评价证书一

中国供销合作社
CHINA CO-OP

科学技术成果评价证书

成果名称：村镇社区公共服务设施的无障碍及适老化部品集成应用技术

完成单位：中国建筑标准设计研究院有限公司

主要完成人：刘 晶、代丹丹、郝 伟、郑 阳、苗 青、高 鹏

成果水平：国内领先

证书编号：202211GX0069

评价机构：中华全国供销合作总社科技推广中心

（盖章）

2022年12月12日

科学技术成果评价证书二

室外环境老年与儿童的安全与健康保障研究

主要研究内容

“室外环境老年与儿童的安全与健康保障研究”（2022YFC3803204-04）属于“十四五”国家重点研发计划项目。我国老年人与儿童人口比例逐年增长，针对居住环境健康智慧运维保障缺乏，老年人与儿童室外环境活动的安全健康风险较高的问题，以提高住区内老年人与儿童室外环境的安全性及健康性为目标，研发住区室外健康风险因素监测与预警的智慧运维平台系统，研究住区户外适老适幼运维状态的预测预防策略，形成住区室外健康环境技术指标体系。

研究创新点

创建住区室外环境风险识别的方法，完成室外环境感知与应用平台的系统性研发。

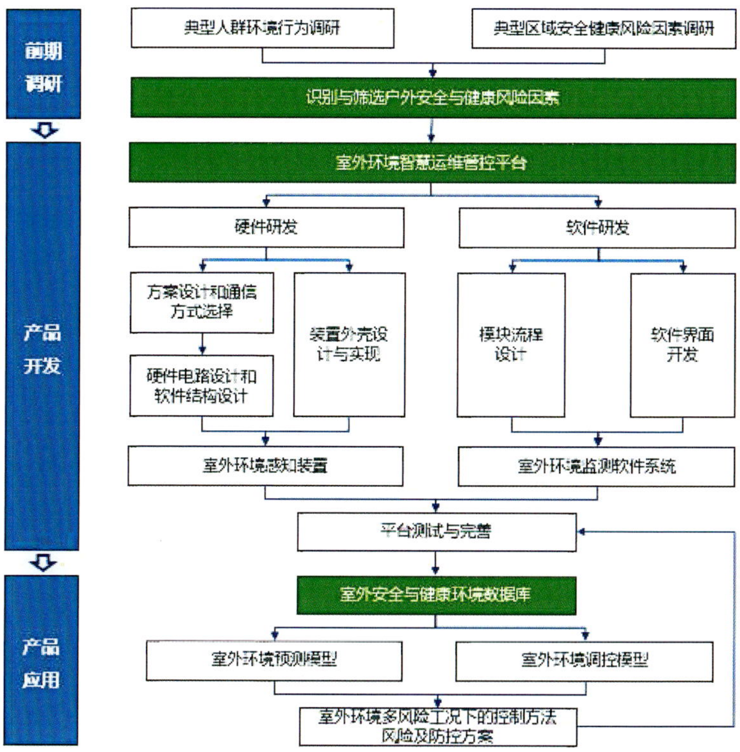

课题技术路线

任务来源：“十四五”国家重点研发计划项目
承担单位：建科公共设施运营管理有限公司
主要人员：张哲、刘鹏、刘敏、陈月、李冰、张举、韩柏林、李喆、王旭、张祖辉、刘杰
完成时间：2022 年

城市体检评估工作中的指标体系构建方法研究

主要研究内容

1. 适用于目标城市的城市体检影响要素研究。在国家城市体检大背景研究的基础上，以广西桂林城市体检为例，对广西情况特征等进行研究，挖掘特色、发现问题，形成适用于广西特色城市的城市体检关键影响要素，研究方法为文献法，成果为目标城市体检影响要素一览表，包括政策要素、自身特征等。

2. 建立特色指标体系模块。从问题、目标、特色和操作四个导向，对指标体系进行优化调整，紧扣国家和区域对城市发展定位、城市发展特色、政府近期推进的重点工作，聚焦市民需求，在广泛征求有关部门和社会各界意见的基础上，增加特色指标，形成城市特色指标体系。

3. 建立因地制宜的专项指标。找出城市建设发展中在城市安全、应急能力、交通状况、城市综合管理、公服布局、历史建筑保护、小区环境品质、无障碍服务水平等方面存在的弱项和短板，并针对存在的城市系统性问题、民生短板问题与软环境提升问题，结合地方特色，建立专项指标体系。

研究创新点

聚焦基于城市特征画像基础上的城市体检指标生成过程，系统建构了基于城市病治理导向的城市体检基础指标、特色指标、专项指标体系的建构方法，为相关业务建构提供参考，形成可推广的工作路径和工作方法。

	范围	指标	主要内容
自治区级	**自治区（含城市群）**	住建部体检下发指标(69项) 自治区新增特色指标N(22项)	八个方面体检 新型城镇化建设情况 城市群建设情况 特定功能区建设情况
市级	**14个城市的建成区**	住建部体检下发指标（69项） 自治区新增特色指标N（22项） 各城市新增自选特色指标（X）	评价城市建设**发展成效，找出问题，提出有关对策建议和整改措施**。在此基础上，按照城市更新工作评价要求，分析**评价城市更新的问题短板**，为编制城市更新规划和实施计划、确定更新项目提供现状分析和工作建议。
县级	**14个示范县**	住建部体检下发指标(51项) 自治区特色指标N(17项) 城市建设专项指标（自选X）	结合新型城镇化建设要求，新增17项特色指标。

广西城市体检层次和指标

任务来源：中国城市发展规划设计咨询有限公司

承担单位：中国城市发展规划设计咨询有限公司

主要人员：倪莉莉、张野、方永华

完成时间：2023 年

城市更新项目全周期设计方法与技术集成研究

主要研究内容

现有城市更新项目实施效率和质量参差不齐，未形成具有广泛适应性的方法体系，无法满足新时期城市空间品质提升要求，缺少以实施为目标的城市更新项目设计方法及组织模式研究，城市更新技术缺少系统性整合，无法应对复杂的城市更新场景，新技术选取主观性、随机性、偶然性较大，推广艰难，导致城市实施更新质量及资源投入难以有效控制，技术进步对城市更新实践的推动作用有限。针对以上问题，以城市空间发展提质增效为目标，结合城市更新设计实施的地域差异性特色，提出城市更新项目“设计—实施—示范”全周期设计方法，建立面向建造的技术集成体系。研究适用于不同地域城市更新项目的全流程、动态性、应用型设计方法，探索基于多元需求的多专业关键设计技术集成体系，研发韧性化、绿色化、智能化、装配式等新技术方法，应对城市更新项目的多元应用场景需求，在国家可持续发展示范区、城市更新试点城市及其他代表性城市开展应用示范，搭建城市更新项目综合集成应用平台，引导新技术应用的科学合理与经济高效，并为未来技术革新预留集成嵌入条件。

研究创新点

1. 城市更新项目尺度下的设计实施方法

研究城市更新项目全流程、动态性、应用型设计方法及组织模式面向“设计—实施—示范”的全周期城市更新项目设计过程，面向中微观尺度下城市更新设计的落地实施问题，针对不同地域条件下城市更新项目的实施需求，构建具有本土特色、广泛适应性和体系化的设计方法体系，引导城市更新项目实施合理有序开展。

2. 面向实施的城市更新技术体系集成应用与反馈

研究绿色化、智能化、装配式等新技术协同应用。

汇总、归纳、判别城市更新项目实施关键技术，结合应用场景，探索新技术适应环境、适用条件及适配目标，构建面向建造需求的城市更新项目新技术综合集成设计应用平台，基于实际工程完成验证性应用与反馈，填补相关领域空白。

项目名称：城市更新设计理论与方法项目
课题编号：2022YFC3800304

课题四：

城市更新项目全周期设计方法与技术集成研究

项目负责人：邓东

课题负责人：宋源

任务负责人：程晓青/刘智斌/冷嘉伟/范存君/张鹏/李静威/郭伟峰

承担单位：中国建筑设计研究院有限公司/清华大学/北京清华同衡规划设计研究院

东南大学/深圳市城市公共安全技术研究院有限公司

2022年11月 至 2026年04月

成果封面

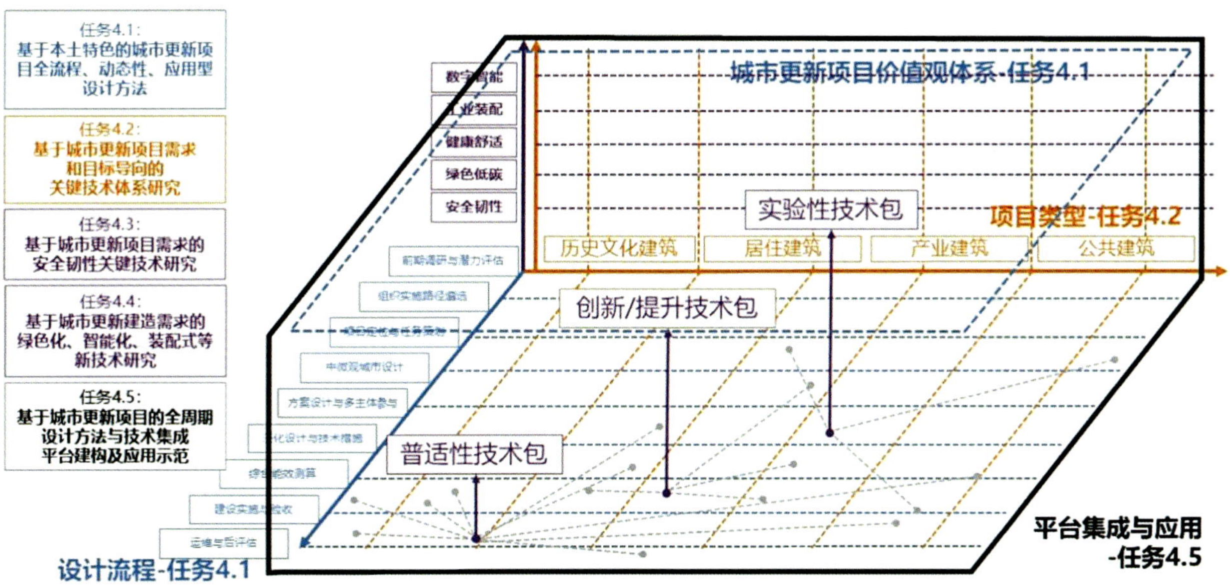

技术路线图

任务来源：“十四五”国家重点研发计划

承担单位：中国建筑设计研究院有限公司

主要人员：宋源、景泉、李静威、刘畅、贾濛、刘赫、周晔、郭伟峰、张鹏、黎靓、马靖宇、刘琴博、张墨晶、王颖、李海霞

完成时间：2026 年

黑臭水体仿生修复技术研究与示范

主要研究内容

针对黑臭治理初期技术路线和案例的需求，项目研究开发了集收集、发布、查询与咨询一体的黑臭水体治理工程案例库平台，为技术人员进行黑臭水体治理方案设计和技术措施查询提供借鉴。针对南方河网密集地区河道特性及处理时效需求，依照仿生学原理，创建了集“呼吸—肾滤—免疫力”等系统为一体的黑臭水体仿生修复技术体系，形成了从人工干预治理到恢复水体生态本底的治理思路。基于仿生治理技术理念，研发了一系列技术产品及设备，包括“高效生态呼吸基”“快速渗滤系统”“点源治理生物基”等，并建立了实施技术方案和模型模拟系统等应用支撑技术体系，形成了以治理—修复一恢复为路径，实现从消除黑臭到生态修复的目标，为城市黑臭水体治理提供技术支撑。项目形成了多项成果，包括研究报告 4 项，案例集 1 本，技术手册 1 本，开发装置 6 套，形成专利 7 项，发表论文 2 篇，完成技术示范 4 项，取得了良好的经济、社会和环境效益。

研究创新点

理论创新：结合河网密集地区特点，形成了从接入式呼吸、循环、渗滤、免疫等到逐步水体修复生态的治理思路，创新构建了自然与人体“仿生修复”黑臭水体治理技术理论。

技术创新：收集整理了黑臭水体治理工程典型案例，构建了一站式服务咨询（查询）平台。综合黑臭水体点源、面源、呼吸、循环、净化、生态等多项治理技术与产品研发，建立了水体仿生修复技术多基体系。

方法创新：在水体治理中，实现了技术装备的模块化，可根据黑臭水体污染特点及问题差异，按需进行设备设施调整。同时，在水体生态治理中，水生植物生长的必要维护为同类项目提供了支持，形成了水生植物共享基地。在生态修复技术处理中，根据底泥形态及颜色的不同，形成了水体修复底泥性质的快速评判方法。

任务来源：2017 年住建部科技计划项目

承担单位：亚太建设科技信息研究院有限公司

主要人员：陈永、王国田、李久义、张文慧、许元敏、屈森虎、温禾、朱玉玺、朱成、郑丹、谢胜、王锦、张彬、史腾华、贠金娟

完成时间：2020 年

获得奖项：2020 年华夏奖一等奖

薄型绝热系统在既有建筑墙体节能改造中的应用技术研究

主要研究内容

既有建筑物的节能改造是我国“双碳”背景下实施节能减排战略，建设资源型、环境友好型社会的主要任务之一。在建筑外墙外表面设置传统保温材料的外墙外保温系统是一种常用的节能改造技术，但在推广应用过程中弊端逐渐显现，主要表现在：保温墙面产生龟裂、空鼓，保温层容易开裂、脱落，外保温墙面渗漏、霉变，外墙外保温采用有机保温材料的建筑火灾屡有发生。

薄型绝热系统是一种新型建筑墙体节能系统，由添加气凝胶的绝热涂层体系组成，绝热作用主要体现在阻隔热传导、反射隔热和辐射隔热保温三个方面。既有建筑墙体节能改造中采用薄型绝热系统，与传统保温材料相比具有以下优势：一是施工厚度远小于传统保温材料，可有效避免脱落等问题；二是可连续施工，不产生接缝，有效避免缝隙渗漏，且工序少、施工简便、施工工期短、成本造价低、周边影响小。但薄型绝热系统在工程应用的产品性能判定以及建筑节能效能方面存在颇多争议，为工程应用、设计计算、质量验收等带来困扰并影响其推广应用。

本课题通过理论、试验和工程实践相结合的研究方式，进行薄型绝热系统基本性能研究、薄型绝热系统保温隔热性能和作用机理研究、薄型绝热系统在建筑工程的应用技术研究（构造设计、热工设计、既有建筑基层处理）、薄型绝热系统在试验房的验证试验研究和薄型绝热系统在既有建筑墙体节能改造试点工程中的应用研究。

研究创新点

1. 立足薄型绝热系统工程应用，采用理论、试验和试点项目实践相结合的研究方式，遵循边研究边实践的原则，通过大量研究和工程验证，形成一整套工程应用技术，为夏热冬冷地区既有建筑墙体节能改造及外立面翻新采用薄型绝热系统提供技术支撑。

2. 首次完整提出薄型绝热系统的保温隔热性能表征参数，同时形成完整科学的节能和热工计算方法、构造设计要求，使得工程设计有据可依。

3. 成果既对薄型绝热系统的生产质量和检验进行规定，也对工程应用进行规范，可保证工程质量，夯实工程应用的技术基础。

任务来源：上海市住建委课题
承担单位：中国建筑标准设计研究院有限公司
主要人员：罗文斌、李珊珊、刘炜、高鹏、许斌、徐铭、杨亭
完成时间：2021 年
获得奖项：中国建设科技集团科技进步奖三等奖

城镇燃气设施故障智能感知与泄漏防控技术

主要研究内容

通过研究掌握城镇燃气设施整体运行状态，实现设施故障、燃气泄漏等风险事故的智能感知和主动管控，降低城镇燃气系统事故发生率，助推燃气系统安全管理从“被动安全”到“主动安全”再到“本质安全”的跨越；全面加快城镇燃气设施实时监测智能无线传感、物联网等信息技术成果应用，强化设施故障感知与反应能力，构建城镇燃气智能化安全防控系统，有效推进城镇燃气行业安全、智能化和标准化发展。

研究创新点

提出基于管道泄漏浓度场重构与泄漏源定位模型的泄漏扩散反演技术，构建涵盖“门站—场站—管网—末端用户”全场景、全方位、多层级的城镇燃气设施故障智能感知与泄漏防控系统，首次建立低功耗、高安全可靠的城市燃气设施物联网通信规约、多源数据混合存储和融合的分析方法，形成基于数据驱动的管网状态管理决策与风险预警技术，从整体上强化设施故障感知与预警响应调控能力，提高城镇燃气行业安全运营管控水平。

任务来源：住房和城乡建设部研究开发项目
承担单位：中国市政工程华北设计研究总院有限公司（合作单位：重庆大学、成都千嘉科技股份有限公司、金卡智能集团股份有限公司、深圳市燃气集团股份有限公司）
主要人员：高文学、李颜强、王艳、严荣松、杨林、户英杰、王启、赵自军、苗庆伟、万玉生、黄小美、胡芸华、蔡立良、杨光、刘建辉
完成时间：2023 年

排水管网资产诊断评估关键技术及成套软件研发

主要研究内容

随着城市的快速发展、人口密度的增加以及排水不当，现有排水管网健康状态不容乐观。为应对以上挑战，研究排水管网资产诊断评估关键技术及成套软件，为管网的规划改造、维护更新提供决策依据和软件支撑，提升我国排水管网资产管理水平。

研究创新点

针对我国当前污水管网存在的雨污混接、外水入渗、长期高水位运行等问题，提出了排水管网提质增效的实施步骤，开发形成了排水管网资产管理成套软件，可为排水管网的数据处理、状态评估、运行维护、决策分析提供支撑平台。

任务来源：2019 年住房和城乡建设部科学技术计划项目

承担单位：中国市政工程华北设计研究总院有限公司（合作单位：迁安市华控环境投资有限责任公司、迁安市住房和城乡建设局）

主要人员：王浩正、许申来、张小彬、陆露、盛政、刘绪为、栗俊涛、刘杰、张良、骆春会、张郅巍、董紫乾、盛东彪、张磊、代力

完成时间：2021 年

02 实用技术

上海地区老旧小区外立面改造模块成本研究

上海地区老旧小区外立面改造通用节点研究

上海地区老旧小区外立面改造模块成本研究

实用技术介绍

针对上海地区老旧小区更新项目，本次研究通过梳理旧改项目的改造内容，形成适用于此类项目的改造模块，再通过收集整理实际项目、施工方、造价咨询公司等多方的数据，提出各项选配方案的综合单价区间范围，形成技术措施项的成本检索表，供设计人员在项目前期能够估算出设计方案的成本区间，并且能够根据项目总预算，选配适合的方案组合。项目成果包括《上海地区老旧小区改造模块的成本研究》《老旧小区改造模块对应成本表》。

承担单位：上海中森建筑与工程设计顾问有限公司
主要人员：张玲玲、刘万光、马佳星、俞英杰、于笑吟、熊甫芳、刘媖镭
完成时间：2020 年

上海地区老旧小区外立面改造通用节点研究

实用技术介绍

针对上海地区老旧小区更新项目，通过本课题的研究，在不影响原有结构耐久性的前提下，提出科学的、有效的、具有针对性的既有建筑外立面改造的方向和方法，为当前城市的更新改造工作提供有价值的参考。并结合实际项目，以实践来检验和完善既有建筑外立面改造的理论方法和具体措施。项目成果包括《老旧小区外立面改造通用技术措施》《上海地区老旧小区外立面改造通用节点标准图（CAD）》。

承担单位：上海中森建筑与工程设计顾问有限公司
主要人员：张玲玲、刘万光、马佳星、俞英杰、于笑吟、熊甫芳、刘媖镭
完成时间：2020 年

03 标准、导则与指南

《普陀区修缮设计指导手册（部分）》

《普陀区修缮设计指导手册》（部分）

上海市旧房修缮周期约为十年，旧房修缮将是持续性周期性的行为，普陀区未来三年即将修缮的旧房总面积达 1000 万平米，而且城市更新、改善居住环境是政府政策主导的方向，但目前普陀区修缮还没有统一的技术指导手册，工艺做法各式各样，造成成本及成果的不可控。通过系统梳理修缮的方式方法，研究适合于普陀区修缮的工艺做法，并形成技术指导手册，对于普陀区后续大面积开展修缮项目有重要意义。

项目成果包括《普陀区修缮设计指导手册》（部分），包括住宅外立面、立面高坠隐患排除附属设施提升、明沟、散水、露台、通道等的修缮内容及修缮方法等。通过系统地研究适合于普陀区的修缮方法及工艺，使成本及修缮成果可控，后期可作为普陀区修缮设计指导类文件，对修缮类项目的修缮内容及修缮方法、工艺等进行规范，完成可指导后续修缮类相关项目的易于操作的技术指导性手册。

承担单位：上海中森建筑与工程设计顾问有限公司

主要人员：刘万光、张玲玲

完成时间：2022 年

04 央地合作机制

保定模式

保定模式

团队在城乡建设领域的探索过程中，选取河北省保定市及下辖各区县，探索以区县一体化运营支撑新型城镇化的创新模式，即“保定模式”。

（一）高点站位：做落实国家战略的重要践行者

在党和国家的发展大局中思考战略和发展方向，坚定落实国家战略部署要求。围绕“第一议题”学习资料，组织开展学习习近平总书记重要指示批示系列学习活动，不断加深对新型城镇化、乡村振兴等重大战略和实施路径的理解认识。

与城市规划建设相关的国家战略和重大议题梳理

（二）顶层设计：探索区县一体化运营模式

区县级行政单位作为承上启下关键环节，自主决策行政效力强，规划落地性强。因此，锚定区县作为深耕对象，积极探索区县一体化运营模式。

2020 年，团队受保定市委托，以风貌提升为切入点，针对下辖十余个县开展综合规划设计工作，旨在形成一套对华北各县未来建设发展具有一定推广意义的规划成果和工作模式。

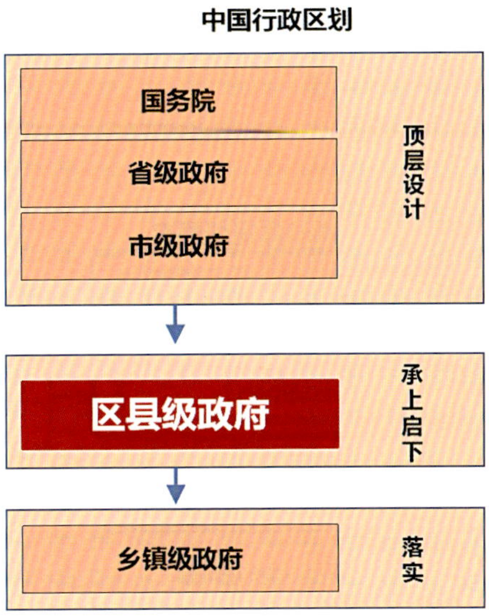

2020年，保定市委托集团以风貌提升为切入点，规划设计**下辖十余个县。**

区县一体化运营构思与行动

（三）党建引领：互访高效对接，奠定合作基础

经过双方多次洽谈对接，明确在保定市各区县开展全流程、全专业的城市建设综合技术服务，并与易县、涞水等县签订了战略合作框架协议，基于城市发展阶段和实际问题，整合多方诉求、定制服务方案，全面推动保定市在历史保护、城乡规划、市政设施、产业发展等四个方面的改造升级。

（四）集团统筹：构建科学合理的整体工作框架

统筹各专业技术力量，成立服务易县工作领导小组、工作小组和工作专班，组织协调、统筹安排，通过日常对接、不定期会晤等多种形式，就双方关注的重大事项展开磋商，重大合作项目及重要议题进行协调，为易县提供一站式规划设计解决方案。

（五）规划引领：以城市诊断介入县域规划设计

保定市各项目积极践行以“城市生命体”理念应对城市病、建设“城市病综甲医院”的战略思路，科学统筹资源，形成“城市病”诊断和治疗的一体化解决方案。

以易县为例，规划设计团队发挥“城市病全科大夫”的角色和作用，为易县制定了层次清晰的总体工作框架，以不同空间尺度的规划设计解决相应的县城发展问题，并严格与现行国土空间规划体系相对应，确保规划设计成果“有用、好用”。

在总体规划层次，开展城市诊断与国土空间规划提升、总体城市设计工

请专业项目管理公司全过程指导，采用 EPC 创新模式成立设计施工联合体，指导制定《莲池区老旧小区改造设计导则》；亲自带队赴北京考察调研，参观示范项目，引入专业物业公司，高标准开展老旧小区改造后期运营工作；牵头违建拆除、物业引入、电梯加装等工作，形成了具有当地特色的“莲池旧改模式”，2023 年河北省老旧小区改造推进工作会在莲池区召开并进行推广，配合区委、区政府主要领导管理 38 个城中村和棚户区改造、环城水系治理、市政设施建设、224 条背街小巷整治、自建房和燃气安全隐患排查等多个重要项目。

请远大街建成实景图

易水文化街效果图

老旧小区改造

面对城建系统工作，始终坚持一线踏勘，推广台账制、督办制等工作方法，召开现场调度会，分析研判、协调解决堵点难点问题，推动莲池区在 2022 年保定市全市考评中取得了全市新颜值考评第一、县城建设考评第一的成绩；莲池区先锋机械厂宿舍改造获评住建部 2023 年老旧小区改造示范小区（河北省 2 个小区）；环农园小区获评 2022 年城镇老旧小区改造省级优秀小区；保定市入围“住建部 2022 年度城镇老旧小区改造、棚户区改造和发展保障性租赁住房工作拟激励支持对象名单”。

选派人员挂职保定市住房和城乡建设局，在老旧小区改造工作中发挥技术优势、全面组织协调，主持编制《保定市老旧小区改造技术导则》及《保定市莲池区老旧小区改造技术导则》，分别在全市旧改工作组织及各项技术指标限定上量化管理、稳步推进。截至 2023 年，保定市累计改造城镇老旧小区 1806 个，总投资约 85.98 亿元，惠及居民 37 万户、111 万人，实现了全市 2000 年以前建成的老旧小区应改尽改，补齐了一批老旧小区基础设施和公共服务短板，显著提升了人民群众居住环境和城市形象品质。2022 年，保定市老旧小区改造工作成效明显，成功入选国家激励城市名单，获评国务院奖励激励城市称号；创新实施的“首席接诉即办师”和“一师九员”工程监督机制等经验，在 2022 年、2023 年分别入选住建部第五批、第七批《可复制政策机制清单》，

易县总体鸟瞰图

合作单位：保定市人民政府及下辖各区县人民政府

服务团队：（挂职借调）刘明理、由和璧、刘旭烨、闫灿；（规划设计）陈杰、赵楠、赵骞、张敏、张丹妹

服务时间：2020 年至今

05 责任规划师

北京市西城区金融街街道责任规划师

北京市朝阳区亚运村街道责任规划师

北京市海淀区上庄镇责任规划师

北京市丰台区方庄街道责任规划师

北京市朝阳区东坝乡责任规划师

北京市朝阳区小关街道责任规划师

北京市丰台区和义街道责任规划师

北京市西城区金融街街道责任规划师

主要工作内容

主要工作职责是协助金融街街道开展城市更新工作。团队在北京市规划和自然资源委员会西城分局的领导之下，积极配合金融街街道办事处，针对街道年度重点更新项目开展调研摸底、上传下达、民意征集、政策咨询解答以及公益性设计等工作。同时，团队结合日常工作中对街道的认知和收集到的居民诉求，对辖区内的更新规划及工程项目，提供切实可行的评审建议，推动整治更新项目高品质落地实施。针对街道内拟实施的项目，积极联系居民收集民意，并协助街道向相关主管部门报送材料，积极推进项目的实施。

具体工作

1. 调研摸底工作

背街小巷精细化提升调研。团队实地调研了金融街街道 109 条背街小巷，重点调研了 2023 年工作计划之中的 33 条街巷。根据 2023 年西城区背街小巷环境精细化整治提升三年工作方案的要求，将街巷分为精品、优美、达标三类，持续推进精品宜居街巷创建工作。

线性公园公共空间调研。团队对街道内线性公园公共空间进行了选点研究。经过对街道范围的整体现场调研，确定了金融街街道 4 处线性公园选点位置，分别为：大木仓胡同—二龙路西街线性公园、华远街—大木仓北一巷线性公园、树荫胡同线性公园、西兴盛胡同—学院胡同线性公园。同时，团队对现状可利用空间、现状公共空间问题、周边居民需求等问题也进行了调研，为后续线性公园设计改造提供支撑。

街道养老服务设施更新调研。团队对金融街街道内的 1 处机构养老设施、4 处社区养老驿站进行了实地调研。团队实地走访街道各机构养老设施、社区养老服务驿站，通过“规迹”小程序采集各类设施照片；并与社区养老服务驿站负责人进行交流，了解相关服务情况。最终结合街道基本信息汇总，形成了关于空间使用、政策资金、养老观念等方面的服务设施调研成果。

阻碍步行空间的配电箱、通信箱布点调研与更新策略研究。针对街道内市政设施布置混乱、市政设施占用人行空间等问题，团队对街道全域道路进行了实地调研。梳理记录了 20 处阻碍步行空间的配电箱、通信箱的准确位置，并形成了布点图，提交给街道城管办，为进一步优化街道空间品质提供更新依据。

老旧小区体检评估。团队与街道城管科共同完成了金融街街道老旧小区体检评估调研工作，以物业管理单元为划分依据，对辖区内的 14 个老旧小区针对 41 项评价指标进行了实地调研评估，并与各小区物业负责人进行了小区情况的访谈调研，为后续推进老旧小区更新工作提供第一手现状数据。

2. 上传下达

团队积极配合街道内各个社区，为居民讲解院落更新整治的工作方案，解答居民对违建拆除、房屋翻建、院落公共空间更新方面的疑惑。同时也使各社区工作人员更加了解“一社区一最美”的工作内容与方法，提高居民工作的推进效率。

责任规划师工作在北京市规划展览馆《核心区控规实施成果展》展出

对拆违院落入户讲解院落更新改造方案

3. 技术咨询工作

胡同更新整治技术咨询。团队聚焦群众反映的急难愁盼问题，全面排查、分步实施，结合胡同实际和重要时间节点，配合街道逐一制定措施、补齐短板弱项，持续推动砖塔片区砖塔胡同的整治提升工作。对砖塔胡同中近期重点改造项目，如长园酒店、砖塔胡同 62 号院落等，结合核心区控规、街区更新条例、城市设计导则等文件，提供专业视角的方案审核与优化改造建议。

牌匾整治更新。团队通过调研诊断，确定了需整治的店铺和重点整治区域，对于需要重新设置牌匾标识的商户，配合街道进行牌匾标识方案审核工作。目前团队编制完成了金融街街道广告牌匾设计导则，并日常负责街道牌匾更新审核工作。

线性公园方案。团队基于西城区及街道要求，对金融街街道可能作为线性公园的现有公共空间进行调研选址，并基于现状进行了空间更新方案设计。

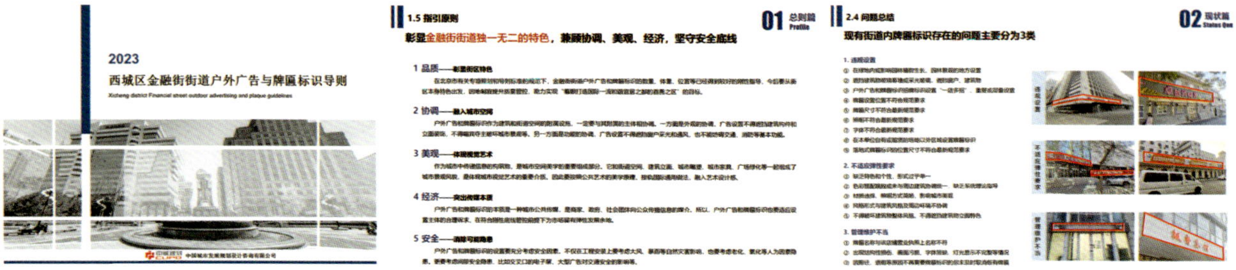

金融街街道广告牌匾设计导则

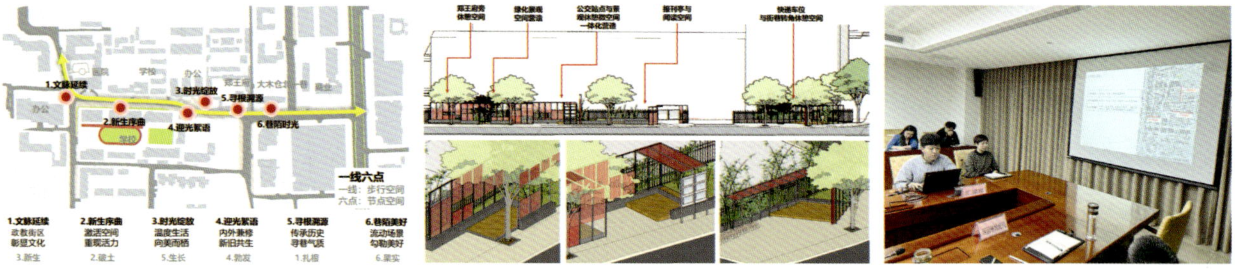

基于实地调研选点的线性公园方案设计

4. 平房院落更新改造

随着环境综合整治工作的持续深入，街巷治理工作向院门内拓展延伸。金融街街道坚持首善标准，进一步消除违法建设和房屋安全隐患，完善生活配套，提升人居环境品质，推出一批最美院落。团队已完成民康胡同 7 号院、抄手胡同 78 号院、东铁匠甲 11 号院、砖塔胡同 62 号院、光彩 23 号院 5 个院落改造设计方案。文华胡同 43 号院、新文化街 41 号院、民康胡同 25 号院也已完成调研测量工作。民康胡同 7 号院已完成改造方案实施，东铁匠甲 11 号院已初步完成方案实施。

5. 老旧小区公共空间改造设计方案

团队在金融街街道内已完成京畿道小区西侧出入口、民康胡同公共空间与停车空间、羊肉胡同公共浴室、南闹市口大街市民活动中心绿地空间、西兴盛胡同公共绿地空间等多项城市更新改造设计方案。

民康胡同 7 号院设计方案

院落改造实施成果

京畿道小区西侧入口空间设计方案与实施

工作亮点总结

1. 重点推进金融街街道平房片区更新改造，完成 8 个院落调研测绘、5 个院落改造方案设计、2 个院落方案落地实施。

2. 完成编制《西城区金融街街道户外广告与牌匾标识导则》，日常审核街道内部广告牌匾更新成果。

3. 完成西城区金融街街道 5 处小微绿地更新改造方案设计。

4. 协助街道实地走访平房片区，入户宣传院落改造更新政策。

5. 实地调研街道内老旧小区、公园绿地、养老设施等第一手现状数据，形成基础资料成果，支撑后续更新策略。

责任规划师：杨一帆、陈杰、王天为、张敏、张丹妹、孔晓萌、赵楠、常嘉欣、赵骞、夏候磊
服务时间：2023 年 4 月—2024 年 4 月

北京市朝阳区亚运村街道责任规划师

主要工作内容

主要工作职责是协助亚运村街道开展安苑里社区中心改造相关工作。主要工作内容是：与街道、社区对属地开展深入的摸查工作，挖掘闲置资源并进行更新改造。团队通过微更新、点激活的方式来唤醒整个街区，让街角承载更多的活力。通过功能置换的方式将原本的奔驰展厅改造为亚运村街道社区办事处，以低造价、轻介入、易施工的方式实现街角的华丽转身，最终将其塑造成为服务于民的冬奥之家、北京最美网红社区办事处，以桥头堡的位置昭示着亚运村街道勇于蜕变的坚定信心。

工作亮点总结

团队从 2021 年 1 月至 2022 年 8 月始终作为责任规划师联合团队参与亚运村安苑里社区中心改造相关工作，从前期调研到设计再到施工建设，全流程参与并提供陪伴式服务，助力属地开展城市更新工作。创新“街道领衔、责任规划师带动、大师做小品、多方参与”运作模式，联合街道搭建起“街道—责师—建筑师—社区 / 居民—施工方”多方共建的更新团队，保障项目落地，点亮街角空间。项目作为北京中轴线上的特殊节点，其空间焕新将给周边环境形成全新激活。

建成后的“冬奥之家—亚运村街道安苑里社区中心改造”项目获得了北京市主要领导的批示，认为“这样的更新很好，要多多益善！”《北京日报》、“北京市规划和自然资源委员会”、《建筑技艺》、“古德设计网”等诸多报纸、刊物或媒体公众号相继报道。此外，作为北京市城市更新优秀案例，市规自委责师专班特地来此考察调研。

北立面改造前后对比图

责任规划师：郭海鞍

服务时间：2021 年 1 月—2022 年 8 月

北京市海淀区上庄镇责任规划师

主要工作内容

主要工作职责是协助海淀区上庄镇开展城市更新相关的镇域、村域、水系专项等规划编制工作及美丽乡村建设、绿道提升等相关建设工作。

工作亮点总结

1. 认知于街镇画像

对工作全面的把握要从了解入手，上庄镇域共 38.35 平方公里，这里拥有独特的自然本底，但也承载了海淀区近 2/3 的保留村庄、20% 的林地生态保护任务以及 66% 的基本农田。正是因为对画像的梳理，才能够更加清晰的认识到属地的亮点和短板，更为全面的融入工作当中。

2. 汇集于实施计划

在全面认知到全面了解过程中，逐渐构建起远期发展规划和近期实施计划。在海淀分区规划批复以来，上庄镇已率先启动了乡镇域国土空间规划、绿色空间及水系连通专项规划的编制，责任规划师协助梳理现状数据、组织会商发展需求、帮助落实分区指标等，将已有本底的梳理和规划落地作为全面发展的第一步，结合工作目标，甄选了一系列近期可实施项目作为工作计划和侧重点。

3. 凝结于责任规划师手记

村镇体系规划和社区参与需要大量的沟通、会商工作，通常是相互交叉进行，纷繁而无序。因此对于责任规划师来说，必要的信息记录有助于工作的及时总结以及形成规划师经验。通过一系列工作手记，总结出以下四个经验，一是沟通渠道的专业性：设计单位在设计过程中希望能够正确反映规划意图和理解审查标准，属地政府希望能够正确传达规划思路和优化建议，因此责任规划师需要组织不仅限于设计参与方的信息同步，还要参考技术评审、审查机构等多方的意见。二是平台组织的中立性：责任规划师作为技术的组织平台，既要维护上位规划的刚性，同时也要考虑实施空间的弹性，将规划诉求和实际需求相结合，积极协调组织管理者与规划设计者的思路一致。三是基础数据的准确

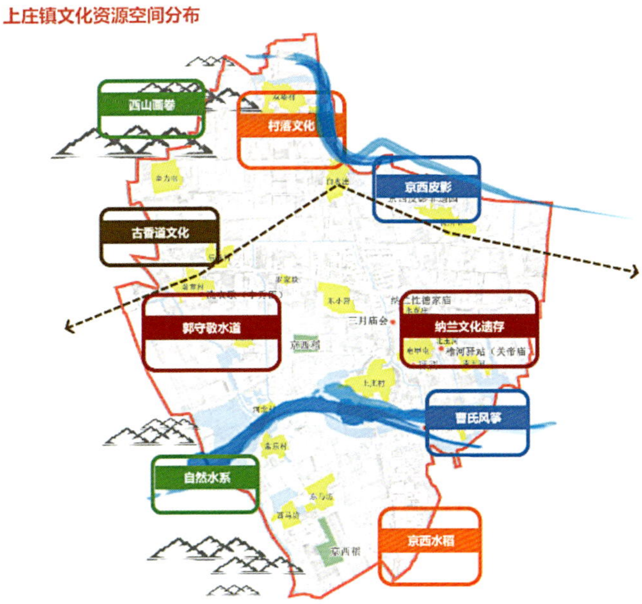

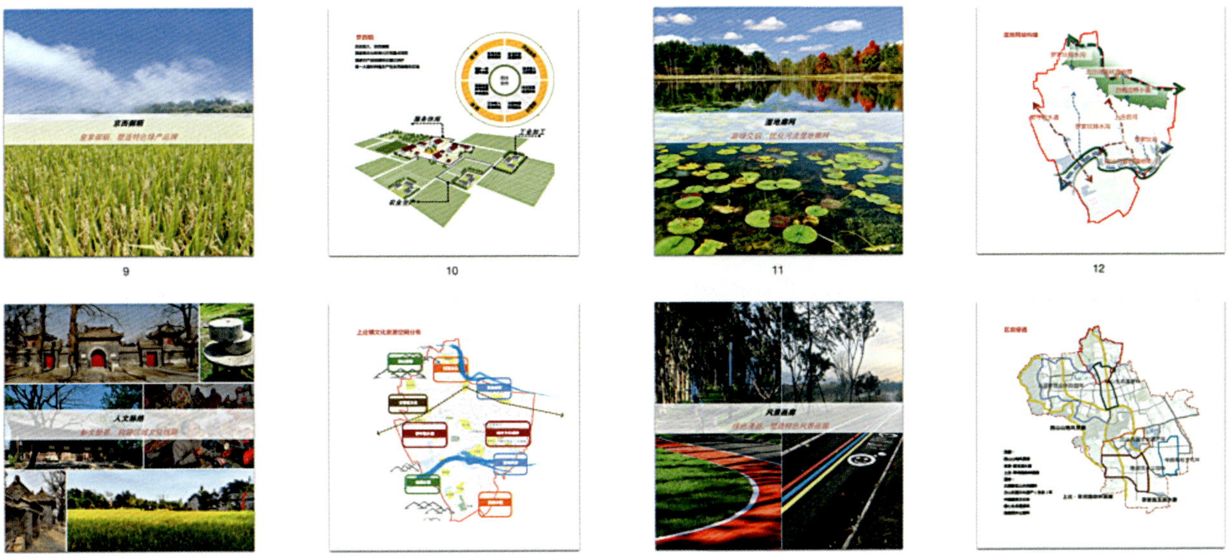

街镇画像汇编

性：可以责任规划师平台为抓手，协调各个技术主管部门，掌握政策的实时要求和动向，组织属地各部门，联动设计单位，摸清底数，形成一套完整的工作底图，保证基础数据的准确性，给研究单位提供基础保障。四是工作方式的适用性：以上体系研究仅是针对上庄镇目前的工作需求而设定的（体系性规划研究），并不一定适用于任何街道，所以需要根据实际情况探讨责任规划师制度的具体方式。

4. 延续于平台组织

责任规划师平台的建立与工作统筹，让规划师前进方向变得有阶段、有目标，工作充实而有意义。比如海师办（海淀区全职责任规划师办公室）会定期组织举办“海师议事厅”试点街道经验交流会，以及市级的责任规划师培训课程，大到街区战略、规划、发展，小至花园、街角、护栏，从各个维度，不同

26/上庄镇

种子计划03——美丽罗家坟·实施纪实

2018年2月4日，北京市委市政府印发《实施乡村振兴战略扎实推进美丽乡村建设专项行动计划（2018—2020年）》，罗家坟村作为试点示范村先试先行，打造样板标杆。因此其启动、编制、实施的全过程将给海淀区乃至北京市起到示范引领的作用，因此试点标杆的标准建立及实施方法将是本项工作的核心所在。

选题原因

为美丽乡村先行示范做好标准，积累经验。聚焦当前罗家坟村的重点难点问题（基础设施、景观形象），因地制宜，一村一策，注重村庄特色，保持乡村风貌；

与罗家坟村原住民生产生活的有效改善息息相关。罗家坟村域面积47公顷。户籍人口244人，流动人口约400人。本次美丽乡村的建设实施，将对老百姓生产生活条件改善起到至关重要的作用，同时也为村庄长久可持续发展奠定基础；

探索并记录乡村环境改善在实施过程中遇到的问题。罗家坟村在上庄或是海淀属于基础条件相对较好的村庄，但介入村庄内部的工程，无论大小，难免会与村民对意愿不相一致，或对百姓的生活产生影响，从而产生矛盾。通过美丽乡村建设的跟踪纪实，希望探索并记录乡村环境改善在实施过程中遇到的问题并提出有效解决方法和路径。

现状有发展基础，两委总结成功经验。通过最近几年的政策支持，罗家坟在村容村貌及生活环境提升方面已有所进步，两委班子通过各项政策制度的落实摸索出了很多好的经验，老百姓也基本意识到身份的转变，发展需靠大家协同并举，因此硬件、软件都已具备一定基础。

池塘　主路　路侧

26/上庄镇

种子计划03——美丽罗家坟·实施纪实

目标与期望

通过跟进罗家坟美丽乡村工作的编制及实施，从百姓、政府及责任规划师的角度充分了解各方诉求和意愿，希望成为实施落地的纽带，发现问题解决问题，形成可复制可推广的经验；

通过美丽乡村的逐步实施，鼓励村民参与，激发原住民共建家园的热情，让大家逐渐看到环境的改善、收入的增长、生活质量的提高，逐步形成良性循环，保持村庄持续有机更新；

推进方式

形成有效的议会制度。按照北京总规、海淀分区规划的指引和要求，上庄镇统筹组织，1+1+N联动协作，搭建好责任规划师平台，形成有效的议会制度，让村民、政府、社会机构等有效参与并随时建言献策，达成所做即所想；

边实施边总结，打造示范区。罗家坟村作为试点示范村先试先行，打造样板标杆。因此其启动、编制、实施的全过程将给海淀区乃至北京市起到示范引领的作用，因此在美丽乡村实施过程中，试点标杆的标准及方法应边实施边总结，为后续的建设提供成熟经验，打造示范项目；

院内　街巷　路口

实施计划汇编

上庄镇海师日记　2019年-10月-16日

上庄镇景观风貌

对于村庄规划导则的几点建议：

1.四种村庄分类引导策略中，建议均需融入村庄的潜在发展契机，在完成基础性整治的同时，考虑产业结构的发展，依据《土地管理法》增加集体经营性建设用地入市的要求；

2.农村地区结合分区规划及乡镇规划的建设用地总规模，完成集约高效、减量提质的要求，如何权衡四类村庄的减量分配及产业用地指标分配，建议给出一定原则或措施；

上庄镇海师日记　2019年-10月-16日

上庄镇历史文化遗存

3.建议细化共同缔造机制路线图，各方力量积极融入到村庄规划编制当中，并纳入到实用手册，增加村庄时序发展跟踪措施，对实施保障有所支撑；

4.建议进一步细化规划审批程序，技术团队内部审核、乡村责任规划师审核、乡镇级政府部门审核（或委托第三方技术力量审核）、规划主管部门审核、区级政府部门审核等；

5.电子图纸制图要求中，不同用地性质的颜色表达建议进一步细化，大部分用地颜色相同，用地布局图中容易混淆，造成表达不清晰；

海淀区全职责任规划师（简称“海师”）日记节选

视角讨论和分享成熟的经验。责任规划师也会经常参与社区活动的筹划和组织、规划及条例的宣讲以及各级部门、单位间的技术衔接等，让责任规划师的工作变得开放而多元，同时更加接地气，能够及时发现规划推进的误区和规划实施中百姓的真实诉求，提出相融合且更优的解决思路。

责任规划师是规划实施终端的技术载体，也是推动最后一公里城市更新的专业力量。责任规划师将持之探索，逐步积累，为新时代语境下的城市发展及更新提供更加广泛更加精细的支撑。

责任规划师：王宇

服务时间：2019—2020 年

北京市丰台区方庄街道责任规划师

主要工作内容

主要工作职责是协助方庄街道开展北京丰台方庄街道城市更新工作，主要工作内容是进行方庄城市风貌研究，提出方庄街道主要公共建筑与老旧小区改造方向的研究建议；针对方庄街道的城市公共空间与街道空间提出改造提升建议，挖掘城市小微空间节点并提出更新方向建议。

工作亮点总结

1. 重点推进芳古路沿线绿带改造提升项目。项目位于丰台区方庄街道芳古路，面积约 1 公顷。通过改善停车和商业混乱问题，优化绿化和街道环境，提供便民慢行活动空间，并激活沿街商业，打造南三环边的市民活力打卡地。同时，通过架空廊道实现绿化空间的无障碍串联，隐蔽停车场等辅助空间的设计，最大化利用现有条件，提高居住品质，增加街区体验，激发老城新活力。

2. 参与编写方庄街道城市更新色彩规划方案。充分调研方庄街道既有现

丰台区责任规划师大会

芳古路沿线绿带改造效果图

状，收集整理方庄街道历史沿革资料，编制方庄街道城市更新色彩规划方案。

责任规划师：杨金鹏
服务时间：2023—2024 年

北京市朝阳区东坝乡责任规划师

主要工作内容

主要工作职责是协助首席责师及东坝乡完成老旧小区、公共空间更新改造申报、设计、方案把关、施工对接等工作，并提供片区体检、技术咨询、上传下达、规划宣讲等服务。

工作亮点总结

重点推进 6 处老旧小区改造，分别是红松园副食院小区、教师楼小区、信用社小区、勘察院小区、高杨树南里小区以及单店砖厂小区。本项目获得 2021 年北京市优秀城乡规划三等奖。

责任规划师：齐梦楠、李晓妮
服务时间：2020—2023 年

建成照片

北京市朝阳区小关街道责任规划师

主要工作内容

主要工作职责是协助首席责任规划师及小关街道开展老旧小区环境整治、小微空间更新改造等相关工作。主要工作内容包括街区体检和问题诊断、街区画像、制定更新计划、政策解读四大方面。

体检评估：开展街区体检和问题诊断，整理街区更新的本底资源及现状问题，明确街道更新改造的重点任务和居民诉求等。

街区画像：建立动态的社区工作档案，包括建成年代、居住人口、空间资源等信息，形成“社区画像”。

改造前后对比照片

更新计划：编制“街区更新规划”和形成街区“更新项目库”，明确街区更新改造的具体内容和开展时序。

政策解读：开展基层培训，推进基层工作队伍建设和推进行动共识。

工作亮点总结

重点推进 3 处老旧小区改造和 1 处街头广场改造，分别为惠新西街小区、小关东里 8 号院、小关北里 45 号院改造以及惠东社区街角微广场改造。其中，惠东社区街角微广场改造入选“微空间·向阳而生——朝阳区小微公共空间再生计划”试点项目，并获最具创意奖、最佳组织奖。

惠东社区街角微广场改造项目建成照片

责任规划师：齐梦楠

服务时间：2019—2023 年

北京市丰台区和义街道责任规划师

主要工作内容

主要工作职责是协助南中轴和义街道开展和义地铁站周边改造项目城市更新工作。主要工作内容包括和义科创园及地铁站点周边环境提升、南中轴和义段慢行体系建设、嘉禾庄及酒厂路两侧环境整治提升、防汛点位综合治理与智能管理平台建设。

工作亮点总结

重点落实北京市关于“疏解整治促提升”专项行动的工作要求、“加强基层治理体系和治理能力现代化建设”等工作部署。遵循近远期发展相结合的策略，整体规划、分步实施，逐步完善公共服务设施、公共安全设施、公共空间提质，满足居民基本生产生活需求，实现城市更新的目标要求。

设计编写《南中轴和义地铁站周边重点区域整治提升工作方案》，通过绿色交通系统、活力城市客厅、连续慢行系统、特色中轴风貌四个发展策略，打造南中轴地区环境优美、宜居宜业的活力街区。

责任规划师：周丹、胡承江、王思宇、吕美惠
服务时间：2023 年

工作调研照片

福

06 城市更新人才培养

城市更新人才培训实践

城市更新人才培训实践

中国建设科技有限公司人才培训中心（以下简称“人才培训中心”）是由中国建设科技有限公司出资，于1997年由建设部批准成立，是北京市西城区教委批准、国家事业单位登记管理局登记的事业单位。人才培训中心一直是央企作为社会力量办学的重要阵地，是中国建设科技集团(以下简称“中国建科”)进行人才培养实践的重要载体。学校在不同时期完成了大量国家城乡建设人才的专业化培养，不仅在企业内部形成专业化人才梯队，更重要的是持续将央企科研和工程经验总结提炼，面向全国进行专业知识输出和工作方法宣讲。

1. 专项办学历程

作为一所央企自建学校，人才培训中心长期以来保持非营利身份扎实办学，通过国际合作和地方联手，逐步搭建起国家的职业化教育人才专有体系。从20世纪90年代的农村住房开始，人才培训中心紧跟国家发展战略，聚焦城乡建设领域的人才培养，为国家作出了卓越贡献。

2. 科技成果转化

中国建科以科技创新驱动高质量发展，为加快城乡建设行业的转型升级贡献智慧和力量。随着《政府工作报告》和“十四五”规划共同提出要实施城市更新行动，城市更新成为国家战略的重要组成部分。城市更新是推动城市可持续发展的重要途径，央企对广大城市的发展和建设可以提供更强大的智力支持。中国建科在城市更新方面存在多个细分场景，如环境更新、小区更新、文化更新、功能更新、生态更新、交通更新、建筑更新等细分场景，他们相互交织，共同推动城市的现代化和可持续发展。人才培训中心分别从科研成果和项目经验两个维度进行归纳总结，从一整套调查研究的方法论，到在全国各地落地实施的具体城市更新建设工程，逐渐形成了适应不同阶段、侧重不同方面的城市更新专题课程。这些课程既是指导城乡建设落地操作层面的实施办法，又为全国各区县、各乡镇、各乡村政府班子谋划全局发展提供重要策略。

3. 联合培养模式

（1）培养对象

中国建科依托人才培训中心这个学校实体，定期与地方政府或相关单位联合举办专题培训班。针对全国城乡建设，人才培训中心切实落实中央精神，培训对象面向社会呈现辐射范围广、对应层级宽、专业技术性强的特点，包含：各省、自治区建设厅、直辖市的建委等管理专业人员，地市级建委城乡建设管理者，县、区级城乡建设管理专业人员，建筑设计院、城乡规划设计院的专业技术人员等。

（2）联合模式

城市专项培训采用联合培养模式。在课程教研和培训组织上，人才培训中心从项目伊始就确定了“央企 + 地方”的联合培养机制。这种创新课程涉及三组人群：第一是央企的专家，作为授课教师组；第二是来自地方需要学习的干部及专业人员，作为学员组；第三是城市更新先进地区作为教学示范的案例城市，作为研学组。为了更好地培养符合新时代要求的城市更新人才，培训班让专家和学员一起走进城市街道，通过“科研 + 项目 + 现场教学 + 分组讨论”的融合型授课方式，拓宽学员眼界，激发学员的创新思维。这种联合培养不仅解决了很多现实问题，而且充分利用了央企和地方的资源，即中央企业的优质师资和科研储备，地方区县丰富的当地资源和区域特色发展落地经验。这种双向促进的教学方法，不仅对学员非常有益，也促进了办学合作双方在技术交流和政企合作上达成共识。

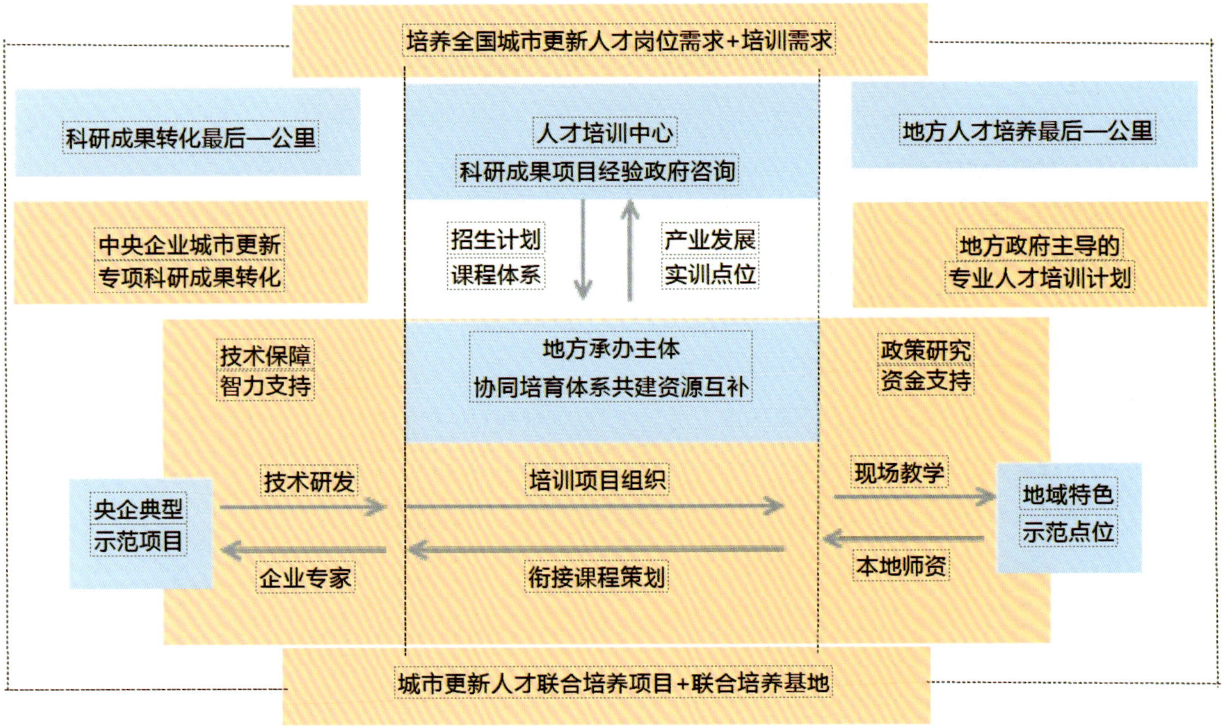

央企与地方联合培养城市更新人才模式图

4. 案例介绍

人才培训中心与地方政府合作，通过异地办班等方式，采取专题讲座、互动问答、现场教学、结构式讨论和主题党日活动等形式，开展城市更新相关专题培训，提供体系化的知识服务，进一步提高了学员的综合素质和业务技能。

2023 年 7 月，人才培训中心在建德市成功举办“杭州市拱墅区现代化城市建设规划专题培训”。培训安排了城市更新中的特色塑造方法与实践、大运河（浙江段）文化遗产保护与管理、文化引领下的小微城市更新、低碳社区设计模式研究、世界文化遗产概论、数字化协同助力城市管理转型升级等专题讲座，精心选择了文化保护与改造严州古城、城区更新项目建德市文化综合体、产业园改造航空小镇、农夫山泉基地作为现场教学点，让学员提升了能力，汲取了经验，拓展了思路。

2023 年 10 月，人才培训中心在南京市承办了“泉州城市更新系列主题培训”。本次培训邀请了 5 位专家就老城区有机更新、城市体检、城市设计与城市发展、老旧小区改造中的新理念与新方法、城市品质提升的做法、低碳城市规划和实践、打造城市未来社区等专题进行授课，并结合城市规划类项目南京市规划建设展览馆、纪念地保护类项目南京梅园纪念馆、城市更新类项目小西湖街区、遗址保护类项目玄武湖古城墙街区等 4 个南京市优秀项目案例进行现场教学，从不同角度对城市更新这一主题进行探讨。

2024 年 4 月，人才培训中心在杭州市承办了“泉州市城市更新和城乡品质提升专题研讨班”。本次培训邀请 5 名专家就城市更新的理论框架、实践经验、政策解读以及案例分析等专题进行授课，选取杭州市杭钢工业遗址、小河公园、杭州湖滨银泰 IN77 五期、中国共产党杭州历史馆和翠苑一区作为现场教学点，让学员全面了解和掌握城市更新的最新动态和技术方法，为今后的城市建设工作贡献智慧和力量。

5. 特色课程体系

中国建设科技有限公司人才培训中心，结合中国建科的科研成果和项目经验，打造丰富的城市更新与改造课程，包括标准宣贯、城市规划、城市设计、建筑设计、老旧小区改造、既有建筑改造等方面。课程内容从基本理论、项目操作、品质提升三个阶段进行教研。需求单位可以菜单式选择有关课程，人才培训中心也可以提供定制化的教研服务。通过培训，学员接受系统的知识和技能培训，了解城市发展的前沿信息和理念，提高自身专业素养，并将课堂所学的理论知识快速转化为实践经验。

城市更新培训课程

课程分类	课程内容
标准规范宣贯	1. 新时期城乡规划建设的标准规范 2. 城市规划技术标准 3. 既有建筑节能改造国家图集 4. 既有建筑鉴定与加固通用规范解读 5. 既有建筑绿色改造技术实施导则 6. 既有城市住区历史建筑评价标准 7. 既有社区绿色化改造技术 8. 城市更新标准体系和市场环境

续表

课程分类	课程内容
城市更新理念	1. 城市更新的特征、要求、实践 2. 国内城市更新政策解读 3. 国外旧城更新沿革和主要方向 4. 城市更新过程的民生改善 5. 精细化城市更新实践探索 6. 城市更新建设与项目包装 7. 城市更新与老城改造如何管理实施以及城市更新项目资金来源 8. 共情·共进——建筑师在城市更新中的价值与责任 9. 双碳目标下的城市更新 10. 绿色生态发展的理论与实践 11. 城市发展规律、城市特色与城市风貌 12. 如何精心培育特色小镇 13. 居住建筑更新和整体环境提升 14. 城市体检：推动城市精细化治理和质量提升 15. 结合地方特色打造城市未来社区 16. 城市复兴中的城市设计与建筑设计 17. 城市与建筑、传统与现代、创新与发展 18. 城市精细化管理 19. 城市公共空间管理 20. 公共建筑更新的功能置换和品质提升 21. 提升城市品质创造美好生活
城市更新与文化	1. 城市更新过程的文化保育 2. 文化传承与建筑更新 3. 文化引领城市更新 4. 城市设计与城市文化 5. 建筑文化与地域风貌特色营造 6. 老城保护更新中的历史文化保护与传承 7. 历史文化建筑保护与再利用 8. 用文化整合山水林田湖草，构筑城镇乡村家庭美好生活
城镇规划	1. 城市更新整体策划与规划 2. 国家新型城镇化与协同创新规划 3. 生态产城与科技园区规划 4. 小城镇特色规划技术方法 5. 低碳城市规划设计实践
城市更新技术	1. 建筑更新与再利用技术研发趋势 2. 以设计施工一体化促进建筑业持续健康发展 3. 探究本土与现代设计手法相融合、装配式与绿色建筑 4. 历史建筑绿色化设计方法 5. 城市更新全专业技术集成 6. 一体化改造方式和总承包 7. 钢结构住宅功能提升改造 8. 大型复杂建筑节能改造 EPC 9. 被动式超低能耗建筑工程技术应用 10. 城市地下空间开发利用与改造

续表

课程分类	课程内容
老旧小区改造	1. 老城区有机更新的城市设计 2. 老旧小区加装电梯技术 3. 老旧小区适老化改造技术 4. 老旧居住建筑排水系统改造
既有建筑改造	1. 共同缔造模式的既有住区改善 2. 既有居住建筑适老化宜居改造关键技术 3. 既有城市住区历史建筑修缮与保护 4. 既有建筑改造工业化内装部品体系 5. 既有城市住区历史建筑智慧化改造 6. 既有城市住区海绵化升级改造集成技术 7. 既有建筑节能改造和抗震加固 8. 建筑改造的设计施工一体化 9. 既有建筑的检测与鉴定 10."双修"让城市更美好 11. 遗产公园和历史建筑修缮 12. 工业建筑的厂房综合改造 13. 遗产公园和历史建筑修缮

中国建设科技有限公司人才培训中心：陈超、朱龙飞

责任编辑：郭　娜
封面设计：王欢欢　孔晓萌
版式设计：王欢欢

图书在版编目（CIP）数据

人民城市　美好生活　：城市更新方法与实践　/　中国建设科技集团编著. -- 北京　：人民出版社，2025. 8. -- ISBN 978 - 7 - 01 - 027073 - 9

Ⅰ. TU984. 2

中国国家版本馆 CIP 数据核字第 2025KC7681 号

人民城市　美好生活

RENMIN CHENGSHI MEIHAO SHENGHUO

——城市更新方法与实践

中国建设科技集团　编著

人民出版社 出版发行
（100706　北京市东城区隆福寺街 99 号）

北京华联印刷有限公司印刷　新华书店经销

2025 年 8 月第 1 版　2025 年 8 月北京第 1 次印刷
开本：889 毫米 ×1240 毫米 1/16　印张：36.5
字数：813 千字

ISBN 978 - 7 - 01 - 027073 - 9　定价：458.00 元

邮购地址 100706　北京市东城区隆福寺街 99 号
人民东方图书销售中心　电话（010）65250042　65289539